高等院校木材科学与工程专业规划教材

人造板表面装饰工艺学

韩 健 主 编
王传耀 杨 庆 副主编

中国林业出版社

内容简介

本教材是高等林业院校木材科学与工程专业规划教材，在教学计划课程体系中属专业课程。教材共分为11章，分别对人造板表面装饰工艺、人造板本身特性对表面装饰的影响以及表面装饰用胶黏剂、涂料等内容进行了全面、系统的介绍，并对国内外目前普遍采用的人造板表面装饰工艺技术作了重点阐述，既体现了知识的连贯性和完整性，又体现了内容上的实用性和先进性。

本教材除供木材科学与工程专业学生使用外，亦可供相关企业科技人员、管理人员以及教学科研人员参考。

图书在版编目（CIP）数据

人造板表面装饰工艺学／韩健主编. －北京：中国林业出版社，2014.1（2025.1重印）
高等院校木材科学与工程专业规划教材
ISBN 978-7-5038-7351-5

Ⅰ.①人… Ⅱ.①韩… Ⅲ.①人造板生产－制造工艺－高等学校－教材 Ⅳ.①TS653

中国版本图书馆CIP数据核字（2014）第003897号

中国林业出版社·教材出版中心

策划编辑：杜 娟
责任编辑：杜 娟 张东晓
电话、传真：83280473 83220109

出版发行	中国林业出版社(100009 北京市西城区德内大街刘海胡同7号) E-mail:jiaocaipublic@163.com 电话:(010)83223119 https://www.cfph.net
经　销	新华书店
印　刷	北京中科印刷有限公司
版　次	2014年2月第1版
印　次	2025年1月第2次印刷
开　本	850mm×1168mm　1/16
印　张	17
字　数	390千字
定　价	49.00元

未经许可，不得以任何方式复制或抄袭本书之部分或全部内容。

版权所有　侵权必究

木材科学及设计艺术学科教材
编写指导委员会

顾　　　问	江泽慧　张齐生　李　坚　胡景初	
主　　　任	周定国	
副　主　任	赵广杰　王逢瑚　吴智慧　向仕龙　杜官本　费本华	

"木材科学与工程"学科组

组长委员	周定国
副组长委员	赵广杰　刘一星　向仕龙　杜官本
委　　　员	（以姓氏笔画为序）
	于志明　马灵飞　王喜明　吕建雄　伊松林　刘志军
	刘盛全　齐锦秋　孙正军　杜春贵　李凯夫　李建章
	李　黎　吴义强　吴章康　时君友　邱增处　沈　隽
	张士成　张　洋　罗建举　金春德　周捍东　周晓燕
	夏玉芳　顾继友　徐有明　梅长彤　韩　健　谢拥群
秘　　　书	徐信武

前　言

我国是一个木材资源相对贫乏的国家，随着国家经济建设的快速发展和人民生活水平的不断提高，木材供需紧张的矛盾也显得日益突出。人造板是一种具有广泛用途的生物质材料，它既可以利用天然林木材，也可利用人工速生林木材，还可利用竹材、芦苇、农作物秸秆等非木材植物纤维原料。因此，大力发展人造板工业，生产更多、更好的人造板产品，对缓解我国木材供需紧张的矛盾、满足市场需要有十分重要的意义。

经过几十年的发展，我国的人造板工业已逐步形成一个完整的工业体系，尤其是在国家实行改革开放政策以后，更是有了突飞猛进的发展。今天我国已成为世界上最大的人造板生产国，人造板的年产量达到了 1.5 亿 m^3，遥遥领先于世界各国。人造板作为一种基础材料，因其本身所具有的优良特性，在许多领域得到了越来越广泛的应用。

人造板的品种、种类很多，由于它们在生产工艺、加工方法方面的不同，其外观特征存在很大差异。有的产品（如胶合板、层积材、细木工板等）保留了天然木材的纹理、颜色，有的产品（如刨花板、纤维板等）则不具有天然木材的纹理和颜色。同样，由于生产工艺、加工方法和结构单元的不同，各种人造板的物理、化学、力学和机械性能也存在很大差异。人造板本身的外观和内在特性决定了它们一般不能直接使用，其本身的一些不足与缺陷也使其应用范围受到了很大限制，因此必须对它们进行相应的后续处理才能提高它们的利用价值，满足实际应用的需要。

表面装饰是一种对人造板进行后续处理的主要方法，通过对人造板进行表面装饰处理，可以掩盖和消除其表面的各种缺陷，使其表面变得清新、雅致、美丽，具有更好的装饰性，同时可以有效提高人造板的各种物理力学性能，提高其附加值，使之具有更广泛的用途。此外，对刨花板、纤维板以及一些非木材植物纤维原料生产的表面没有木材纹理、颜色的人造板，通过用薄型木质、竹质材料对其表面进行装饰，还可以使这些人造板表面具有天然木材或竹材的纹理、颜色，因此人造板表面装饰是人造板工业的重要组成部分，在人造板工业快速发展的今天，它也必将得到快速发展。

本书全面系统地介绍了各种人造板的表面装饰工艺、技术、材料和装备。本书是木材科学与工程专业"十二五"规划教材，既可以作为相关专业的学生使用亦可供有关企业的科技人员、管理人员以及教学科研人员参考。

本书由中南林业科技大学、福建农林大学以及西北农林科技大学共同编写，全书共分11章，中南林业科技大学韩健教授负责第1章、第3章、第5~7章的编写；福建农林大学王传耀教授负责第2章、第4章的编写；西北农林科技大学杨庆副教授负责第8~11章的编写。韩健教授负责全书的统稿工作。

本书在编写过程中得到了作者所在单位的大力支持，得到了中国林业出版社的具体指导，值此谨表衷心感谢。由于作者水平有限，书中不足之处在所难免，请读者予以批评指正。

韩 健

2013年8月

目 录

前言

第1章 绪 论 …………………………………………………………… (1)
  1.1 人造板表面装饰的目的 ……………………………………………… (1)
  1.2 人造板表面装饰的方法 ……………………………………………… (3)
  1.3 人造板表面装饰的研究内容 ………………………………………… (4)
  1.4 人造板装饰技术的发展 ……………………………………………… (5)

第2章 基材对表面装饰质量的影响 …………………………………… (7)
  2.1 人造板基材的表面性状 ……………………………………………… (7)
    2.1.1 表面粗糙度 ……………………………………………………… (8)
    2.1.2 表面空隙率与不平度 …………………………………………… (10)
    2.1.3 表面颜色、纹理、夹杂物与酸碱性 …………………………… (12)
  2.2 人造板基材的物理力学性能 ………………………………………… (13)
    2.2.1 基材密度 ………………………………………………………… (13)
    2.2.2 基材含水率 ……………………………………………………… (14)
    2.2.3 基材的胀缩特性 ………………………………………………… (15)
    2.2.4 基材的润湿性 …………………………………………………… (16)
    2.2.5 基材的厚度偏差 ………………………………………………… (17)
    2.2.6 基材的平面抗压强度 …………………………………………… (17)
  2.3 人造板表面装饰对基材的要求 ……………………………………… (17)
  2.4 人造板基材砂光 ……………………………………………………… (18)
    2.4.1 辊式砂光机 ……………………………………………………… (18)
    2.4.2 带式砂光机 ……………………………………………………… (19)
    2.4.3 除尘设备 ………………………………………………………… (23)

第3章 表面装饰用胶黏剂与涂料 ……………………………………… (25)
  3.1 胶黏剂分类 …………………………………………………………… (25)

3.2 表面装饰用胶黏剂应具备的基本条件 …………………………………… (26)
3.3 表面装饰常用胶黏剂 ………………………………………………………… (29)
    3.3.1 酚醛树脂 …………………………………………………………… (29)
    3.3.2 脲醛树脂 …………………………………………………………… (31)
    3.3.3 三聚氰胺甲醛树脂 ………………………………………………… (33)
    3.3.4 聚醋酸乙烯酯乳液胶黏剂 ………………………………………… (37)
    3.3.5 邻苯二甲酸二丙烯酯树脂 ………………………………………… (39)
    3.3.6 鸟粪胺树脂 ………………………………………………………… (42)
    3.3.7 不饱和聚酯树脂 …………………………………………………… (42)
    3.3.8 环氧树脂 …………………………………………………………… (44)
3.4 胶黏剂选择 …………………………………………………………………… (45)
3.5 涂料的组成 …………………………………………………………………… (46)
    3.5.1 主要成膜物质 ……………………………………………………… (46)
    3.5.2 次要成膜物质 ……………………………………………………… (47)
    3.5.3 辅助成膜物质 ……………………………………………………… (48)
3.6 人造板表面涂饰用涂料 ……………………………………………………… (49)
    3.6.1 酸固化氨基醇酸树脂漆 …………………………………………… (50)
    3.6.2 聚氨酯树脂漆 ……………………………………………………… (52)
    3.6.3 硝基纤维素清漆 …………………………………………………… (52)
    3.6.4 不饱和聚酯树脂漆 ………………………………………………… (53)
3.7 泥子的组成与分类 …………………………………………………………… (54)
    3.7.1 泥子的组成 ………………………………………………………… (54)
    3.7.2 泥子分类 …………………………………………………………… (55)

第4章 薄木贴面装饰 ……………………………………………………………… (57)
4.1 薄木分类与制造方法 ………………………………………………………… (57)
    4.1.1 薄木分类 …………………………………………………………… (58)
    4.1.2 制造薄木的树种 …………………………………………………… (59)
    4.1.3 薄木制造方法 ……………………………………………………… (59)
4.2 天然薄木 ……………………………………………………………………… (61)
    4.2.1 木方刨切面选择 …………………………………………………… (61)
    4.2.2 原木剖方 …………………………………………………………… (61)
    4.2.3 木方蒸煮 …………………………………………………………… (61)
    4.2.4 薄木刨切 …………………………………………………………… (63)
    4.2.5 薄木旋切 …………………………………………………………… (67)
    4.2.6 成卷薄木 …………………………………………………………… (68)

4.3 人造薄木 (70)
4.3.1 层积结构木方制造 (71)
4.3.2 集成结构木方制造 (79)
4.3.3 人造薄木制造 (80)
4.3.4 复合薄木 (81)
4.3.5 其他人造薄木 (82)

4.4 薄木干燥 (84)
4.4.1 薄木干燥要求 (84)
4.4.2 厚薄木干燥 (84)
4.4.3 微薄木干燥 (85)

4.5 薄木拼接与拼花 (88)
4.5.1 薄木拼接 (88)
4.5.2 薄木拼花 (90)

4.6 薄木贴面工艺 (93)
4.6.1 基材准备 (93)
4.6.2 贴面用胶黏剂 (94)
4.6.3 湿贴法与干贴法 (96)
4.6.4 热压法与冷压法 (97)

4.7 薄木表面涂饰 (99)

4.8 薄木贴面质量 (100)
4.8.1 薄木贴面质量评价 (100)
4.8.2 影响薄木贴面质量的因素 (102)

第5章 浸渍纸贴面 (105)

5.1 原 纸 (105)
5.1.1 原纸的一般特性 (106)
5.1.2 浸渍纸对原纸的要求 (107)
5.1.3 原纸的种类 (108)
5.1.4 原纸质量对浸渍纸质量的影响 (110)

5.2 浸渍纸生产设备 (111)
5.2.1 立式浸渍干燥机 (111)
5.2.2 卧式浸渍干燥机 (113)

5.3 浸渍纸生产工艺 (119)
5.3.1 浸渍纸的质量指标 (119)
5.3.2 浸渍原理 (121)
5.3.3 干燥原理 (124)
5.3.4 三聚氰胺树脂浸渍纸制备 (126)

    5.3.5 DAP树脂浸渍纸制备 …………………………………… (127)
    5.3.6 浸渍纸贮存 ……………………………………………… (128)
  5.4 浸渍纸贴面工艺 …………………………………………………… (129)
    5.4.1 三聚氰胺树脂浸渍纸贴面工艺 ………………………… (130)
    5.4.2 DAP树脂浸渍纸贴面工艺 ……………………………… (137)
    5.4.3 鸟粪胺树脂浸渍纸贴面装饰工艺 ……………………… (139)

第6章 装饰层压板制造及贴面工艺 ……………………………………… (140)
  6.1 装饰板的结构和特点 ……………………………………………… (140)
    6.1.1 装饰板的结构 …………………………………………… (140)
    6.1.2 装饰板的物理力学性能与检测 ………………………… (143)
  6.2 装饰板生产工艺 …………………………………………………… (144)
    6.2.1 组坯工艺 ………………………………………………… (145)
    6.2.2 热压工艺 ………………………………………………… (149)
    6.2.3 热压设备 ………………………………………………… (154)
    6.2.4 生产因素对装饰板性能的影响 ………………………… (160)
    6.2.5 装饰板贴面工艺 ………………………………………… (163)

第7章 印刷装饰纸与塑料薄膜贴面 ……………………………………… (165)
  7.1 印刷装饰纸贴面的种类和特点 …………………………………… (165)
    7.1.1 印刷装饰纸贴面的种类 ………………………………… (165)
    7.1.2 印刷装饰纸贴面的特点 ………………………………… (166)
  7.2 印刷装饰纸贴面工艺 ……………………………………………… (166)
    7.2.1 印刷装饰纸贴面生产工艺流程 ………………………… (166)
    7.2.2 生产准备 ………………………………………………… (167)
    7.2.3 装饰纸与基材的胶贴 …………………………………… (168)
  7.3 装饰纸表面涂饰 …………………………………………………… (169)
    7.3.1 面涂涂料 ………………………………………………… (169)
    7.3.2 面涂涂布工艺 …………………………………………… (170)
  7.4 塑料薄膜的种类及其性质 ………………………………………… (172)
    7.4.1 聚氯乙烯薄膜 …………………………………………… (172)
    7.4.2 聚乙烯塑料薄膜 ………………………………………… (176)
    7.4.3 聚丙烯薄膜 ……………………………………………… (176)
    7.4.4 饱和聚酯树脂薄膜 ……………………………………… (177)
    7.4.5 聚碳酸酯薄膜 …………………………………………… (177)
  7.5 塑料薄膜成型及印刷 ……………………………………………… (178)
    7.5.1 成型工艺 ………………………………………………… (178)

7.5.2 薄膜印刷 …………………………………………………… (179)
7.6 塑料薄膜压花和复合 …………………………………………… (182)
7.6.1 塑料薄膜压花工艺 …………………………………………… (182)
7.6.2 塑料薄膜的复合 ……………………………………………… (183)
7.7 塑料薄膜贴面 …………………………………………………… (185)
7.7.1 基材与胶黏剂的准备 ………………………………………… (185)
7.7.2 贴面工艺 ……………………………………………………… (186)
7.7.3 塑料薄膜贴面板的质量评价 ………………………………… (187)

第8章 其他材料贴面方法 …………………………………………… (189)
8.1 竹材贴面装饰 …………………………………………………… (189)
8.1.1 旋切薄竹生产工艺 …………………………………………… (189)
8.1.2 刨切薄竹生产工艺 …………………………………………… (191)
8.2 纤维植绒表面装饰 ……………………………………………… (197)
8.2.1 机械植绒法 …………………………………………………… (197)
8.2.2 静电植绒 ……………………………………………………… (198)
8.3 纺织品与金属箔贴面 …………………………………………… (199)
8.3.1 纺织品贴面 …………………………………………………… (199)
8.3.2 金属箔贴面 …………………………………………………… (199)

第9章 人造板直接印刷 ……………………………………………… (201)
9.1 直接印刷的特点和工艺 ………………………………………… (201)
9.2 基材处理 ………………………………………………………… (202)
9.2.1 基材选择 ……………………………………………………… (202)
9.2.2 基材砂光 ……………………………………………………… (202)
9.2.3 涂泥子 ………………………………………………………… (203)
9.3 涂底漆 …………………………………………………………… (205)
9.3.1 底漆的作用 …………………………………………………… (205)
9.3.2 常用底漆 ……………………………………………………… (206)
9.3.3 底漆涂布与干燥 ……………………………………………… (207)
9.4 基材印刷 ………………………………………………………… (209)
9.4.1 制版 …………………………………………………………… (209)
9.4.2 印刷油墨 ……………………………………………………… (210)
9.4.3 印刷方法 ……………………………………………………… (211)
9.4.4 印刷常见缺陷及纠正方法 …………………………………… (213)
9.5 表面涂饰与干燥 ………………………………………………… (213)
9.5.1 表面涂饰 ……………………………………………………… (213)

9.5.2　面漆干燥 …………………………………………………… (214)
　　9.5.3　印刷装饰板的后期处理 …………………………………… (215)

第10章　表面涂饰 …………………………………………………… (217)
10.1　表面涂饰的作用 …………………………………………… (217)
10.2　人造板基材对涂饰的影响 ………………………………… (218)
　　10.2.1　胶合板基材对涂饰的影响 ……………………………… (218)
　　10.2.2　刨花板基材对涂饰的影响 ……………………………… (218)
　　10.2.3　纤维板基材对涂饰的影响 ……………………………… (219)
10.3　涂料涂布方法 ……………………………………………… (219)
　　10.3.1　喷涂 ……………………………………………………… (219)
　　10.3.2　淋涂 ……………………………………………………… (222)
　　10.3.3　辊涂 ……………………………………………………… (223)
　　10.3.4　透明涂饰 ………………………………………………… (224)
　　10.3.5　不透明涂饰 ……………………………………………… (225)
10.4　涂膜干燥 …………………………………………………… (225)
　　10.4.1　涂膜干燥类型 …………………………………………… (225)
　　10.4.2　涂膜干燥方法 …………………………………………… (226)
10.5　涂料的涂布与干燥 ………………………………………… (231)
　　10.5.1　氨基醇酸树脂漆的涂布与干燥 ………………………… (231)
　　10.5.2　聚氨酯树脂漆的涂布与干燥 …………………………… (232)
　　10.5.3　硝基清漆涂布与干燥 …………………………………… (232)
　　10.5.4　不饱和聚酯树脂漆的涂布与干燥 ……………………… (233)
10.6　涂膜打磨及抛光 …………………………………………… (234)

第11章　人造板机械加工装饰 ……………………………………… (235)
11.1　基材表面开槽 ……………………………………………… (235)
　　11.1.1　沟槽加工 ………………………………………………… (236)
　　11.1.2　沟槽内的装饰处理 ……………………………………… (236)
11.2　基材表面浮雕 ……………………………………………… (237)
　　11.2.1　模压浮雕 ………………………………………………… (237)
　　11.2.2　烤刷浮雕 ………………………………………………… (238)
　　11.2.3　电刻蚀浮雕 ……………………………………………… (239)
　　11.2.4　光刻浮雕 ………………………………………………… (240)
　　11.2.5　木纹烙印 ………………………………………………… (240)
11.3　打孔与喷粒 ………………………………………………… (241)
11.4　基材边部机械加工 ………………………………………… (241)

11.5 基材封边 …………………………………………………………………（243）
  11.5.1 封边方法 ……………………………………………………………（243）
  11.5.2 封边材料与胶黏剂 …………………………………………………（244）
  11.5.3 封边工艺 ……………………………………………………………（245）
  11.5.4 封边技术要求 ………………………………………………………（250）
11.6 后成型材料封边 …………………………………………………………（251）
  11.6.1 后成型硬质材料封边 ………………………………………………（251）
  11.6.2 后成型软质材料封边 ………………………………………………（252）
11.7 涂饰封边 …………………………………………………………………（253）
  11.7.1 涂饰封边 ……………………………………………………………（253）
  11.7.2 成型烫印封边 ………………………………………………………（253）

参考文献 ……………………………………………………………………（255）

第1章

绪　论

[**本章提要**]　人造板表面装饰是伴随人造板的出现而发展起来的一种人造板二次加工方法。人造板由于自身存在着某些缺陷和不足，使其应用受到较大限制。通过采用某些方法对人造板表面进行处理，不仅可以使人造板表面更加美观，而且可以提高人造板的内在物理力学性能，使其应用领域得到大大拓展，更好地满足各种场合的要求。本章介绍了人造板表面装饰的目的、方法、研究内容和发展历史。

人造板是以木材或非木材植物纤维原料为基础，经过一系列加工过程生产出来的一类天然有机材料。目前我国的人造板年产量已超过1.5亿 m^3，人造板产品的品种也达到了数百种，在世界上居于遥遥领先的地位。人造板已成为我国天然木材的一种主要替代品，在国家建设和人民生活中发挥了十分重要的作用。

人造板产品幅面大、厚度范围大、材质均匀、无节疤涡纹、不易变形开裂、具有较好的物理力学和机械加工性能，某些经过特殊处理的人造板还具有吸音、隔热、防腐、防虫、滞燃等特点，因此具有十分广泛的用途。

用各种加工方法制造出来的人造板素板(没有经过二次加工处理的人造板称为素板)，虽然具有许多优点，但也存在某些不足和缺陷，因此在各种应用场合，一般不直接使用素板，而是在对素板经过一定的加工处理后才进行使用。对人造板素板的加工通常称为"人造板二次加工"，人造板表面装饰就是一种对人造板进行二次加工的方法。

1.1　人造板表面装饰的目的

在经济高速发展的今天，在由钢筋混凝土构成的城市建筑中，人们回归自然、欣赏自然、与自然相互交融的愿望变得日益强烈，在一种充满自然气息的环境中生活、工作成为一种时尚和理想的追求。天然生长的珍贵木材具有许多人工合成材料所不具有的优良特性，它们美丽的色泽、芳香的气味和千变万化的纹理，能够带给人们清新自然、赏心悦目、舒适平和的感觉。但是随着我国天然林保护工程的实施，可获得的天然林木材的数量越来越少，尤其是一些珍贵天然林木材几乎成了稀缺资源。

人造板作为一种天然木材的替代材料，对缓解我国木材供需紧张的矛盾、满足国家建设和人民生活对木材的需要发挥了十分重要的作用。人造板可广泛应用于家具制造、室内装饰装修、包装工程、交通运输等领域，尤其是在家具制造和室内装饰、装修行业，更是一种不可或缺的主要材料。但是人造板本身的一些不足与缺陷极大地限制了人造板的直接应用，同时人们在应用人造板时不仅要求人造板具有天然木材的质感、纹理、颜色，还要求人造板具有良好的耐久、耐磨、耐热、尺寸稳定和耐老化性，并具有防潮、防霉、阻燃等多种功能。

人造板表面装饰是一种通过物理、化学和机械加工对人造板表面进行处理的方法，通过对人造板进行表面处理，不仅可以使人造板获得美观的外表，而且可以使其内在的物理力学性能得到提高，其使用功能得到拓展。因此对人造板表面进行装饰是提高人造板质量、扩大其应用范围、满足不同的市场需要的必然要求，对人造板工业的发展有着十分重要的意义。人造板表面装饰处理的作用主要表现在以下方面：

第一，提高了人造板的外观质量，使其具有更好的装饰性。以刨花板为例，由于刨花在板面相互交织，使板面变得粗糙不平；由于木材本身的颜色和原料中夹杂了部分深色的树皮、杂质，使板面颜色变得灰暗无光；生产过程中对木材原料外观形态的破坏，使板面失去了木材本身所具有的优美天然纹理。若直接使用刨花板素板，显然难以满足人们的基本审美要求。通过对人造板表面进行装饰后，就可以掩盖和消除其表面的各种缺陷，而使其具有清新、优雅、和谐、美丽的外观。

第二，提高了人造板的耐水性、耐湿性，扩大了它的使用范围。由于多方面的原因，人造板素板本身的耐水、耐湿性较差，潮湿的使用环境和空气温度、湿度的反复变化，对其性能有很大影响。如胶合板表面容易产生裂纹，使其表面质量下降；纤维板和刨花板产生较大的收缩膨胀，加剧了它们表面的粗糙不平、形状尺寸的不稳定和内结合强度的下降。经表面装饰后的人造板，饰面层将人造板与水和空气隔开，使外界环境因素对人造板的影响程度降低。如硬质纤维板用浸渍纸贴面后，吸水率可以下降10%~20%，静曲强度可以提高3%左右，长期放置后的翘曲度较素板低5%左右。

第三，提高了人造板的表面耐磨、耐热、耐化学药品污染的能力，使其性能更优越。木材和其他植物纤维原料本身的耐磨性、耐热性和耐腐蚀性都不高，因此用木材和其他植物纤维原料生产的人造板，也不可能具有良好的耐磨、耐热和耐腐蚀性能。如果人造板素板未经处理便直接使用，在磨损、高温和腐蚀条件存在的情况下，其表面和内部将很快受到破坏，而使其失去作用。通过用适当方式对人造板表面进行处理，如以具有良好耐磨性的三聚氰胺树脂浸渍纸对其表面进行贴面，人造板的上述性能就可以大大提高。

第四，提高了人造板的耐老化能力，延长了人造板的使用寿命。人造板素板如果未经处理，在其使用过程中，由于光照、氧化、温度、水分等因素的影响，将会使其过早地出现老化，其使用寿命会大大缩短。用适当方法对人造板进行处理后，其抗老化能力可大大提高，使用寿命会大大延长。以中密度纤维板为例，其表面经不同方法处理后，抗老化性能情况如表1-1所示。

第五，提高了人造板的物理力学性能。经过表面装饰处理后的人造板，由于得到了饰面层的有效保护和强化，它的强度、刚度、硬度、尺寸形状稳定性等性能都可以得到提高。

第六，节省了珍贵木材，提高了珍贵木材的利用率。如薄木贴面装饰工艺；薄木的厚度仅0.2~0.5mm，但胶贴到人造板表面后，却使用普通低等木材生产的人造板具有了珍贵木材的表面，在消耗少量珍贵木材的情况下，可以获得同样的表面效果。

表 1-1 装饰方法与中密度纤维板耐老化性能的关系　　　　　　%

性能	装饰方法			备注
	贴面	涂饰	素板	
平面抗拉强度残留率	35	30	15	
静曲强度残留率	50	40	25	残留率：经老化处理后的强度与原强度的比值
静曲弹性模量残留率	50	42	25	
吸水厚度膨胀率	22	18	30	

注：实验方法采用 BS 加速老化试验法。即将试件浸泡在 20℃ 的水中 72h，在 -12℃ 下冷藏 24h，在 70℃ 的热空气中干燥 72h，每一周期 168h，共计 8 个周期。

1.2　人造板表面装饰的方法

随着人造板应用范围的扩大，应用领域对其提出了新的、更高的要求，从以"功能型"为主的要求，逐步发展到集"功能型"、"装饰型"、"艺术型"和"欣赏型"为一体的要求。人造板不仅要适用，而且还要美观、漂亮，能给人一种美的感受，能营造出一种和谐的环境，同时还应具备某些特殊的功能，因此对人造板的表面装饰方法也提出了新的要求。

人造板表面装饰方法的选择，主要由人造板的用途和人们的生活和审美习惯决定，不同的国家和地区，不同的使用场合，人们对人造板的外观效果和内在质量有不同的要求，因此在装饰方法上也有一定的差异。综合起来人造板表面装饰的方法（图 1-1）主要有三种类型：一是贴面装饰，二是涂布装饰，三是机械加工。

图 1-1　人造板表面装饰方法

贴面装饰是将具有美丽花纹图案的人造或天然材料，通过胶黏剂胶贴于人造板基材表面的一种装饰方法，如薄木贴面、印刷装饰纸贴面、树脂浸渍纸贴面、树脂装饰层压板贴面、塑料薄膜贴面等，此外还有薄竹、无纺布、金属薄片等材料的贴面装饰。涂布装饰是用具有特殊性能的涂料涂布于人造板基材或贴面材料表面的一种装饰方法，如透明涂饰、不透明涂饰、直接印刷、转移印刷、预油漆纸涂布、静电喷涂等。机械加工是通过刨、锉、锯、雕刻、镂铣等加工方式对人造板表面进行处理的方法，如开槽、打孔、喷粒、压痕、浮雕等。

上述三种不同的表面装饰方法既可单独使用，也可相互配合使用。一般来说单独使用装饰效果比较单调，配合使用则可以使装饰效果更加丰富、更富有变化。如胶合板经过薄木贴面后，再在其表面进行开槽和涂饰；用树脂浸渍纸与人造板基材进行一次覆面模压成型；装饰纸经涂布树脂后，再对人造板基材进行贴面；装饰纸对基材贴面后再在其表面进行涂饰处理；在人造薄木贴面的表面进行涂饰或开槽处理等，都是用多种装饰方法对人造板进行表面处理。

选择人造板的表面装饰方法，不仅需要考虑人造板基材的种类、性质、加工方法、表面特性等因素，而且需要考虑人们的消费水平、消费心理、审美情趣、民族习惯、市场需求等因素，尤其是在社会不断进步，人们生活水平、文化素质日益提高的情况下更是如此。如日本是木材进口大国，其国民普遍喜爱用薄木进行贴面装饰的制品和环境，因此薄木贴面的装饰方法在日本很受欢迎。德国的人造板工业比较发达，刨花板产量居世界前列，他们重视发展高效率的低压短周期三聚氰胺树脂浸渍纸贴面方法。当然人们的消费心理、消费水平和审美习惯不是一成不变的，随着经济、社会的发展和人们生活水平的提高，人们对人造板表面装饰方法的选择也会随之发生改变，因此在选择表面装饰方法时，应以市场为导向，根据市场的实际需要对表面装饰方法进行调整。如原联邦德国在人造板的表面装饰方法上，其主流就经历了从贴木单板，到贴三聚氰胺树脂浸渍纸，再到贴薄木这样一个发展过程，其他国家和地区也有类似的发展过程。

1.3 人造板表面装饰的研究内容

人造板表面装饰的研究内容包括表面装饰材料、表面装饰工艺与表面装饰产品。表面装饰材料的研究包括表面装饰材料的种类、特性和应用；表面装饰工艺的研究包括用于改善和提高人造板基材外观和内在质量的方法、技术和装备；表面装饰产品的研究包括饰面人造板的种类、性能、用途等。人造板表面装饰涉及木材科学与技术、高分子材料、机械装备、制浆造纸、环境美学、室内设计等多门学科。

在对各种人造板基材进行表面装饰时，首先应明确装饰的目的，是为了优化人造板的外观视觉效果，还是为了提高它们的内在质量，或是既需对其外观进行美化，又需提高其内在质量。在明确装饰目的的前提下，根据基材的主要特性和表面装饰的基本要求，按照"功能"、"技术"和"美学"相统一的要求，正确选择表面装饰材料、装饰工艺和相关设备。

1.4 人造板装饰技术的发展

表面装饰技术有着悠久的历史,在现代人造板远未出现之前,人们就已经掌握了很多对物体表面进行装饰和保护的方法,如涂饰、贴面、镂铣、雕刻等。在两千多年前的古埃及和古罗马帝国的房屋、家具以及古希腊人祭神用的祭坛上都发现了用薄木装饰的构件。那时的人们将天然木材加工成一定厚度的薄木片,并用这种薄木片作为贴面材料对房屋内壁、家具以及其他表面进行装饰。

13～15 世纪,歌德尖拱式建筑在欧洲风行一时,建筑物的内墙和陈设有很多采用了薄木贴面;14 世纪的欧洲文艺复兴时期,细木工技术得到了高度发展,当时的豪华家具也有许多采用了薄木装饰;17 世纪英国的乔治王朝将木材加工成薄木,用于对宫廷内的壁面、门扇、家具等进行装饰;在我国古代的宫殿、园林、庭院、家具上也可看到薄木贴饰、薄木镶嵌等装饰技法的广泛应用。

除薄木装饰外,还有油漆、浮雕、镂铣等多种表面装饰方法也在世界各地的许多场合被普遍采用。我国秦汉时期已盛行用油漆(桐油和生漆)进行表面涂饰,今天出土的秦陵彩色兵马俑、宫殿内的描朱绘彩都表明我国古代的表面油漆技术已达到了相当高的水平,这些表面装饰方法形成了古代建筑和家具庄重典雅、富丽堂皇的风格。

今天,起源于古埃及时代的薄木贴面方法,仍然是一种深受各地人们普遍欢迎的表面装饰方法,其自然清新、真实淡雅、天然朴实的装饰风格是其他装饰材料难以替代的。加工制造薄木的木材一般都是珍贵树种木材,薄木贴面方式的广泛流行,需要消耗大量的珍贵木材。由于珍贵树种资源有限,而且这种有限的资源还在不断减少,这样就使薄木贴面装饰方法受到了一定的制约。这种状况促使木纹模拟技术开始发展,各种珍贵木材的代用材料也相继得到开发,如用三聚氰胺高压装饰层压板贴面的装饰方法,就是这一时期一种重要的人造板表面装饰方法。

三聚氰胺高压装饰层压板贴面装饰方法于 1948 年问世,而后便迅速发展起来,在 20 世纪的 50～60 年代,成为在世界各国普遍流行的一种表面装饰方法。我国在 60～70 年代也建成了多条这样的生产线,这种装饰方法对后来出现的多种表面装饰方法有着重要的影响。但是由于这种装饰方法生产工艺复杂、耗纸、耗胶量大,使它的发展受到了一定的限制,因此各种消耗低、工艺简单的装饰方法又逐步发展起来。

20 世纪 70 年代,照相制版技术在木纹印刷中的应用,大大增强了印刷木纹的真实感和立体感,促进了直接印刷技术在木纹纸生产中的发展。在此背景下出现的低压短周期三聚氰胺树脂浸渍纸贴面技术,成为这一阶段人造板表面装饰方法的重要代表。这种方法当时主要用于刨花板的表面装饰,经贴面装饰处理后的刨花板,表面光洁平滑、木纹逼真,而且这种生产工艺的热压周期短,生产效率高,耗纸、耗胶量低,成为当时欧洲人造板表面装饰的一种主导潮流。我国于 20 世纪 80 年代开始低压短周期贴面装饰工艺的研究和生产,广东、湖南、上海等地陆续从国外引进了低压短周期贴面装饰生产技术和设备。经过对引进技术的消化吸收和自主研发,我国已能制造低压短周期浸渍纸贴面工艺所需的成套生产设备,从而大大推动了我国人造板表面装饰工业的发展。

用具有木纹图案的三聚氰胺树脂浸渍纸对人造板进行表面装饰，虽然满足了人们对人造板表面在美观方面的要求，但不能满足人们希望调节室内环境、构建绿色家居、贴近自然等方面的要求。因此一种新的人造板表面装饰材料和装饰方法——重组装饰材和染色薄木，迅速得到开发和应用。

染色薄木是以普通树种木材为原料，先经刨切加工成具有与珍贵木材相似纹理的薄木，然后再对薄木进行染色而成。染色薄木既有美丽的花纹和木材质感，又有为人们所喜爱的色泽。

重组装饰材是我国近20年发展起来的一种新型木质装饰材料。重组装饰材以速生普通树种木材为原料，经旋切加工成单板，再模拟珍贵木材的纹理和颜色，通过计算机进行设计，再经配色、组坯、层积、模压胶合而成，通过对重组装饰材进行刨切加工，便可获得千变万化的重组装饰材薄木。重组装饰材起步于20世纪30年代的日本和我国的台湾，但一直处于实验研究阶段，未形成工业化生产规模。直到60年代，在英国、意大利、日本等国才开始了工业化生产，而后在世界各地便得到迅速发展。我国的重组装饰材最早工业化批量生产始于1995年，1997年苏州维德集团建成了年产6万 m^3 的现代化重组装饰材生产线，成功开发了30多个系列500多个品种，在人造板表面装饰领域得到了广泛应用。

随着我国国民经济建设的发展和科学技术的不断进步，各种新技术、新产品、新装备不断出现，为人造板的表面装饰工业提供了更多、更好的贴面材料和生产方法，如聚氯乙烯薄膜贴面装饰、装饰纸贴面装饰、金属箔片贴面装饰、纺织材料贴面装饰、微薄木贴面装饰、高保真直接印刷装饰、模压浮雕装饰、涂饰装饰等方法都得到了快速发展，使人造板表面装饰工业有了巨大的发展潜力，获得了更广阔的发展空间。

思考题

1. 人造板表面装饰的目的是什么？
2. 人造板表面装饰有哪些主要方法？
3. 人造板表面装饰的主要研究内容是什么？
4. 试述人造板表面装饰技术的发展历史。

第2章 基材对表面装饰质量的影响

[本章提要]　人造板主要包括胶合板、刨花板和纤维板这三种基本类型，其他各种人造板都是这三种类型的派生和演变产品。各种人造板由于原料、生产工艺、处理方法等不同，它们的性能存在很大差异，正确认识和了解人造板的基本特性，对合理选择人造板表面装饰工艺有十分重要的意义。本章介绍了人造板的表面粗糙度、空隙率、不平度、密度与含水率不均匀性、厚度偏差、干缩湿胀特性、酸碱性、润湿性、抗压特性等人造板基材的表面性状和相关物理力学性能，以及人造板的上述表面性状和力学性能对其表面装饰工艺和装饰效果的影响，同时还介绍了减少和消除人造板基材本身缺陷，提高其表面装饰效果的措施与方法。

人造板基材主要有以木、竹或植物纤维为原料生产的各类胶合板、刨花板、纤维板、细木工板、层积材、集成材等。在木、竹人造板的结构中，木、竹材料一般占85%～95%，其余5%～15%为胶黏剂，因此人造板保留了许多木材与竹材本身的特性，但因原料、生产工艺、加工设备等不同，其外观特征、表面性状、内在质量等都存在较大差异。

胶合板、刨花板、纤维板是人造板的三种基本类型，其余各种人造板都是从这三种类型发展演变而来的，因此这三种基本人造板的表面性状，具有广泛的代表性。人造板的表面性状主要包括表面粗糙度、表面空隙率与不平度、表面颜色、纹理、夹杂物与酸碱性等。

2.1　人造板基材的表面性状

各种装饰工艺主要都是在人造板基材表面进行的，人造板的种类繁多，表面质量差异很大，其表面性状对装饰质量有非常重要的影响，只有在具有良好表面质量的人造板基材上，才能生产出高质量的装饰人造板。充分认识人造板基材的性能，了解它们对表面装饰工艺和效果的影响，对选择合理的装饰工艺、提高装饰质量有重要意义。常用人造板的种类及其产品性能见表2-1。

由表2-1可见，各种人造板的结构与加工方法不同，其表面性状也不尽相同。胶合板、细木工板、集成材基本保持了木材本身的纹理和构造特征，质地均匀、表面平整，具有较好的尺寸稳定性与耐湿性。单层结构的刨花板表层较粗糙，三层结构和渐变结构刨花板的表层采用了较细的原料，其表面较平整，但内部结构不均匀，尺寸稳定性与耐湿性较差。中密度纤维板由于纤维分离度高、内部结构细腻均匀、表面光洁平整，有较

表 2-1　常用人造板的种类及其产品性能

人造板材种类	产品性能			
	表面粗糙度、质地均匀性	结构对称性	尺寸稳定性	耐湿性
胶合板	木材天然构造，质地均匀较平整	对称	稳定	较好
细木工板	木材天然构造，质地均匀较平整	对称	较稳定	较好
集成材	木材天然构造，质地均匀较平整	对称	较稳定	较好
刨花板:				
单层结构	质地不均匀、粗糙	对称	较差	较差
三层结构	质地不均匀、较平整	对称	较差	较差
渐变结构	质地不均匀、较平整	对称	较差	较差
软质纤维板	质地均匀、粗糙多孔	对称	稳定	很差
中密度纤维板	质地细腻均匀、光洁平整	对称	较稳定	一般

好的尺寸稳定性与耐湿性。

2.1.1　表面粗糙度

人造板基材的表面粗糙度是指其表面的细微凹凸不平程度。国家标准对材料的表面粗糙度主要用轮廓算术平均偏差 Ra 表示，它是在取样长度 lr 内，纵坐标 $Z(x)$（被测轮廓上的各点至基准线 x 的距离）绝对值的算术平均值，可用下式表示：

$$Ra = \frac{1}{lr}\int_0^{lr} |Z(x)| \mathrm{d}x \tag{2-1}$$

另一表征表面粗糙度的参数是轮廓最大高度 Rz，它是在一个取样长度 lr 内，最大轮廓峰高与最大轮廓谷深之和，Ra、Rz 如图 2-1 所示。

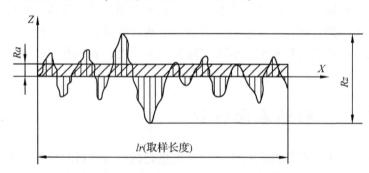

图 2-1　表面粗糙度参数 Ra、Rz 示意图

Ra 值(单位 μm)对应的表面粗糙度如下：

Ra 值为 50、25、12.5 属"粗糙"表面；

Ra 值为 6.3、3.2、1.6 属"半光"表面；

Ra 值为 0.8、0.4、0.2 属"光"表面。

人造板基材的表面粗糙度对其装饰表面的平整性有直接影响。在各种人造板中刨花板的表面粗糙度最大，刨花板是以"刨花"为结构单元生产的一种人造板，造成刨花板表面粗糙的主要原因是刨花的尺寸和产品结构。

(1) 刨花厚度

用平均厚度为 0.08～0.5mm 的多组刨花，分别制造密度为 0.7g/cm³ 的刨花板时，检测结果显示随刨花厚度增大，板面粗糙度明显增加，其关系如图 2-2 所示。

(2) 板面刨花的细度

细小的刨花可以对板坯表面的孔隙、狭缝起到填充作用，表层刨花越细，刨花板的表面粗糙度越小，不同规格刨花对刨花板表面粗糙度的影响见表 2-2。从表 2-2 可见，在表层刨花中加入砂光粉尘和木纤维的刨花板，其板面的粗糙度较小，板面平整光滑；加入细碎料和碎料纤维时，板面粗糙度较大，但不论加入何种细碎料，刨花板的表面粗糙度都会不同程度减轻。

(3) 刨花板的结构

刨花板就其结构可分为单层结构、多层结构、渐变结构等。单层结构板在其断面上不同规格的刨花分布是杂乱无章没有层次的，一些体积粗大的刨花会出现在板的表面，造成板面的粗糙度较大。多层结构和渐变结构板的心层刨花粗大，而表层刨花较细，其板面的粗糙度相对较小。

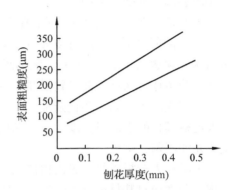

图 2-2 刨花板表面粗糙度与刨花厚度的关系

表 2-2 不同规格刨花对刨花板表面粗糙的影响

表层刨花	表面粗糙度（μm）
砂光粉尘	15～25
细碎料	50～80
碎料纤维	25～35
木纤维	15～20

相对刨花板，胶合板、纤维板的粗糙度较小。胶合板类的人造板虽然表层材料是天然木材，但木材本身的微观构造以及生产过程中各种因素的影响，使木材表面产生的撕裂、破损也会对其表面造成一定程度的粗糙不平。纤维板的结构单元是纤维和纤维束，纤维和纤维束的规格尺寸远小于刨花板中的刨花，其板面平整度大大高于刨花板，同时也不会发生如胶合板类人造板产生过程中木材被撕裂和破损的现象，因此在各种主要人造板中，纤维板的表面粗糙度最小。人造板基材的表面粗糙度过大会对其表面装饰带来以下弊端：

①薄型贴面材料与基材黏贴不牢

在用薄页纸、薄木、浸渍纸等薄型材料对人造板基材进行贴面装饰时，由于贴面压力不能过大，致使这类薄型装饰材料与基材的凹陷处接触不良，甚至完全不能接触，导致贴面装饰材料与基材的胶合强度下降。

②基材与装饰材料的胀缩差异易导致装饰材料破裂

在大多数情况下，人造板基材与装饰材料的干缩湿胀特性不一样，当外界环境因素发生变化时，会使人造板基材与装饰材料发生不同的收缩与膨胀，这种胀缩差异产生的应力会使处于基材凹陷处的装饰材料破裂。

③使装饰材料受到限制

为了遮盖人造板基材表面的粗糙不平，抵抗基材干缩湿胀产生的应力，定量在 $30g/m^2$ 以下的薄页纸、厚度在 0.4mm 以下的微薄木等薄型贴面材料一般都不能采用。薄木的厚度须达到 $0.5\sim1.0mm$，装饰纸原纸的定量要达到 $80\sim120g/m^2$，但采用厚型纸张和厚薄木作贴面材料会导致浸渍困难，上胶不均匀，而且还会增加生产成本。

④表面光泽不均匀，颜色杂乱

人造板基材的表面粗糙度大，在贴面过程中基材各处受压不均匀，反应到装饰表面会造成光泽不匀、颜色杂乱。

为了减小人造板基材的表面粗糙度，可以对基材表面进行砂光、涂布树脂、上泥子等处理。贴面前对基材进行砂光处理是降低板面粗糙度的主要方法之一，基材经砂光处理后板面变得平整光滑，粗糙度会大大降低，同时砂光处理还可去掉板面的预固化层与污染物。基材表面涂布树脂和上泥子，可以填充板面的沟槽、凹陷，也可有效降低板面的粗糙度。

刨花板作为表面粗糙度最大的一种基材，其表面处理方法与粗糙度间的关系如表 2-3 所示。

表 2-3 处理方法与基材表面粗糙度的关系

刨花板表面处理方法	刨花厚度 (mm)	表面粗糙度					
		椴木贴面薄木厚度(mm)			桦木贴面薄木厚度(mm)		
		0.6	0.8	1.0	0.6	0.8	1.0
砂光，用脲醛树脂涂布，涂胶量 $160\sim220g/m^2$，然后热压，压力 $50N/cm^2$、温度 100℃、时间 5min	0.2	中	小	小	小	小	小
	0.4	中	中	小	中	小	小
	0.6	中	中	中	中	小	小
砂光	0.2	大	中	中	大	中	中
	0.4	大	大	中	大	中	中
	0.6	大	大	大	大	大	中
未处理	0.2	大	大	中	大	中	中
	0.4	大	大	中	大	大	中
	0.6	大	大	大	大	大	中

2.1.2 表面空隙率与不平度

人造板基材的表面空隙率是指其表面空隙面积之和与其表面总面积之比。人造板的表面空隙率与其所用的原料、加工制造方法等因素有密切的关系，在各种人造板中，胶合板类基材的表面空隙率最大。胶合板是由木单板胶压而成的，胶合板表面保留了木材弦切面的纹理和构造特点，作为一种多孔性材料的木材，其内部存在大量的孔洞、沟槽、空隙，木材在旋切单板的过程中，大量的木材细胞被切开亦在表面形成沟槽、空隙，部分阔叶材弦切面上的空隙率如表 2-4 所示。

表 2-4　几种主要阔叶材弦切面上的空隙率

树 种	导管				弦切面空隙率		R	c
	管孔排列方式	V_v (%)	A_v (%)	A_v/c'	c' (%)	c'' (%)	(g/cm³)	(%)
水曲柳	环孔材	5.6	4.4	10	44.4	60.1	0.52	65.4
麻栎	散孔材	7.2	5.8	29	20.0	32.8	0.84	32.0
白蜡树	环孔材	11.7	8.2	15	52.9	84.2	0.49	67.4
桦木	散孔材	16.5	13.8	32	43.0	51.4	0.68	44.6
椴木	散孔材	28.3	24.9	37	65.7	68.8	0.47	58.7
桑木	环孔材	28.6	25.4	49	51.8	61.8	0.58	51.3
榆木	环孔材	32.3	27.3	58	47.0	58.0	0.61	49.4
山毛榉	散孔材	41.2	36.6	76	48.1	60.3	0.62	48.7
龙头树	散孔材	7.4	6.6	18	37.1	54.1	0.72	42.0
白柳桉	散孔材	17.0	18.6	23	69.8	77.4	0.49	67.4
阿必东	散孔材	23.0	21.6	65	33.4	48.5	—	—
红柳桉	散孔材	25.5	24.5	36	68.3	79.7	0.61	49.4

注：V_v 为导管累积比例；A_v 为在弦切面上导管槽面积所占比例；c' 为在弦切面上木射线组织以外的空隙面所占比例；c'' 为在弦切面上空隙面所占比例；R 为密度；c 为空隙率，$c = 1 - 0.667R$。

人造板的表面不平度是指其表面较大面积的凹凸不平程度。人造板在生产过程中由于叠芯、离缝、压痕、下陷、鼓泡以及热压板不平整等原因均可导致表面不平整。

人造板的表面空隙率和表面不平度的含义虽然有所不同，但它们对表面装饰质量的影响却基本相同，图 2-3 反映了在显微镜下观察到的贴面材料与胶合板基材表面的接触情况。

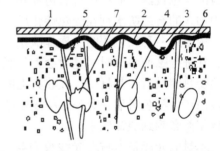

图 2-3　贴面材料与基材表面的接触状态
1. 贴面材料　2. 胶层　3. 基材表板的导管槽
4. 导管　5. 木射线　6. 基材　7. 压溃的导管

表面空隙率与不平度对表面装饰工艺和质量的影响主要有以下方面：

①基材表面在涂胶以后，由于被切开的细胞、导管等木材分子的空腔低于基材的涂胶表面，在空腔部位会出现缺胶现象，使贴面材料不能胶合。

②基材表面的空隙、沟槽使装饰材料与基材接触不良，胶合强度下降。

③装饰材料在基材表面的空隙、沟槽处呈"架桥"状态，当外界空气温度、湿度变化时，基材表面的空隙、沟槽反复张开、闭合，使其表面的装饰材料也反复受到拉伸、压缩，在干缩湿胀应力作用下，装饰材料在"架桥"处易发生开裂。

④采用涂布装饰时，涂料容易渗透到基材的空隙中，造成涂料损失或涂膜不平。

⑤在漆膜干燥过程中，基材空隙中的空气向外扩散会使漆膜表面产生气泡、针孔等缺陷。

降低基材表面空隙率和不平度可采取以下措施：

①选用优质基材。胶合板芯板的叠芯宽度应小于1.0mm；单个离缝宽度应小于2mm；其他人造板的压痕、凹陷面积应小于100mm²；下陷深度应小于0.2mm。

②采用涂饰装饰时，涂饰之前应对基材表面进行打泥子填孔，做封底处理。

③对板面进行砂光处理，去掉板面的不平整部分。

④对板面进行修补，去掉板面缺陷，再填以环氧类或聚氨酯类速固化泥子。

2.1.3 表面颜色、纹理、夹杂物与酸碱性

树木生长过程中，木材成分会发生一系列生物化学反应，产生各种色素、单宁、树脂以及其他氧化物，这些物质使木材呈现出颜色。同一树种的木材因树龄、部位、立地条件和干湿程度不同呈现不同的颜色。心材和边材，干材与湿材，木材的不同切面颜色都不一样。长期接触空气的木材表面氧化会使原有颜色加深，如花榈木心材，初锯开时呈鲜红褐色，而后变为暗红褐色。此外，木材受真菌侵蚀也会发生变色，如木材的青变、蓝变、杂斑等。

制造人造板的原料和生产工艺不同，人造板的表面颜色、纹理等不尽相同。生产胶合板的原料一般是径级粗大的原木，胶合板的基本构成单元是单板，胶合板的表面保持了木材弦切面的纹理和颜色。纤维板和刨花板的表面颜色比较灰暗，主要原因在于原料本身的颜色较深，原料中含有树皮和一些其他夹杂物。此外，纤维板、刨花板在生产过程中加入的石蜡防水剂在受热熔化后，容易裹附木材中的一些深色物质浮于板的表面。

树皮是一种颜色深暗、质地疏松、纤维形态不良的材料，如果基材中的树皮含量较高，在进行贴面装饰时，基材会大量吸收涂布在其表面的胶黏剂，在含胶黏剂的装饰材料因受热熔融时，基材也会吸收其上的胶黏剂，造成贴面材料与基材胶合强度下降，并在表面产生深色斑痕。此外，树皮中的单宁和酚类物质会对某些涂料的聚合反应产生破坏作用而影响到装饰效果。

木材的光泽是木材对光线反射与吸收产生的现象，木材表面由无数微小的细胞构成，细胞断面就是无数个微小的凹镜，凹镜的状态不同对光的反射作用不同，反射性强的木材光亮醒目，反射性弱的木材暗淡无光。木材表面光泽对其表面装饰材料、装饰方法和装饰效果具有一定的影响。

木材纹理是由木材各种细胞按一定方式排列形成的，根据年轮的宽窄和早晚材变化的缓急，木材纹理有粗细之分，如落叶松、马尾松等针叶材的纹理较粗，红松、云杉等针叶材的纹理较细。木材的纹理可根据其方向分为直纹理、斜纹理和乱纹理。直纹理木材强度较大，容易加工，但纹理单调不够美观；斜纹理和乱纹理的木材强度较低，不易加工，刨切表面不光滑，但刨切表面可呈现美丽的花纹。

基材表面的酸碱性主要由木材本身的酸碱性决定，天然木材大多呈微酸性，但经过某些方法加工后，其酸碱性会发生一定变化，如生产人造板使用的胶黏剂酸、碱性太强，便会导致基材的酸、碱性发生变化。木材的酸碱性会影响到饰面树脂的固化速度和固化程度，如用三聚氰胺树脂浸渍纸贴面时，基材表面pH值小于6就会导致树脂发脆和龟裂。采用水溶性涂料印刷时，基材表面的pH值低于5就会因水解作用而使涂料产

生剥离。当基材表面 pH 值大于 7 时，会造成酸固化型胶黏剂固化不完全，贴面材料与基材胶合强度降低。

人造板在生产和贮存过程中，由于各种因素的影响，其表面会受到不同程度的污染，如木材中的树脂、树胶、石蜡、油渍、塑料碎片等，基材表面受到污染后会降低贴面材料的胶合强度。

2.2 人造板基材的物理力学性能

各种木材都有自身的化学、物理和力学特性。木材由各种细胞组成，由于各种细胞的形状、特征、排列状态不同，细胞壁中的初生壁、次生壁的厚度以及次生壁中各层微纤维的排列方向不同等因素，使木材具有各向异性。胶合板类的人造板其结构单元保留了木材构造的基本特性，胶合板类人造板的物理力学性能与同种木材比较类似。刨花板、纤维板类的人造板，由于它们的结构单元大都已不再具有木材本身的特性，因此其物理力学性能与同种木材相比有很大的差异。人造板的物理力学性能与木材本身的特性、生产工艺、产品质量等因素有密切关系。

2.2.1 基材密度

密度是人造板的一项重要物理指标，人造板基材的密度与其许多物理、力学、机械性能有密切的关系。密度较大的基材，其各种力学性能，如静曲强度、弹性模量、平面抗拉、抗压强度等都较高。人造板基材的密度包括它们的平均密度和密度分布均匀性，平均密度对其表面装饰有一定影响，但影响表面装饰质量的主要还是其密度均匀性。由于多种原因，各种人造板都不同程度地存在着密度不均匀的情况。

胶合板类人造板基材的密度与单板木材的密度、热压工艺、使用的胶种等因素有关。木材的分子结构基本相同，各种木材的实质密度基本相同，约 1.49～1.57 g/cm³，但是由于各种木材的孔隙率、内含物、含水率、干缩湿胀特性等不同，使各种木材的密度形成了很大的差异。我国最轻的木材是台湾产的二色木，气干密度为 0.18 g/cm³，密度最大的是广西产的蚬木，气干密度 1.128g/cm³。

胶合板的密度不均匀性主要是由单板的厚度不均匀性引起的。在热压过程中，厚度不均匀的单板组成的板坯，在各处的受压状态不一样，厚度较大的地方板坯压缩较多，厚度较小的地方压缩较少，致使产品各处密度不均匀。胶合板的密度不均匀性相对较小，对表面装饰质量的影响也不如刨花板和纤维板那么严重。刨花板和中密度纤维板的密度不均匀性远超过胶合板，并有明显的规律，在板的厚度方向上，由板中心向板表面密度逐渐增加，接近表面时密度又明显减小。刨花板的密度在其厚度

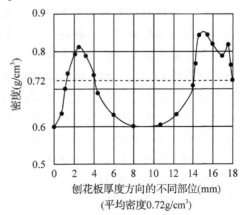

图 2-4 刨花板密度在厚度上的分布

方向上的变化规律如图 2-4 所示，纤维板的密度变化也有类似的规律。

刨花板和纤维板密度变化的这种规律，主要是由它们的原料和生产工艺决定的。其原因一是在板坯铺装时，粗料被铺在芯层，细料被铺在表层，粗料相互搭接交织，形成较大空隙。二是热压时升压速度过快造成板坯厚度方向各层面物料压缩不均匀，表层物料压得较密实，芯层物料压得较疏松。三是在热压过程中板坯表面形成了预固化层，尤其是采用多层热压机生产时，热压机闭合升压需要较长的时间，板坯在尚未受压或压力很小的情况下表层温度迅速上升，致使胶黏剂发生固化。此外，其他方面的原因也会导致刨花板和纤维板产生密度不均匀的情况，如板坯铺装时刨花、纤维铺装不均匀；热压过程中板坯各处的压缩程度不一样，板坯厚度大的地方压缩率大，密度较高，板坯薄的地方压缩率小，密度较低。

密度不均匀的基材在使用过程中，当环境温度、湿度等条件发生变化时，内部胀缩不均匀产生的内应力会导致产品发生翘曲变形而影响到表面装饰效果。同时基材的表面预固化层也会对表面装饰产生以下不良后果：

①基材表层物料间的结合强度低，一旦破坏会直接影响到表面装饰。
②基材表层剥离强度低，表面装饰层容易随表层材料发生剥离脱落。
③基材表层材料与装饰材料的胀缩差异大，表面装饰层容易产生皱褶变形。
④基材表层结构疏松容易造成胶黏剂被过多吸收，影响基材与装饰材料之间的胶合强度。

2.2.2 基材含水率

对各种人造板的含水率国家标准均有相关规定，如胶合板的含水率为 6%～16%（1、2 类胶合板为 6%～14%，3、4 类胶合板为 8%～16%），刨花板为 5%～11%，中密度纤维板为 4%～13%。

人造板的含水率对其表面装饰有一定的影响，基材含水率过低时，胶黏剂或涂料在基材表面的润湿性下降，基材对胶黏剂或涂料的吸收量增加，使贴面材料的胶合强度下降，涂料对基材的附着力降低。含水率过高时，不仅会降低贴面材料的胶合强度，而且热压时基材内部水分逸出还会在板面造成水渍、鼓泡、光泽暗淡等缺陷。

除人造板基材本身的含水率对其表面装饰的影响以外，板内含水率的分布均匀性对其表面装饰的影响更大。各种人造板在热压过程中由于传热、传质方式的影响，在板的厚度和平面方向均存在着含水率梯度，中心含水率高于边部，内部含水率高于表面。人造板在存放和使用过程中因吸湿和解吸，其含水率会有所变化，在含水率梯度和其他因素作用下，内部水分会发生一定程度的运动，由含水率较高的部位缓慢地移动到含水率较低的部位，使板内各部分的含水率差异逐渐减小，但板内各部位的含水率差异不可能完全消除。由于各种人造板的原料、生产工艺、处理方法等条件不同，其含水率的变化也不相同，即使是同一张人造板，因受多种因素的影响，其内部含水率也是不均匀的。同时由于产品密度的不均匀性，产品在放置过程中不同密度的部位吸湿性能不同，也会造成产品含水率不均匀。

在胶合板、刨花板和纤维板这三种人造板中，胶合板的结构单元由于保持了木材本身的基本特性，其含水率的不均匀性相对较小，刨花板、纤维板由于其结构单元与木材本身相比有很大差异，其含水率的不均匀性比较大。

人造板基材内部水分分布不均匀，在产品处于吸湿或解吸状态时会产生一定的胀缩应力，这种应力转移到贴面层上就有可能在贴面层上形成裂纹。

2.2.3 基材的胀缩特性

干缩湿胀是木材固有的特性，当木材含水率在纤维饱和点以下时，木材吸湿会产生膨胀，解吸会产生收缩，木材的干缩湿胀表现为木材尺寸和体积的变化。衡量木质材料胀缩特性的指标是干缩（湿胀）率 Y、干缩（湿胀）系数 K。Y 指材料因水分变化引起的尺寸变化的比例；K 指材料的干缩（湿胀）率与引起变化的含水率之比，即在纤维饱和点以下，含水率每变化1%时引起的干缩（湿胀）率。计算方法如下：

$$Y = \frac{L_W - L_0}{L_0} \times 100\% \tag{2-2}$$

$$k = \frac{Y}{W} \times 100\% \tag{2-3}$$

$$W = \frac{G_W - G_0}{G_0} \times 100\% \tag{2-4}$$

式中：W 为试样含水率，%；Y 为干缩（湿胀）率，%；K 为干缩（湿胀）系数；G_0、L_0 为试样全干时的质量和尺寸，g、mm；G_w、L_w 为试样在 W 含水率时的质量和尺寸，g、mm。

木材作为一种各向异性的材料，其各向异性决定了干缩湿胀的各向异性，即它的径向、弦向和轴向的膨胀、收缩率各不相同。木材的弦向干缩（湿胀）率最大，径向次之，轴向最小，正常木材的弦向干缩率一般为 3.5%～15.0%，径向干缩率为 2.4%～11.0%，轴向干缩率为 0.1%～0.9%。各种以木材为原料生产的人造板，由于它们的结构单元在不同程度上改变了木材本身的外观和内在结构，也就在一定程度上改善了木材的各向异性特性，因此当它们的含水率发生变化时，各个方向的胀缩特性差异变小，板材长宽方向的胀缩率基本接近一致。各种木质材料的胀缩系数如表2-5所示。

表 2-5　各种木质材料的胀缩系数

木质材料		膨胀收缩系数（%）	
		板材长度方向	板材宽度方向
实木	针叶树材	0.015～0.025	0.10～0.30
	软阔叶树材	0.010～0.020	0.10～0.30
	硬阔叶树材	0.010～0.015	0.20～0.40
人造板	胶合板	0.010～0.020	0.02～0.03
	细木工板	0.015～0.025	0.05～0.10
	硬质纤维板	0.030～0.040	0.03～0.06
	刨花板	0.040～0.080	0.04～0.08

由表 2-5 可见,胶合板的胀缩系数较小,其原因在于相邻层单板相互垂直,在木材发生干缩湿胀时相邻层单板可互相牵制。刨花板和纤维板的胀缩系数较大,其原因在于刨花板和纤维板破坏了木材的原有构造,胀缩特性发生了变化。

人造板基材的干缩湿胀特性决定了它的形状、尺寸稳定性。当空气湿度或其他环境条件发生变化时,基材的干缩、湿胀会使贴面材料反复受到拉伸或压缩,造成贴面材料剥落、皱褶和裂纹。降低人造板基材胀缩率的主要措施是提高人造板的耐水、耐湿性能,同时为了防止饰面材料皱褶和撕裂,在选择饰面材料时,饰面材料的胀缩率应与人造板基材的胀缩率比较接近,并具有一定的弹性和韧性,以补偿人造板基材的胀缩变化。几种主要装饰材料的胀缩系数如表 2-6 所示。

表 2-6　几种装饰材料的膨胀收缩系数

饰面材料	膨胀收缩系数(%)	
	长度方向	宽度方向
装饰板	0.03~0.05	0.06~0.09
装饰纸	0.04~0.06	0.08~0.12
单　板	0.02~0.03	0.20~0.50
薄　木	0.02~0.03	0.15~0.30
涂　料	0.10~0.20	0.10~0.20

2.2.4　基材的润湿性

人造板基材的润湿性是指液体(水、胶黏剂、染色剂、涂料等)与其接触时,在其表面上润湿、流展及黏附的性能。润湿性对被胶合物之间的胶合界面形成与特性、表面涂饰以及基材的改性处理等有重要影响。基材的润湿性通常是以液滴在其表面形成的接触角表示,对同一种液体而言,在基材表面的接触角越小,表明该基材的润湿性越好。

木材是一种可润湿的固体材料,其表面具有一定的剩余自由能,当它们与胶黏剂、涂料或其他液体接触时,能够彼此相互吸引形成不同形式的结合。胶合板保留了木材的基本特性,也保留了木材的润湿性。纤维板和刨花板由于破坏了木材的基本结构,其内部又增加了胶黏剂和其他的填充物质,因此在一定程度上改变了木材原有的润湿性。

作为需要进行表面装饰处理的人造板基材应具有良好的润湿性。人造板基材的润湿性除其本身具有的润湿特性外,还可通过一定的加工处理方法提高其润湿性,如人造板基材经砂光材处理后其润湿性可得到有效增强。有研究表明胶合板基材经砂光处理后,胶黏剂在其表面的接触角明显变小,表面润湿性明显提高。通过某些化学药剂对木材表面进行处理,去除表面的污染物、抽提物等,也可以提高木材的润湿性。如利用氢氧化钾、碳酸钠、氯化铵等处理含抽提物多的木材表面,其表面润湿性亦可得到提高。此外,将木质材料在氧气中进行电晕放电,使木材表面产生一些新的活性基团,也有利于表面润湿性的提高。

2.2.5 基材的厚度偏差

人造板的厚度偏差是指板内各点的厚度与公称厚度的偏离程度，厚度偏差的大小反映了人造板厚度的均匀性。任何一种人造板在未经处理之前都不同程度存在着厚度偏差，各种人造板因原料、生产工艺等不同，其厚度偏差也各不相同，造成人造板厚度偏差的原因主要有以下方面：

①刨花板、纤维板的板坯铺装不均匀，在板坯宽度方向上各部分的厚度不相等。
②胶合板的单板厚度不一致，热压时因受压程度不同，导致产品回弹不均匀。
③密度不均匀的人造板在吸湿后各处的膨胀程度不一样。
④热压采用厚度规时，板坯中部的水分不易排出，物料因塑化变软而使该部位厚度变小。
⑤厚度规本身精度低、热压板表面不平整、热压机安装精度不高等。

厚度偏差过大的基材与贴面材料的胶合强度低，严重时会出现局部完全没有胶合，致使贴面材料容易从基材表面脱落下来。

2.2.6 基材的平面抗压强度

不同种类人造板的生产方式和工艺参数不同，它们的平面抗压强度也不相同。如硬质纤维板在热压时热压温度为200℃，单位压力为5.5MPa；刨花板的热压温度为140℃左右，单位压力为3.0~4.0MPa；普通胶合板的热压温度为130℃左右，单位压力为1.0~1.5MPa。由于硬质纤维板在生产过程中热压温度和单位压力都较刨花板和胶合板高，因此它的耐热、耐压能力大于刨花板和胶合板。但是不论何种人造板，随着温度升高其平面抗压能力都会降低。如密度为0.63~0.7g/cm³的刨花板，温度为20℃时其平面抗压强度为14MPa，温度升高至100℃时其平面抗压强度降低至1.5~2.5MPa。人造板基材在进行表面装饰处理时，有的可以在常温常压下进行，但多数在受热受压状态下进行，如果装饰工艺所要求的压力和温度超过了人造板基材的耐热、耐压能力，基材就会被压缩，严重时还会被压溃，使其内部结构受到破坏。

2.3 人造板表面装饰对基材的要求

人造板基材的质量是影响表面装饰质量的主要因素之一，人造板基材质量的好坏，与装饰人造板质量的好坏有直接关系。如果基材本身质量不好，在进行表面装饰之后，其原有的很多缺陷就会反映和暴露到装饰表面而使装饰质量下降，因此在进行表面装饰之前应对基材进行严格挑选，凡不符合装饰要求的人造板不能作为进行表面装饰的基材。用作表面装饰处理基材的人造板应达到如下要求：

(1) 厚度均匀

不同类型的装饰方法对人造板基材厚度偏差的要求稍有不同，如采用浸渍纸贴面时，要求基材的厚度偏差小于±0.15mm；采用PVC薄膜贴面时，基材的厚度偏差小于±0.1mm；采用装饰层压板贴面时，基材的厚度偏差小于±0.2mm。一般来说基材的厚度偏差应小于0.2mm。

(2) 具有良好的耐水性能

在人造板表面装饰工艺中，使用的涂料和胶料有很多是水溶性的，且水在其中占有较大的比例，因此要求基材具有良好的耐水性能。胶合板基材应达到国家一、二类标准；刨花板和纤维板应达到国家一、二级品标准。

(3) 含水率均匀

基材应经过一定方式处理或一段时间放置，使其内部的水分分布基本均匀并达到平衡含水率，含水率一般控制在8%～10%。

(4) 表面平滑质地均匀

胶合板基材应没有脱节、开裂、伤痕、孔洞等缺陷，刨花板的表层刨花、纤维板的表层纤维应细小均匀，没有明显凹陷凸起，表面预固化层应全部去掉。对基材进行厚度调整后还应对其表面进行精细砂光。

(5) 结构对称

胶合板基材的结构要符合"对称性原则"和"奇数层原则"，刨花板和纤维板应是三层结构或渐变结构，其变形翘曲程度符合国家有关标准规定。

2.4 人造板基材砂光

由于人造板普遍存在着厚度偏差，纤维板、刨花板等人造板表面还存在着预固化层、表面粗糙、孔隙、毛刺、透胶等缺陷，为了达到表面装饰对人造板基材的要求，人造板基材在进行表面装饰处理之前都应进行砂光处理。砂光是一种特殊的切削加工方法，它是用砂带、砂纸等磨具代替刀具对工件进行加工。通过砂光可以除去基材表面的波纹、毛刺、沟痕以及纤维板、刨花板的表面预固化层，除去基材表面的透胶、油渍、污染，使基材的厚度偏差达到规定的要求，砂光设备主要是各种类型的砂光机。

2.4.1 辊式砂光机

辊式砂光机是将砂纸或砂布直接包覆在辊筒上对基材进行砂光处理的设备。辊式砂光机分单辊式和多辊式两种（图2-5），单辊式主要用于小平面砂光，多辊式主要用于大平面砂光。

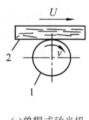
(a)单辊式砂光机

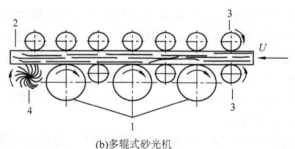
(b)多辊式砂光机

图2-5 辊式砂光机示意图

1. 砂辊 2. 基材 3. 进料辊 4. 清扫辊

辊式砂光机是一种单面砂光设备，工作时砂辊既做旋转运动又做轴向移动。在一次砂削过程中对基材的一个表面进行砂光，基材经砂削后可减轻表面粗糙度和消除表面缺陷，使表面质量得到提高。辊式砂光机不能消除基材的厚度偏差，如刨花板的厚度偏差一般为±(0.6~1.0)mm，经辊式砂光机砂光后，其厚度偏差仅能减少0.1~0.2mm，还难以满足饰面工艺的要求。辊式砂光机因其结构简单价格便宜，对厚度偏差要求不高的装饰仍不失为一种可选择的砂光设备。

为弥补辊式砂光机的不足，可以采用四辊筒和八辊筒双面砂光机。四辊筒和八辊筒砂光机将半数砂辊设置在下部，另半数砂辊设置在上部，工作时对基材的两面同时进行砂光。这类砂光机的每个砂辊都配有单独的传动装置，砂带套在辊筒上可迅速进行更换和固定。这类砂光机可单独工作也可作为砂光生产线的组成设备，其特点是进料速度快，生产效率高，能够获得光洁度较高的板面，不足之处是基材经砂光处理后达不到等厚状态，辊式砂光机的技术参数如表2-7所示。

表2-7　辊式砂光机技术参数

技术指标	四辊筒式砂光机			八辊筒式砂光机		
	630	631	632	640	641	642
宽度(mm)	1350	1900	2200	1350	1900	2200
厚度(mm)	60	60	60	100	100	100
进给速度(m/min)	6~24	6~24	6~24	8~36	8~36	8~36
功率(kW)	176.4	215.5	255.5	235.2	354	414
质量(kg)	11 200	14 100	16 600	—	—	—

2.4.2　带式砂光机

带式砂光机是通过一条绕在带轮上封闭无端的砂带对工件进行砂削加工的砂光设备，按砂带的宽度，带式砂光机可分为窄带式和宽带式两种类型。窄带式砂光机用于小平面、曲面和成型面的砂光（图2-6），宽带式砂光机则用于大幅面基材表面的砂光（图2-7）。

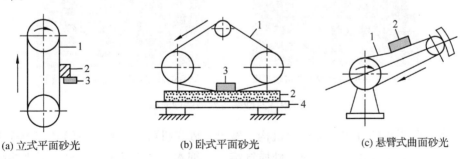

(a) 立式平面砂光　　　(b) 卧式平面砂光　　　(c) 悬臂式曲面砂光

图2-6　窄带式砂光机
1. 砂带　2. 工件　3. 压头　4. 运输机

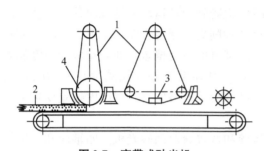
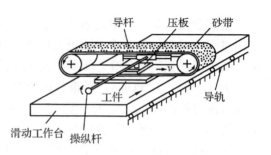

图 2-7　宽带式砂光机
1. 砂带　2. 基材　3. 压块　4. 带轮

图 2-8　窄带砂光机工作原理图

带式砂光机因砂带长、散热条件好，不仅能粗砂，也能精砂，粗砂通常采用接触辊式砂光，砂光层厚度较大，精砂采用压垫式砂光，砂光层厚度较小。

(1) 窄带式砂光机

窄带式砂光机由进料机构、砂削机构、压带机构等机构组成(图 2-8)。在砂光机构上砂带套在 2~4 个带轮上，其中一个为主动轮，其余为张紧轮、导向轮等。砂光机对基材表面进行砂光时，在基材进给的同时，压带机构对砂带施加压力。这种窄带式砂光机结构简单，操作方便，适用于幅面较小的基材表面砂光，但其进给速度受压带机构移动速度的限制，生产率较低。

(2) 宽带式砂光机

宽带式砂光机可分为单面宽带式砂光机和双面宽带式砂光机两大类。单面宽带式砂光机有单砂架和双砂架等类型；双面宽带式砂光机有双砂架、四砂架、六砂架、八砂架等类型(图 2-9)。宽带砂光机的砂带宽度大于工件的宽度，砂带宽度一般为 630~2250mm，每次最大砂光量可达 1.27mm，进料速度为 18~60m/min。宽带式砂光机砂带使用寿命长，砂带更换方便。

(a) BSG2713Q四砂架双面宽带砂光机　(b) BSG2813六砂架双面宽带砂光机

图 2-9　四砂架与六砂架砂光机

宽带式砂光机的分类：按进给机构，宽带式砂光机可分为履带进给式和滚筒进给式两种类型，前者主要用于胶合板、硬质纤维板、细木工板等基材的砂光，后者主要用于中密度纤维板、刨花板等基材的砂光。按砂架布置形式，宽带式砂光机可分为单面上砂架、单面下砂架和上下双砂架三种形式。按砂架结构形式，宽带式砂光机可分为接触辊式砂架、压垫式砂架、组合式砂架、压带式砂架、横向砂架等。

单砂架单面宽带式砂光机工件原理如图 2-10 所示，(a) 为接触辊式砂架，砂带包绕于上下两个辊筒上，其中一个辊筒压紧工件进行砂光，辊筒压紧工件时砂带与基材接触面小，单位压力大，主要用于粗砂。接触辊为钢制，表面有螺旋或人字形槽沟，以利散热及去除砂带内表面的粉尘。(b) 为砂光垫式砂架，砂带绕在两个钢制辊筒上，砂光垫通过机械作用紧贴砂带压紧工件进行砂光。这类砂架的砂带与基材接触面积大，单位压力小，砂削阻力小，多用于基材的精磨或半精磨。砂光垫由铝合金为基体，外覆一层橡胶或毛毡，最外面包一层石墨布。

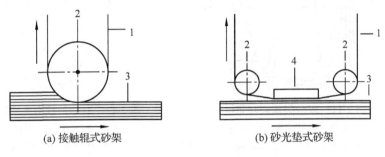

(a) 接触辊式砂架　　　　(b) 砂光垫式砂架

图 2-10　宽带砂光机工作原理图
1. 砂带　2. 辊筒　3. 基材　4. 砂光垫

图 2-11 所示是一种双砂架单面砂光机的结构示意图。该砂光机由砂架，砂带，张紧辊，压垫，电机，工作台，运输带，规尺，除尘管，导辊等部分组成。砂架由砂光辊和张紧辊组成，砂光辊是一个钢制的圆辊筒，表面包覆硬橡胶，沿 45° 螺旋角刻有螺纹便于空气流通和对砂带进行冷却。这种双砂架单面砂光机的砂带套在砂架上，通过张紧辊可对砂带进行更换和对砂带的松紧程度进行调节，张紧辊的张紧程度由压缩空气控制。砂辊由电机带动，砂带在做回转运动时对基材进行砂光。砂光时压垫将砂带压紧，压垫是一种铝制长条平板，其工作表面包覆一层橡胶、毛毡类的弹性材料，以增加其弹性和减少磨削热产生。压垫使砂带与基材具有较宽的接触面，通过控制压垫对基材的压紧程度，可对基材的砂光量进行调节。基材置于工作台上面的运输带上，工作台由 4 根丝杠支撑，工作台的高度可通过电机或手轮进行调节，运输带承载基材运动。基材砂光后的厚度由规尺控制，机上配置有 3 个规尺，前规尺的高度是可调的，它与中间规尺的高度差即为砂光量，中间规尺和后规尺安装在同一高度，砂辊可调整到低于中间规尺 0.05~0.2mm，以便于基材从后 2 个规尺下面通过。在对基材进行砂光的过程中，为了不使砂带跑偏滑脱，提高砂光质量，砂带在做等速回转运动的同时，它还可以通过砂带轴向移动装置沿辊筒轴向移动，砂带的轴向移动由气动装置实现，砂光粉尘通过除尘管排除。

双砂架双面宽带式砂光机的砂辊呈上下对顶布置，可对基材进行两面对称砂光，砂光精度较高。双砂架双面宽带式砂光机工作原理如图 2-12 所示。图 2-13 是一种有代表性的四砂架双面砂光机，配置有四个砂架，其中两个粗砂架呈上下对顶布置，两个细砂架呈上下错开布置。这种四砂架的双面宽带式砂光机工作时，人造板基材一次性通过便可完成双面定厚砂削和光整砂削，经砂光后的基材的厚度偏差绝对值小于 0.1mm，具有较高的生产效率，其技术参数如表 2-8 所示。

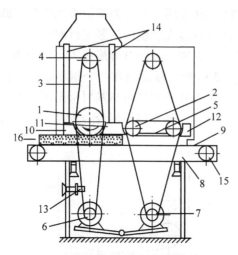
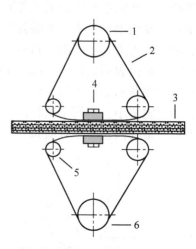

图 2-11 双砂架单面砂光机
1、2. 砂辊 3. 砂带 4. 张紧辊 5. 压垫 6、7. 电机
8. 工作台 9. 运输带 10、11、12. 规尺 13. 手轮
14. 除尘管 15. 导辊 16. 基材

图 2-12 双砂架双面宽带砂光机
1. 上砂架 2. 砂带 3. 基材 4. 压垫
5. 张紧辊 6. 下砂架

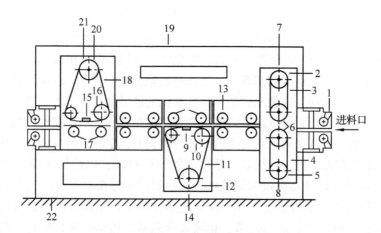

图 2-13 四砂架双面宽带式砂光机
1. 进料机构 2、5. 粗砂带张紧辊 3、4. 粗砂带 6. 粗砂辊 7. 上置粗砂架 8. 下置粗砂架
9、15. 压垫 10、16. 精砂辊 11、18. 精砂带 12、20. 精砂带张紧辊
13、17. 运输辊 14. 下置精砂架 19. 机壳 21. 上置精砂架 22. 机座

表 2-8 宽带式砂光机技术参数

性能指标	双砂架	四砂架
最大加工宽度(mm)	1300	1300
砂光板的厚度范围(mm)	2~200	3~200
加工精度(mm)	±0.1	±0.1
一次砂光削量(mm)	—	≤1.5(双面)

(续)

性能指标	双砂架	四砂架
进给速度(m/min)	4~24	4~24
砂带尺寸(mm)	2800×1350	2800×1350
主电机功率	55×2kW	55×2kW/75×2kW
外形尺寸(mm×mm×mm)	2134×3400×2891	4756×3400×2891

2.4.3 除尘设备

人造板基材在经过砂光后，其表面和四周会留下一些砂光产生的粉尘，在对人造板基材进行表面装饰之前，必须清除其表面和四周的粉尘，否则基材在涂胶后这些粉尘会夹杂在贴面材料下的胶层中，采用薄型材料贴面时会影响板的表面质量。

人造板基材表面的砂光粉尘是通过除尘装置清除的，有的除尘装置直接配置在砂光机上，有的除尘装置单独配置。直接配置在砂光机上的除尘装置一般由刷辊和吸尘装置组成，吸尘装置在刷辊上方，当基材经砂光进入刷辊下方时，旋转刷辊便将基材表面的粉尘刷起，并通过吸尘装置送至沉灰室。独立的除尘装置一般是刷板机，刷板机通常配置在贴面生产线上，由两个除尘装置和固定组装的刷辊组成，前者用于清除基材纵向边缘的粉尘，后者用于清除基材前、后边和板面的粉尘，刷辊旁边装有吸尘装置。图2-14是一种独立配置的刷板机的结构示意图。

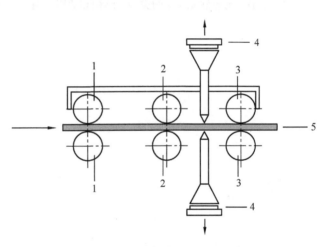

图2-14 刷板机结构示意图
1.进料辊 2.刷辊 3.拉伸输送辊 4.抽吸装置 5.基材

该刷板机由进料辊、刷辊、拉伸运输辊、抽吸装置、机壳、机架、电机等部分组成。进料辊是进板机构，进料辊由电机驱动将基材送入刷板机内并向前运动，当基材到达刷辊处时，旋转着的刷辊将基材表面和四周的粉尘刷起呈悬浮状态，抽吸装置随即将腾起的粉尘吸入除尘管并输送至密封的沉降室中。对基材的除尘过程均在密封的机壳内进行，粉尘不会泄漏至机外，不会造成对环境的污染。

配置在砂光机上的除尘装置与独立配置的除尘装置各有优缺点，配置在砂光机上的除尘装置结构简单，使用方便，但除尘效果不太理想。独立配置的除尘装置的除尘效果更好，但需要配置专用的设备，增加了设备投资。

思考题

1. 什么是人造板的表面粗糙度？哪种人造板的表面粗糙度最大，其原因是什么？
2. 基材的表面粗糙度对其表面装饰有什么影响？
3. 什么是人造板的表面空隙率和不平度？哪种人造板的表面空隙率最大，其原因是什么？
4. 基材的表面空隙率和不平度对其表面装饰有什么影响？
5. 人造板的表面污染和酸碱性对其表面装饰有什么影响？
6. 人造板的密度和密度不均匀性对其表面装饰有什么影响？
7. 人造板的含水率不均匀和干缩湿胀特性对其表面装饰有什么影响？
8. 什么是人造板的润湿性，怎样改善其润湿性？
9. 人造板的厚度偏差对其表面装饰有什么影响？
10. 人造板的平面抗压强度对其贴面工艺有什么影响？
11. 人造板的表面装饰对基材有什么要求？
12. 了解人造板砂光设备的类型、结构和适用范围。

第 3 章　表面装饰用胶黏剂与涂料

[本章提要]　胶黏剂在人造板表面装饰中具有非常重要的作用，表面装饰材料的制造、表面装饰材料与人造板基材的胶合等都离不开胶黏剂。胶黏剂的种类繁多，不同种类的胶黏剂具有不同的特点。生产中对不同的产品、不同的用途，需要使用不同的胶黏剂，如用于浸渍的胶黏剂要求其具有较小的黏度、良好的渗透性；用于胶合的胶黏剂要求其黏度大、渗透性小、胶合强度高等。涂料在人造板表面装饰工艺中是必不可少的物质，大多数的人造板表面装饰方法都需要使用涂料，涂料的种类不同，性质、用途也各不相同。泥子在人造板表面装饰工艺中虽然是一种辅助材料，但在人造板基材处理和各种涂饰操作之前均需使用泥子，因此它也是人造板表面装饰工艺中一种十分重要的物质，正确选择与合理使用胶黏剂、涂料、泥子是使人造板获得良好装饰效果的基本前提。

人造板表面装饰用胶黏剂按其用途可以分为两大类，一类以浸渍作用为主，一类以胶接作用为主。浸渍用胶黏剂的作用是通过在表面装饰材料的表面和内部扩散渗透，使表面装饰材料的性能得到改善和提高。胶接用胶黏剂的作用是将表面装饰材料与人造板基材牢固结合起来，二者成为一个整体，使人造板基材表面具有装饰材料的特点。

3.1　胶黏剂分类

胶黏剂的种类繁多，特别是随着化学工业的迅速发展、新的胶黏剂原料的不断发现，胶黏剂的种类也在迅速增加。本书介绍主要用于人造板表面装饰工艺的胶黏剂。

用于人造板表面装饰工艺的胶黏剂，根据其组成物质的来源不同可以分为两大类，一类是天然树脂胶黏剂（常用的是蛋白质胶），另一类是合成树脂胶黏剂。

胶黏剂分类如下：

$$\text{胶黏剂}\begin{cases} \text{蛋白质胶}\begin{cases}\text{皮胶、骨胶、血胶、血粉胶} \\ \text{豆粉胶、豆蛋白胶}\end{cases} \\ \text{合成树脂胶}\begin{cases}\text{酚醛树脂胶、脲醛树脂胶、三聚氰胺树脂胶、聚酯树脂胶} \\ \text{环氧树脂胶、鸟粪胺树脂胶、聚醋酸乙烯酯乳胶等}\end{cases} \end{cases}$$

不同种类的胶黏剂性能差异很大，根据耐水性能不同，胶黏剂可以分为高耐水性胶、中等耐水性胶、低耐水性胶和非耐水性胶。高耐水性胶是指胶合制品经煮沸 3～4h，其胶合强度仍可达到一定程度的胶黏剂，如酚醛树脂胶、三聚氰胺甲醛树脂胶、环氧树脂胶等。中等耐水性胶是指胶合制品在 63℃±3℃ 的水中连续浸泡 3h 后，其胶合强度仍可达到一定程度的胶黏剂，如脲醛树脂胶等。低耐水性胶是指胶合制品在常温水中连续浸泡24h后，仍具有一定胶合强度的胶黏剂，如鱼鳔胶、血胶以及低树脂含量的脲醛树脂胶等。非耐水性胶是指胶合制品不耐水，只能在室内常态下使用的胶黏剂，如豆粉胶、淀粉胶等。

根据胶黏剂的固化过程不同，胶黏剂可以分为热固型、热熔型、热塑型等。热固型胶黏剂是指在一定的温度和压力条件下才能完成固化的胶黏剂，如脲醛树脂胶、酚醛树脂胶等。热熔型胶黏剂是指加热可熔化，冷却即固化的胶黏剂，如乙烯-醋酸乙烯酯胶等。热塑型胶黏剂是指固化后的胶膜层受热后会塑化变软，冷却后又重新固化的胶黏剂，如皮胶、聚醋酸乙烯酯乳液胶等。

天然树脂胶黏剂的原料来源广泛，加工制造方便，生产成本低廉，大多数是无毒或低毒的，一般不会造成对人体、环境的影响和破坏，但它们的胶合强度不高、不耐潮、不耐水、不耐热、不耐腐蚀等，同时也不适合大规模连续化、自动化生产的需要。

合成树脂胶黏剂的胶合强度一般都比较高，大多数合成树脂胶黏剂具有良好的耐水、耐湿、耐热、耐腐蚀性能，但它们一般都具有一定的毒性，生产成本也比天然树脂胶黏剂高。合成树脂胶黏剂是表面装饰工艺使用的主要胶黏剂。

3.2 表面装饰用胶黏剂应具备的基本条件

人造板表面装饰的方法很多，作为表面装饰用的胶黏剂应具备以下基本条件：

(1) 具有良好的物理力学性能

胶黏剂的基本作用就是将两个物体结合在一起，并且使它们之间具有一定的结合强度，因此一定的胶合强度是对表面装饰用胶黏剂的基本要求。不同种类胶黏剂的胶合强度各不相同，同一种胶黏剂用于不同材料时，其胶合强度也不相同。通常胶合强度越高的胶黏剂，生产成本也越高，因此在选择胶黏剂时应从实际生产情况出发，胶黏剂的选择主要取决于产品的用途。用于室外或恶劣环境的产品要求的胶合强度高，用于室内或较好环境的产品要求的胶合强度相对较低。如用于水泥模板的胶黏剂，因产品长期日晒雨淋，使用条件十分恶劣，必须使用像酚醛树脂类胶合强度很高的胶黏剂。对用于室内家具、装修装饰等方面的胶黏剂则可选用胶合强度稍低的脲醛树脂或聚醋酸乙烯酯乳胶等胶黏剂。除胶合强度以外胶黏剂还应具有一定的耐水性、耐候性、耐磨性、耐久性、耐腐蚀性等。

(2) 具有一定的润湿性

液体在固体表面的黏附现象称为润湿，液体润湿性的大小反映了液体与固体之间亲和力的大小。液体对固体的亲和力越大，表明其对固体的润湿性越好，反之亦然。

液体润湿性的大小可通过液滴在固体表面的状态来评价，图3-1是液滴在不同固体表面的状态。

液体的润湿性主要与其表面张力有关，同时固体的表面特性也对液体在其表面的润湿状态有重要影响。由图3-1可见当不同的液体落在同一的固体表面时，如水和油同时都落在木板上，水很快在木板表面扩散开来，而油的扩散速度要慢得多。尽管水和油接

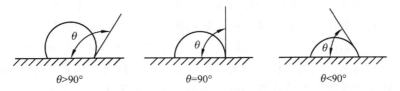

图 3-1　液滴在不同固体表面的状态

触的材料都是木板，但由于水的表面张力较小，油的表面张力较大，使它们在木板表面具有不同的润湿效果。由此可见，液体的表面张力越大，液体与固体的接触角 θ 也越大，液体对固体的润湿性就越差；液体的表面张力越小，液体与固体的接触角 θ 也越小，液体对固体的润湿性就越好。如果是同一种液体落在不同的固体表面，如水滴落在纸张上(如牛皮纸)和落在玻璃上，落在纸张上的水滴扩散得很快，而落在玻璃上的水滴扩散较慢。尽管落在纸张上和玻璃上的水滴的表面张力是完全相同的，但它们与固体的接触角 θ 却是不同的，这表明同一种液体对不同固体的润湿性存在着差异。因此，对不同液体润湿性大小的评价标准，是指它们在相同材料表面的流展扩散状态，也就是它们与相同材料之间亲和力的大小。

胶黏剂(液状)作为一种液体同样具有上述特性，当胶黏剂与固体材料接触时，不论胶黏剂与固体之间处于一种什么状态，即不论胶黏剂与固体的接触角 θ 为多少，它们都会处于一种三个表面张力的平衡状态，即液-气表面张力 $\sigma_{液气}$、固-气表面张力 $\sigma_{固气}$ 和固-液表面张力 $\sigma_{固液}$，它们的平衡关系如下：

$$\sigma_{固气} = \sigma_{固液} + \sigma_{液气}\cos\theta \quad 或 \quad \cos\theta = \frac{\sigma_{固气} - \sigma_{固液}}{\sigma_{液气}}$$

上述关系表明要减小接触角 θ、增加液体对固体的润湿性，就必须改变固体或液体的性质。对人造板表面装饰工艺来说，胶黏剂的润湿性是实现胶合的基本条件，胶黏剂只有具有一定的润湿性才能在人造板基材表面形成一个连续均匀的胶膜，在胶膜固化后将饰面材料与基材牢固地结合成一个整体。但对具体的装饰方法来说，对胶黏剂的润湿性应进行合理选择。润湿性过大的胶黏剂黏度很低，对某些装饰材料容易造成透胶污染表面，造成装饰表面质量下降，而且胶黏剂也容易渗透到基材内部，造成胶合面缺胶或少胶，既增加了胶黏剂消耗，又降低了胶合强度。润湿性过小的胶黏剂黏度很大，涂布困难，容易造成胶层过厚、胶膜厚度不均匀等缺陷。

(3) 具有一定的流动性

胶黏剂的流动性是指它在固体平面上的扩散能力。胶黏剂的流动性与润湿性有密切的关系，它们既有相同之处又有重要区别，相同之处在于它们都与分子之间的相互作用力有关，分子之间的相互作用力越大，润湿性和流动性就越差；相互作用力越小，润湿性和流动性就越好。一般来说润湿性好的胶黏剂，它的流动性也比较好。胶黏剂流动性与润湿性的区别在于，润湿性反映的是与固体直接接触的胶黏剂薄层与固体表面相互作用力的大小，流动性反映的是胶黏剂内部分子之间相互作用力的大小。从本质上来说，胶黏剂的流动性反映了它缩聚程度的高低，缩聚程度高的胶黏剂分子体积大，分子间的相互作用力大，其流动性差；缩聚程度低的胶黏剂分子间的作用力小，其流动性好。

在人造板表面装饰工艺中,要使胶黏剂在基材表面形成一个连续均匀的胶膜,除要求其具有一定的润湿性外,还必须具有一定的流动性。不同种类的树脂或同一种树脂的不同反应时期,它们的流动性是不相同的。如三聚氰胺甲醛树脂的流动性较差,而邻苯二甲酸二丙烯酯树脂、鸟粪胺树脂的流动性较好。同一种合成树脂,处于初期阶段时流动性较好,处于中期阶段时流动性会显著下降,成为末期树脂时就完全失去了流动性。

(4) 具有一定的渗透性

胶黏剂的渗透性是指它在固体厚度方向的扩散能力,渗透性与其内部分子间的相互作用力有关。一般来说,渗透性较好的胶黏剂的流动性也较好,但流动性好的胶黏剂的渗透性不一定好,因为渗透性除了胶黏剂本身的特性外还受到与其接触的固体状态的影响。如胶黏剂与表面密实的固体接触时有较好的流动性,但其渗透性却不一定好。

在人造板表面装饰工艺中,胶黏剂的渗透性有十分重要的意义,如生产树脂浸渍纸就要求胶黏剂具有良好的渗透性以深入到纸张内部去,否则就有可能造成浸渍纸内部浸渍不均匀,纸张芯层缺胶少胶。浸渍不均、不透的浸渍纸,在使用过程中容易发生层间剥离,造成表面装饰材料破坏,同时也会造成贴面人造板表面各处物理力学性能存在较大差异。

(5) 具有一定的相对分子质量

胶黏剂的相对分子质量由聚合度决定,胶黏剂分子的聚合度越高,其相对分子质量越大。胶黏剂的相对分子质量与其大部分性能有直接或间接的关系,如脲醛树脂胶黏剂的平均相对分子质量与胶合强度的关系如图3-2所示。从图3-2可见,相对分子质量较低的胶黏剂胶合强度较高,随着相对分子质量增加胶合强度逐渐下降。对热固型合成树脂来说,初期树脂相对分子质量较低,在胶合过程中由于受到热量、固化剂等因素的作用会继续缩聚,当达到完全固化以后就成为一种有很高胶合强度的高分子化合物。热塑性树脂胶黏剂在胶合前已缩聚到最大聚合度,在胶合过程中

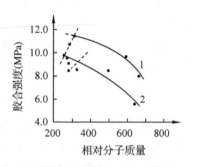

图 3-2 脲醛胶平均相对分子质量与胶合强度的关系
1. 干状胶合强度 2. 湿状胶合强度

聚合度变化很小,对胶合强度的影响也很小。胶黏剂的相对分子质量除了对胶合强度的影响外,对其润湿性、流动性、渗透性等都有直接的影响,一般说来,聚合度低、相对分子质量小的胶黏剂的润湿性、流动性和渗透性较好,适用于浸渍;聚合度高、相对分子质量大的胶黏剂适用于胶合。在表面装饰工艺中对胶黏剂相对分子质量的选择应根据胶黏剂的种类、用途、被胶合(或浸渍)物的特点等因素综合考虑。

(6) 来源广泛,价格低廉,使用方便

表面装饰用胶黏剂应原料来源广泛、生产成本低廉、操作使用方便,同时具有适用期长、固化时间短、使用量少、可以采用低温低压进行操作等特点。

上述胶黏剂应具备的基本条件是对人造板装饰工艺整体而言的,具体对某一种装饰方法所要求的条件不完全一样,应根据实际情况加以正确选择。

3.3 表面装饰常用胶黏剂

3.3.1 酚醛树脂

(1)酚醛树脂的特点

①有良好的胶合强度,很高的耐湿、耐水、耐沸水性,是一种高耐水性胶黏剂。

②有良好的耐热、耐磨和耐久性,有良好的耐酸、耐化学药品腐蚀及耐虫菌的性能。

③可用多种方法改性,能与多种树脂进行混合使用。

④耐碱性差,在碱作用下会发生降解,胶层的剥离强度较低并有一定的脆性。

⑤颜色较深,应用范围受到一定限制。

酚醛树脂作为胶黏剂,既可用于胶合也可用于浸渍,在人造板表面装饰工艺中,酚醛树脂主要作为浸渍用胶黏剂。可作为浸渍用的酚醛树脂种类很多,一般有醇溶性、醇-水溶性、强碱水溶性和水溶性中性复合酚醛树脂等。

醇溶性酚醛树脂的贮存性和浸渍作业性较好,但游离酚含量较高(有的高达14%),制备时脱水易造成环境污染,同时在生产和使用时需加入大量酒精,增加了生产成本,不利于安全生产,作为浸渍用的醇溶性酚醛树脂胶黏剂逐渐被醇-水溶性酚醛树脂所替代。

醇-水溶性酚醛树脂制备时不需脱水,树脂贮存性和浸渍作业性较好,生产的浸渍纸吸潮性小,但其固化速度较慢,制品脆性较大,而且仍需要消耗部分酒精(约相当树脂量的30%)。

强碱水溶性酚醛树脂固化速度慢、游离酚含量高、贮存及作业性较差、干燥后的浸渍纸容易吸潮,产品颜色较深。

水溶性中性复合树脂是以苯酚、甲醛等化工产品为原料,以聚乙烯醇、低分子酰胺化合物、对甲苯磺酰胺等为改性剂制成的一种中性复合型树脂水溶液。这种树脂水溶液具有贮存稳定、游离酚含量低、固化速度较快、能与氨基树脂等合成树脂混合使用、不使用酒精、成品颜色浅、具有较好的耐水性和柔韧性等特点。表3-1所示是几种具有代表性的浸渍用酚醛树脂的质量指标。

表3-1 几种典型浸渍用酚醛树脂的质量指标

质量指标	醇溶性酚醛树脂	醇-水溶性酚醛树脂	强碱水溶性酚醛树脂	中性水溶性复合酚醛树脂
固体含量(%)	50~60	30~40	54~59	44~46
黏度(mPa·s)	100~130	50~70	40~60	50~75
游离酚含量(%)	14	4~6	5	≤2
密度(g/cm^3)	0.93~0.95	1.12~1.14	1.15~1.2	1.14~1.15
聚合速度(s)	55~90	70~90	80~100	50~70
外观	樱桃红透明液	浅红褐色透明液	红褐色透明液	浅樱桃红透明液
贮存时间(d)	>30	<60	30	>30

酚醛树脂在用于浸渍之前均应进行调制，醇溶性树脂使用前用酒精调整密度为 0.93~0.95g/cm³。醇-水溶性酚醛树脂用 70% 的酒精水溶液调节密度，若浸渍干燥设备为卧式，树脂密度调制成 1.04~1.05g/cm³，若为立式浸渍干燥设备，则调制成 1.025~1.03g/cm³。水溶性复合树脂不需调整密度，但要用酸性催化剂调 pH 值至中性。

（2）酚醛树脂合成

酚醛树脂是由苯酚、甲醛、间苯二酚等酚类物质与甲醛、乙醛、丁醛、糠醛等醛类物质，在催化剂作用下，通过缩聚反应生成的一种人工合成树脂。在人造板表面装饰工艺中使用的酚醛树脂主要由苯酚和甲醛经缩聚反应而成。

作为苯酚与甲醛反应催化剂的物质有两大类，一类是酸性催化剂，另一类是碱性催化剂。在酸性催化剂作用下，苯酚与甲醛经缩聚后生成热塑性树脂，在碱性催化剂作用下，则生成热固型树脂。热塑性和热固性树脂在一定条件下可以相互转化，其关系可表示如下：

在人造板表面装饰工艺中，使用的酚醛树脂主要是碱作催化剂的热固型酚醛树脂。苯酚与甲醛在碱性催化剂作用下，首先进行加成反应，形成邻羟甲基酚与对羟甲基酚：

羟甲基酚经缩聚反应形成初期酚醛树脂（甲阶酚醛树脂）：

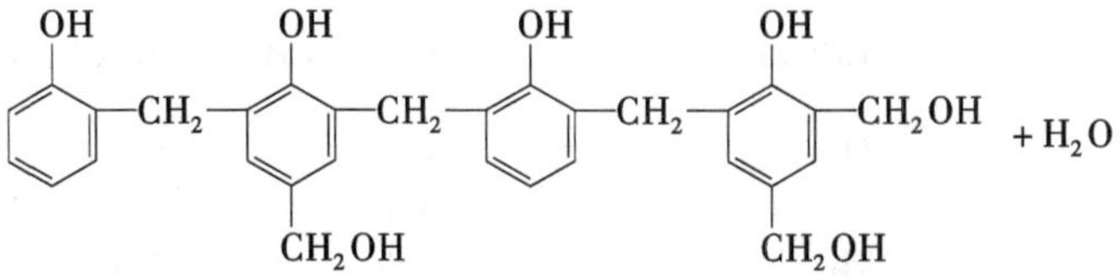

初期酚醛树脂形成后，随缩聚反应的继续进行，最后形成不溶、不熔状态的末期树脂（丙阶酚醛树脂），其分子结构可表示为以下的形式：

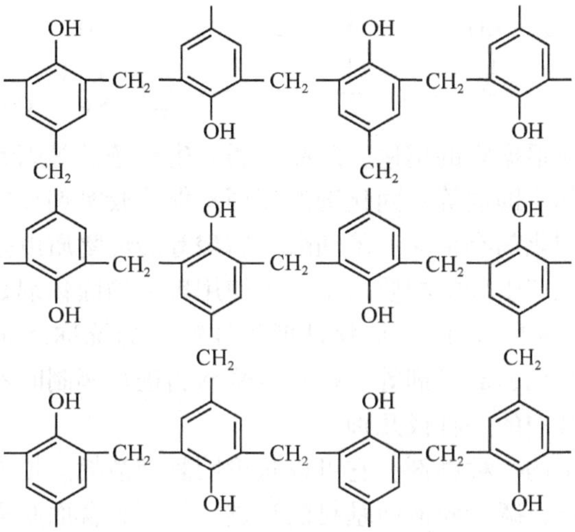

3.3.2 脲醛树脂

脲醛树脂是尿素与甲醛在一定条件下的缩聚产物，脲醛树脂初黏度大、胶层色浅、有一定的耐水性、易溶于水和一般溶剂、使用方便、原料来源广泛、价格便宜，可用于浸渍也可用于胶合。

(1) 胶合用脲醛树脂

用于胶合的脲醛树脂胶黏剂在原料配比、反应工艺、分子结构、质量指标等方面与用于浸渍的脲醛树脂有较大差异。用于胶合的脲醛树脂的相对分子质量较大、黏度较高，制胶时一般需经过脱水处理，其固体含量为55%~60%。

脲醛树脂一般是在酸或碱存在的条件下，由尿素与甲醛首先进行加成反应，形成中间产物——羟甲基脲，羟甲基脲再经缩聚反应形成线型结构的初期树脂，初期树脂在加热或酸存在的条件下，进一步缩聚，最后成为具有网状结构、不溶、不熔的末期树脂，其反应历程如下：

$$H_2NCONH_2 + CH_2O \longrightarrow H_2NCONHCH_2OH$$

$$H_2NCONH_2 + 2CH_2O \longrightarrow HOH_2CNHCONHCH_2OH$$

初期中间体形成后，加热或在酸性介质中脱水缩聚，就可形成线型结构的初期脲醛树脂。

$$\begin{matrix} \text{NHCH}_2\text{OH} \\ | \\ \text{CO} \\ | \\ \text{NH}_2 \end{matrix} + \begin{matrix} \text{NHCH}_2\text{OH} \\ | \\ \text{CO} \\ | \\ \text{NH}_2 \end{matrix} \longrightarrow \begin{matrix} \text{NH}-\text{CH}_2-\text{NHCH}_2\text{OH} \\ | \\ \text{CO} \\ | \\ \text{NH}_2 \end{matrix} \begin{matrix} \\ \\ \text{CO} \\ | \\ \text{NH}_2 \end{matrix} + \text{H}_2\text{O}$$

$$\begin{matrix} \text{NHCH}_2\text{OH} \\ | \\ \text{CO} \\ | \\ \text{NH}_2 \end{matrix} \longrightarrow \begin{matrix} \text{NH} \\ | \\ \text{CO} \\ | \\ \text{N}-\text{CH}_2 \end{matrix} \left[\begin{matrix} \text{NH}-\text{CH}_2- \\ | \\ \text{CO} \\ | \\ \text{NH} \end{matrix} \right]_x \begin{matrix} \text{NH} \\ | \\ \text{CO} \\ | \\ \text{NH}-\text{CH}_2\text{OH} \end{matrix} + \text{H}_2\text{O}$$

胶黏剂在使用前应根据它的用途、产品种类、生产条件等因素进行调制,调制时加入的添料主要是固化剂、助剂等。固化剂的作用是促使胶黏剂反应,达到快速固化的目的。脲醛树脂常用的固化剂有草酸、苯磺酸、磷酸等酸性物质或是氯化铵、氯化锌、硫酸铵等与树脂混合后能产生酸的物质。生产中使用较多的固化剂是氯化铵,其用量一般为胶黏剂重量的 0.1%~2%。助剂是胶黏剂改性物质的统称,如填充剂、发泡剂、防老化剂、耐水剂、增黏剂、成膜剂等。在对脲醛树脂进行调制时不需将所有助剂全部加入,根据需要只加入其中的一种或几种。

填充剂是用得较多的一种助剂,它可以减少胶黏剂消耗、提高胶液的固体含量和黏度,增加胶液的初黏性,减少胶液向基材的渗透,保证胶合面必需的胶量。此外填充剂还具有一定填补基材表面空隙的作用,可以降低胶液固化时因体积收缩而产生的内应力,减少人造板的翘曲变形,提高胶合强度的耐久性。常用的填充剂有纤维质填充剂,如果壳粉、树皮粉、木粉等;淀粉质填充剂,如面粉、淀粉、高粱粉等;蛋白质填充剂,如血粉、豆粉等。填充剂的加量应根据树脂质量和工艺要求等因素确定,一般为胶黏剂的 5%~30%。

(2) 浸渍用改性脲醛树脂

用于浸渍的脲醛树脂的相对分子质量较小、黏度较低,制胶时可以不需要脱水。脲醛树脂作为浸渍用胶黏剂时可单独使用,也可与三聚氰胺共缩聚作为三聚氰胺树脂的替代品。脲醛树脂单独使用时其耐老化性、耐磨性、耐水性和胶合强度较差,树脂薄膜易发生龟裂,用三聚氰胺对脲醛树脂进行改性,可以使脲醛树脂的性能得到有效改善。尿素-三聚氰胺-甲醛共缩聚树脂的耐磨性虽比纯三聚氰胺甲醛树脂低,但它具有良好的流动性、能快速固化、脆性较小、具有较好的柔韧性和抗折断强度。尿素-三聚氰胺-甲醛共缩聚树脂,用于浸渍时的摩尔比一般为:

尿素:三聚氰胺:甲醛 = 1:(0.15~0.5):(2.5~3.0)

常用的催化剂为三乙醇胺,六次甲基四胺和氨水等。在反应后期一般需加入树脂总量 10%~15% 的乙醇进行醚化,其反应过程如下:

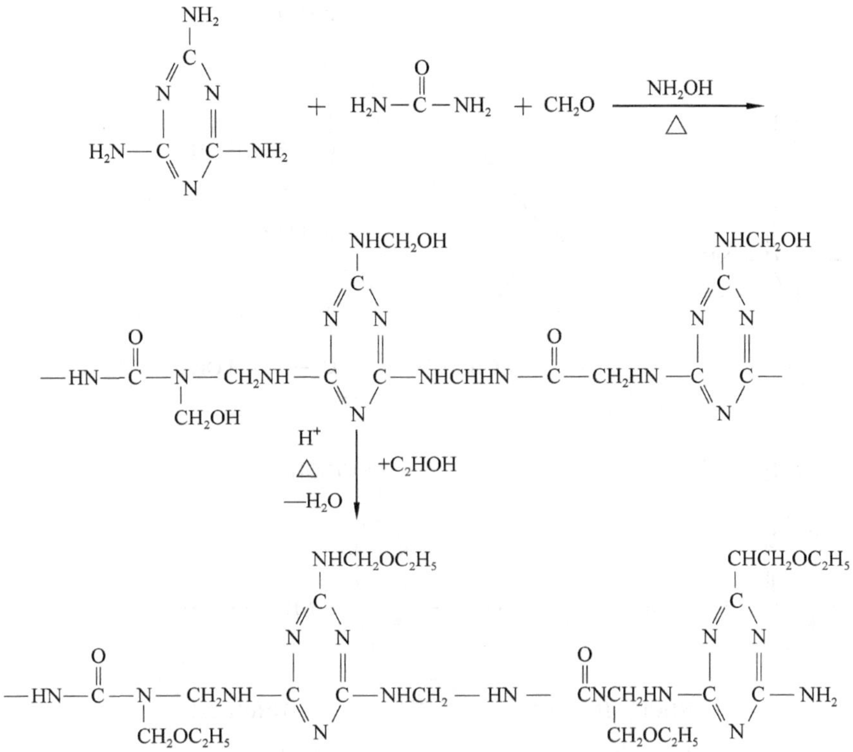

$$\text{三聚氰胺} + H_2N-\overset{O}{\underset{\|}{C}}-NH_2 + CH_2O \xrightarrow[\triangle]{NH_2OH}$$

（中间产物结构式）

$$\xrightarrow[-H_2O]{\underset{\triangle}{H^+} \; +C_2H_5OH}$$

（乙氧基化产物结构式）

常用于浸渍的尿素-三聚氰胺-甲醛共缩聚树脂的质量指标如下：

外观	无色透明均匀溶液	固体含量	45%~50%
黏度(20℃)	10~15mPa·s	游离醛含量	0.5%~1.5%
pH 值	7.0±0.2	贮存期	15~20d
水数	1		

这种共缩聚树脂在用于浸渍之前应根据工艺要求调整胶液的密度，并加入潜伏性固化剂(如一尿苯三甲酸酯或三乙醇胺苯二甲酸单酯等)，加入量一般为胶液总量的 0.3%~2.0%。

3.3.3 三聚氰胺甲醛树脂

(1) 三聚氰胺甲醛树脂合成

三聚氰胺甲醛树脂(简称三聚氰胺树脂)无色透明，具有耐水、耐热、耐磨、耐污染腐蚀、胶合强度高、富有光泽等特点，广泛用于热固性装饰层压板、压塑粉、涂料、纸张和织物处理等方面。用于生产浸渍纸的三聚氰胺树脂，是一种三聚氰胺与甲醛的低聚物水溶液，其中有 40% 是羟甲基三聚氰胺二聚物，其余为三聚氰胺羟甲基衍生物。这种低聚物水溶液很容易浸入到纸张纤维内部的毛细孔内，干燥过程可使树脂进一步缩聚，经热压固化后与浸渍物形成一个整体。三聚氰胺与甲醛在中性或弱碱性条件下首先进行加成反应，生成三聚氰胺与甲醛的加成产物——羟甲基三聚氰胺系列化合物，在弱酸性条件下加热，加成产物经缩聚反应形成初期线型树脂，其反应历程如下：

线型初期树脂在加热条件下会继续进行缩聚反应形成凝胶状产物，凝胶状产物经加热或在固化剂存在的条件下最后变成不溶不熔、具有三维网状结构的末期树脂，其结构如下所示：

三聚氰胺甲醛树脂是一种主要的浸渍树脂，表3-2是几种常用的三聚氰胺甲醛树脂的质量指标。

表 3-2 三聚氰胺树脂质量指标

质量指标	用于表层原纸、装饰原纸和覆盖原纸浸渍			
	SJG-1	SJ-2	GM-1	G3-2
外观	无色透明液体	无色透明液体	无色透明液体	无色透明液体
黏度(mPa·s)	20~26	20~26	14~20	7~14
固体含量(%)	46~48	48~50	40~42	45~55
游离甲醛含量(%)	≤2	<2	<3	<3
pH 值	8.8±0.2	9.0±0.2	7.5~8.5	7.0~7.5
水溶性(倍)	—	3.0~3.5	1.8~2.2	—
贮存期(d)	30~60	45~60	30~60	30 左右

浸渍用三聚氰胺树脂使用前，应根据原纸种类和设备类型，用70%的酒精调节树脂溶液的密度。一般是在搅拌条件下将酒精加入三聚氰胺树脂中，同时加入固化剂、改性剂等，有时也可根据需要加入适量的颜料，经搅拌均匀后方可使用。不同牌号三聚氰胺树脂的密度调整如表 3-3 所示。

表 3-3　不同情况下三聚氰胺浸渍胶液的密度

原　纸	树脂牌号	树脂稀释后的密度(g/cm^3)	
		立式浸渍机	卧式浸渍机
表层纸	SJ-1	1.08~1.085	—
	GM-1	1.03~1.04	—
装饰纸	SJ-1	1.14~1.15	1.14~1.145
	GM-1		1.04~1.08
覆盖纸	SJ-1	1.12~1.35	1.14~1.145
	GM-1		1.04~1.08

三聚氰胺树脂胶黏剂常用的固化剂有尿-苯二甲酸酐、三乙醇胺邻苯二甲酸单酯和三乙醇胺硫酸酯等。尿-苯二甲酸酐的制备方法是：将3.7%的苯二酸酐、9.6%的尿素、16.5%的六次甲基四胺和50.2%的水加入反应釜中，在搅拌下升温至70℃，保持15min，待物料全部溶解后停止加热，冷却到40℃即可使用，用量为树脂液质量的1.5%~2.0%。三乙醇胺邻苯二甲酸单酯的制备方法是：将总重37.5%的三乙醇胺、37.5%的水和25%的邻苯二甲酸酐在搅拌下依次加入反应釜中，在20~30min内升温到70~80℃，保持50min，冷却后备用，用量为树脂液质量的0.3%~2.0%。

(2) 三聚氰胺树脂改性

三聚氰胺树脂的流动性差，需经改性处理增加其流动性后才能使用，经改性处理后可成为适应低压短周期、不冷却卸压工艺的树脂。常用的改性方法是用低聚合度聚乙烯醇、丙二醇、丙烯腈、N-羟甲基丙烯酰胺、异丙醇、氨基甲酸乙酯、己内酰胺、邻苯二甲酸二丙烯酯等作为改性剂，与三聚氰胺在一定条件下进行共缩聚反应。如果用低聚合度水溶性聚酯树脂改性，可先分别制成树脂溶液，使用时按一定比例混合。

三聚氰胺树脂另一个突出的缺点是固化后脆性较大，热压结束或经过一段时间后，胶层表面常出现细微裂纹。为了减少三聚氰胺树脂固化后的脆性，在制备过程中需要加入一定量的增塑剂或在树脂制成后加入一定量的改性剂。在树脂制备过程中加入增塑剂的方法叫"内增塑法"，在树脂中加入增塑剂的方法叫"外增塑法"。内增塑法是在低聚物分子间引入柔性长链分子，柔性长链分子越长树脂的柔韧性就越好，树脂脆性降低就越明显。这类增塑剂分子中一般有两个活泼的反应基团，如二元醇、三元醇、缩水甘油醚、烷氧基低级醇、氨基葡萄糖、α-甲基葡萄糖、乙酰鸟粪胺、己内酰胺等。含有一个反应基团的化合物也可作为增塑剂，如氨基甲酸乙酯、对甲苯磺酰胺、硫酰胺基等。三聚氰胺树脂常用的改性剂有水溶性聚酯、邻苯二甲酸二丙烯酯、氨基甲酸乙酯乳胶、己内酰胺等。以下介绍几种常用的三聚氰胺树脂的改性方法。

①用水溶性聚酯树脂改性

水溶性聚酯树脂的制备方法：将总质量17%~25%的苯酐、20%的季戊四醇、10%~17%的棉油酸、7%的二甲苯依次加入不断搅拌的反应釜内，在1h内加热至170~175℃。苯酐完全溶解后保温反应至酸值为90~120，然后开始冷却，内温降至135℃时加入总质量8%的三乙醇胺，降温至117℃以下时加入5%的丁醇和33%的水，在70~80℃下混合均匀，冷却至50℃以下放料，其质量指标如下：

外观	红棕色黏稠液体	树脂含量	50%~55%
黏度	370~400 mPa·s	贮存期(10~30℃)	大于3个月

水溶性聚酯树脂改性三聚氰胺树脂胶黏剂配方如下：

三聚氰胺树脂	95.7%	水溶性聚酯树脂	3.8%
固化剂(尿邻苯二甲酸)	0.5%~0.1%	稀释剂(70%乙醇)	适量

调配时将配方中前三种物料混合，然后稀释至所要求的密度，调制温度不低于15℃。

②用纤维素和邻苯二甲酸二丙烯酯改性

纤维素和邻苯二甲酸二丙烯酯改性三聚氰胺树脂胶黏剂配方如下：

三聚氰胺树脂	97%	纤维素	2.5%
邻苯二甲酸二丙烯酯	0.5%	稀释剂(70%乙醇)	适量

将前三种物料混合均匀后，用稀释剂调节至所需密度即可。

③用氨基甲酸乙酯胶乳改性

氨基甲酸乙酯胶乳是一种弹性胶乳改性剂，可改善三聚氰胺树脂的脆性并保持其耐磨、耐热和透明性，改性调制方法如下：

三聚氰胺树脂(固体含量58%)	74%	硫酸铵	0.04%
氨基甲酸乙酯胶乳(固体含量25%)	25.8%	稀释剂(70%乙醇)	适量

调制时将前三种物质混合研磨后形成稳定的乳液，再用稀释剂调节至所需的密度。

3.3.4 聚醋酸乙烯酯乳液胶黏剂

(1) 聚醋酸乙烯酯乳液胶黏剂的特点

聚醋酸乙烯酯乳液胶黏剂是由醋酸乙烯单体经聚合反应得到的一种热塑性胶黏剂，俗称"白胶"或"白乳胶"，这种胶黏剂具有以下特点：

①在常温条件下固化速度较快，固化后的胶层无色透明，不会造成对制品的污染。

②初期胶合强度高，使用简便，不需加入固化剂。

③胶层具有一定的弹性和韧性，对刀具损伤小，具有一定的耐稀酸、稀碱的能力。

④操作性能好，能溶于多种有机溶剂、无毒、洗涤方便，无火灾、爆炸、腐蚀危险。

⑤耐水、耐湿、耐寒性差，容易吸湿，气温低时容易发生冻结。

⑥耐热性差，固化后的胶层在软化点以上会发生蠕变现象，使胶合强度下降。

⑦在长期连续静载荷作用下胶层会出现蠕变现象。

(2) 聚醋酸乙烯酯乳液胶黏剂的合成

生产聚醋酸乙烯酯乳液胶黏剂的原料包括：醋酸乙烯单体、引发剂、乳化剂、保护胶体、调节剂、水等。引发剂的作用是促使醋酸乙烯单体形成自由基，常用的引发剂是过氧化物，如过氧化氢、过硫酸钾等。乳化剂对反应体系的反应速度、分散体系的稳定性和聚合物的质量有重要影响，常用的乳化剂是聚乙烯醇。调节剂的作用是调节聚合物的表面张力、聚合度和介质的 pH 值，常用的调节剂有戊醇、己醇、辛醇、四氯化碳、磷酸盐、碳酸盐等。聚醋酸乙烯酯乳液胶黏剂的反应历程大体分为以下几个阶段：

①链引发

引发剂是一种易于分解并产生自由基的化合物，以过硫酸铵为引发剂的链引发如下：

$$(NH_4)_2S_2O_8 \xrightarrow{\text{分解}} 2NH_4SO_4 \xrightarrow{\text{分解}} 2NH_4^+ + 2SO_4^-$$

硫酸根离子型自由基再与醋酸乙烯单体结合，形成单体自由基：

$$SO_4^- \cdot + CH_2COOH_2 = CH_2 \longrightarrow SO_4^- - CH_2 - \underset{\underset{CH_3COO}{|}}{CH} \cdot$$

②链增长

单体自由基又与单体结合，形成链自由基，继续与单体结合，使分子链不断增长而得到高分子聚合物。

$$SO_4^- - CH_2 - \underset{\underset{CH_3COO}{|}}{CH} \cdot + CH_3COOCH = CH_2 \longrightarrow SO_4^- - CH_2 - \underset{\underset{CH_3COO}{|}}{CH} - CH_2 - \underset{\underset{CH_3COO}{|}}{CH} \cdot \xrightarrow{CH_3COOCH = CH_2}$$

$$SO_4^- \left[\underset{\underset{CH_3COO}{|}}{CH_2 - CH} \right]_2 \left[\underset{\underset{CH_3COO}{|}}{CH_2 - CH} \right] \xrightarrow{CH_3COOCH=CH_2} SO_4^- \left[\underset{\underset{CH_3COO}{|}}{CH_2 - CH} \right]_x \left[\underset{\underset{CH_3COO}{|}}{CH_2 - CH} \right]$$

③链终止

增长着的自由基一旦失去活性中心，链增长即终止。聚醋酸乙烯酯的加聚反应的链终止一般有三种形式，即双基结合终止、双基歧化终止和链自由基与初级自由基相碰终止。双基结合终止是两个自由基相碰撞，产生一个长链的稳定分子，这个分子两端都有引发剂的成分：

$$SO_4^- \left[\underset{\underset{CH_3COO}{|}}{CH_2 - CH} \right]_x \left[\underset{\underset{CH_3COO}{|}}{CH_2 - CH} \right] \cdot + \cdot \left[\underset{\underset{CH_3COO}{|}}{CH - CH_2} \right] \left[\underset{\underset{CH_3COO}{|}}{CH - CH_2} \right]_y SO_4^- \longrightarrow$$

$$\longrightarrow SO_4^- \left[\underset{\underset{CH_3COO}{|}}{CH - CH_2} \right]_{x+1} \left[\underset{\underset{CH_3COO}{|}}{CH - CH_2} \right]_{y+1} SO_4^-$$

以下是一个聚醋酸乙烯酯乳液胶黏剂的配方实例：

醋酸乙烯	710kg	水	636kg
聚乙烯醇	62.5kg	辛基苯酚聚氧乙烯醚	8.0kg
过硫酸铵（以10倍水稀释）	1.43kg	碳酸氢钠（以10倍水稀释）	2.2kg
邻苯二甲酸二丁酯	80kg		

聚醋酸乙烯酯乳液胶黏剂的质量指标：

固体含量	50%±2%	黏度	1.5~4.0Pa·s(20℃)
粒度	1~2μm	pH值	4~6
外观	乳白色黏稠状液体，均匀、无明显粒子		

聚醋酸乙烯酯乳液在人造板表面装饰工艺中主要作为胶合用胶，可单独使用，也可与脲醛树脂等混合使用。单独使用时其胶合强度、耐水性能等较低，应用范围受到一定限制。与脲醛树脂等混合使用可改善其性能，提高其胶合强度以及耐水、耐湿性能，同时还可降低脲醛树脂固化后的脆性。

3.3.5 邻苯二甲酸二丙烯酯树脂

(1) 邻苯二甲酸二丙烯酯树脂的特点

邻苯二甲酸二丙烯酯树脂(简称"DAP"树脂)是一种乙烯型加成聚合的热固型树脂，具有良好的流动性、耐水性、耐化学药品性、电气绝缘性和贮存稳定性，在固化过程中没有水、醛等挥发性副产物生成，树脂固化后具有良好的耐热性和不溶不熔性，形成的树脂膜具有良好的尺寸稳定性，适应于低压贴面装饰工艺。DAP树脂浸渍纸具有以下主要特点：

① 耐水、耐热、耐老化性及良好的化学稳定性，不容易开裂。
② 柔软性好、可以卷曲，吸湿性小、尺寸稳定性好，加工使用方便、可长期贮存。
③ 可以采用"热进热出"低压贴面工艺，节省热能，提高生产效率。
④ 机械强度、耐冲击性能和加工性能好，可进行各种机械加工和曲面加工。
⑤ 装饰效果好，具有较强的真实感。

邻苯二甲酸二丙烯酯树脂使用时，先将初期树脂用丙酮溶液进行稀释，然后加入一定量的添加剂进行调制。

(2) 邻苯二甲酸二丙烯酯树脂的合成

邻苯二甲酸二丙烯酯树脂，是由丙烯衍生而成的氯化丙烯原料与苯二甲酸聚合而成的。在邻苯二甲酸二丙烯酯单体结构中，分子内有两个具有聚合性能的双键，如图3-3所示，它们可以继续进行聚合反应或发生架桥反应，形成具有三维结构的高分子化合物。邻苯二甲酸二丙烯酯单体的反应过程如图3-4所示。

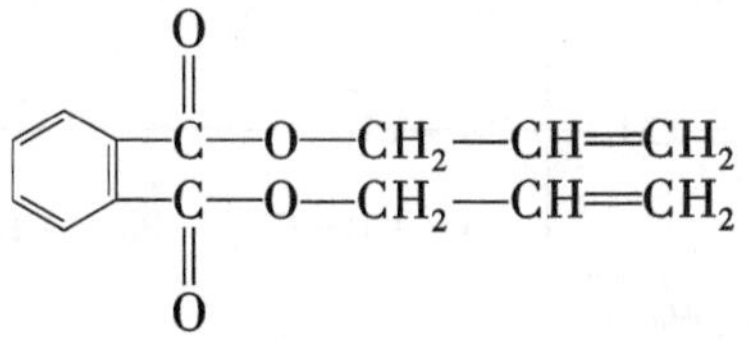

图3-3 邻苯二甲酸二丙烯酯单体结构

邻苯二甲酸二丙烯酯树脂的聚合反应可以分为两个阶段。第一阶段生成的聚合物加热可以软化、熔融，并能溶于某些有机溶剂，这种状态即为初期聚合体，其结构有如下三种形式：

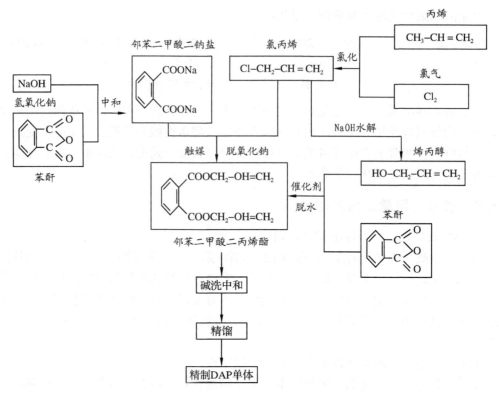

图 3-4 邻苯二甲酸二丙烯酯单体的反应过程

① 线状聚合物

② 有支链的聚合物

③ 分子内形成环状的聚合物

式中：Pn 为

$$\begin{array}{c}\text{(邻苯二甲酸酐结构式)}\end{array}$$

（3）邻苯二甲酸二丙烯酯树脂调制

邻苯二甲酸二丙烯酯单体的性质如下：

分子式	$C_{14}H_{14}O_4$	相对分子质量	246.3
密度	(1.12 ± 0.003) g/cm³ (20℃)	折光率	1.518 ± 0.002 (25℃)
黏度	12.0mPa·s (20℃)	凝固点	-70℃
沸点	305℃ (760mm 汞柱)	比热	2093.4J/(kg·K) (50~150℃)
蒸发热	309J/g	聚合热	561J/g
表面张力	3.9Pa (20℃)	水溶性	不溶

浸渍纸用的邻苯二甲酸二丙烯酯树脂胶黏剂是由聚合物、单体、催化剂、内脱膜剂和溶剂等按一定比例配制而成的，以下是两种常用的配方：

配方一（质量比）：

DAP 预聚体	93.5%	DAP 单体	4.7%~9.4%
引发剂（过氧化苯甲酰）	0.9%~2.7%	溶剂（丙酮或丁酮）	适量
内脱膜剂（月桂酸、蜂蜡等）	0.9%~2.7%		

配方二（质量比）：

DAP 树脂（固体）	43.3%	光泽剂（其中甲苯30%）	43.3%
剥离剂（DR-20s）	0.65%	溶剂（丙酮）	5.27%
引发剂（过氧化苯甲酰）	2.2%	甲苯	5.27%

在上述配方中，增加单体用量可提高树脂的流动性，但浸渍纸干燥困难，表面发黏，单体加量过小则可能引起浸渍纸表面缺胶，浸渍纸易与基材发生剥离。预聚体聚合速度很快，加入适量的阻聚剂可延长其凝胶时间。常用的阻聚剂有对甲氧基苯酚等，加入量为 0.01~0.2g/kg，加量过多会延长树脂的固化时间。

引发剂的作用是促使树脂固化，常用的引发剂有过氧化苯甲酰（BPO）、过氧化苯甲酰叔丁酯（TBP）等。引发剂的用量由成型条件和浸渍纸的活性期决定，增加引发剂可缩短成型时间，但会缩短浸渍纸的活性期，减少引发剂加量会延长成型时间，浸渍纸的活性期也会延长。

溶剂的作用是调节胶黏剂的黏度和流动性，常用的溶剂有丙酮、甲乙基酮等，其浓度为 35%~50%。用丙酮作溶剂浸渍纸容易干燥，但易着火，浸渍液的浓度也容易发生变化，用甲乙基酮作溶剂，浸渍液浓度不易发生变化，但操作性较差，因此也可以用二者的混合液作溶剂。

内部脱膜剂的作用是在热压过程中避免装饰材料与衬板黏结，便于脱膜。常用的内部脱膜剂有月桂酸、硬脂酸、蜂蜡等高级脂肪酸及其金属盐。

3.3.6 鸟粪胺树脂

鸟粪胺是三聚氰胺的三个氨基中的一个氨基被烷基、苯基置换的产物及其衍生物的总称。鸟粪胺分子中的两个氨基可以与甲醛反应生成氨基树脂。鸟粪胺树脂与三聚氰胺树脂有类似的生成反应,而且树脂的特征、性质也很相似。与三聚氰胺分子相比,鸟粪胺的分子结构中因少了一个官能基,其聚合密度相对较小,因而在某些方面鸟粪胺树脂与三聚氰胺树脂有所不同。鸟粪胺与三聚氰胺的分子结构如图 3-5 所示。

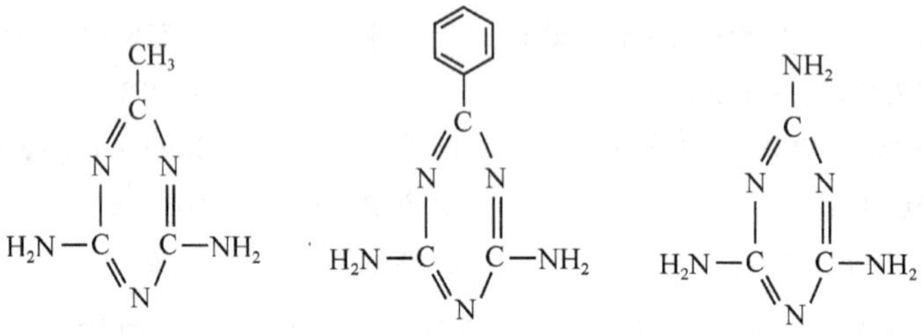

图 3-5 鸟粪胺与三聚氰胺的分子结构

鸟粪胺树脂具有以下主要特点:
①生产的浸渍纸稳定性好,在常温条件下可保存 6 个月以上。
②浸渍纸具有较好的柔韧性,可卷曲成筒状。
③可采用低压贴面工艺,可不加脱膜剂,贴面板表面光泽好。
④流动性好,当树脂含量在 45% 左右时可自行黏结到基材表面上。
⑤浸渍纸尺寸稳定性好,不产生龟裂和翘曲,贴面基材的背面不需平衡纸。
⑥浸渍纸机械加工性能好,可以进行曲面加工。

用鸟粪胺树脂胶黏剂浸渍原纸之前,应先对树脂的浓度进行调节,浓度范围一般在 50% 左右。调制浸渍胶液时加入 1% 左右的对甲苯磺酸作为促进剂。浸渍用鸟类胺树脂的质量指标如表 3-4 所示。

表 3-4 鸟粪胺树脂的质量指标

质量指标	甲基鸟粪胺树脂	脱水苯基鸟粪胺树脂	改性鸟粪胺树脂
外观	透明溶液	透明溶液	透明溶液
树脂含量(%)	50±2	55	55
pH 值	6.0~7.0	—	—
黏度(mPa·s)	30~40(15℃)	25(25℃)	25(25℃)
溶剂	水	甲醇:甲苯=4:1	甲醇

3.3.7 不饱和聚酯树脂

(1) 不饱和聚酯树脂的特点

聚酯树脂是主链上含有酯键的高分子化合物的总称,它们可以由二元醇或多元醇缩聚而成,也可从分子中含有羟基和羧基的物质中制得。在生产中通常将线型不饱和聚酯与乙烯类单体一起配合使用，习惯上把二者的混溶物叫做聚酯树脂。聚酯树脂可以分为饱和聚酯树脂和不饱和聚酯树脂，用于生产浸渍纸的聚酯树脂多为不饱和聚酯树脂。不饱和聚酯树脂是饱和的或不饱和的二元醇与饱和的或不饱和的二元酸（或酸酐）缩聚而成的线型高分子化合物。不饱和聚酯树脂的分子结构如下：

$$H\underset{}{\left[-O-G-O-\underset{\underset{O}{\|}}{C}-R-\underset{\underset{O}{\|}}{C}-\right]_x} \left[-O-G-O-\underset{\underset{O}{\|}}{C}-CH=CH-\underset{\underset{O}{\|}}{C}-\right]_y OH$$

式中：G、R 分别代表二元醇及饱和二元酸中的二价烷基或苄基，x、y 表示聚合度。

不饱和聚酯树脂浸渍纸具有以下特点：

① 有优良的耐寒性，从 $-40℃$ 起就可以使用。
② 表面透明性高、光泽好。
③ 耐磨、耐气候、耐药品性能优良。
④ 尺寸稳定性好、无收缩翘曲等缺陷。
⑤ 柔韧性好、贮存期长。

（2）不饱和聚酯树脂的合成与调制

不饱和聚酯树脂的合成，是以不饱和二元酸或饱和二元酸，与不饱和二元醇或饱和二元醇之间的酯化反应为基础的，其反应如下：

$$\underset{酸}{R-\underset{\underset{O}{\|}}{C}-OH} + \underset{醇}{H-O-R'} \underset{水解}{\overset{酯化}{\rightleftharpoons}} \underset{酯}{R-\underset{\underset{O}{\|}}{C}-O-R'} + \underset{水}{H_2O}$$

在上述反应中，醇类物质中羟基的氢原子与酸类物质中羧基的氢氧基团，发生缩合反应，生成酯类物质与水。生产浸渍纸的不饱和聚酯树脂常用的二元酸是富马酸，二元醇是二乙基乙二醇，二者反应生成的不饱和聚酯再与苯二甲酸二丙烯酯混合形成树脂，其理化指标如下：

外观	从黄色到淡棕色黏液	颜色指标	≤7
密度	$1.09\sim1.11g/cm^3$（$20\sim20.2℃$）	酸值	$25\sim32mgKOH/g$
凝胶时间	$8\sim20min$（$20℃$）	苯乙烯含量	$33.5\%\sim36.5\%$
绝对黏度	$400\sim500mPa\cdot s$（$20℃$）		

不饱和聚酯树脂使用前须经调制，调制时通常需要加入固化剂、脱膜剂、阻聚剂、填料、溶剂等。常用的固化剂有萘酸钴类、过氧化苯甲酰、二甲基苯胺、过氧化环己酮和环烷酸钴等。当气温或环境温度较高时，为防止树脂过早反应，在胶液中需加入一定量的阻聚剂，常用的阻聚剂是 2,6-二叔丁基对甲酚。常用的脱膜剂有正磷酸有机酯、硬脂酸、月桂酸、硅酮树脂等。丙酮是制备聚酯树脂溶液最好的溶剂，其毒性较低、蒸发速度较快，采用丙酮和甲乙基酮的混合液作溶剂，可以控制浸渍纸干燥时溶剂的蒸发速度，防止起泡。用不饱和聚酯树脂生产浸渍纸时，浸渍胶液可按如下配方进行调制：

配方一（质量比）：

| 不饱和聚酯树脂 | 68% | 苯乙烯 | 29% |
| 过氧化环己酮 | 2%~6% | 环烷酸钴 | 1%~3% |

配方二(质量比):

异酞型不饱和聚酯树脂	52.4%	二丙酮丙烯酰胺	10.7%
50%的过氧化苯甲酰糊精	1.2%	2,6-二叔丁基对甲酚	0.04%
胶质二氧化硅	1.2%	正磷酸有机酯	0.2%
甲乙基酮	22.7%	丙酮	11.5%

3.3.8 环氧树脂

环氧树脂是含有环氧基团的高分子化合物,主要由环氧氯丙烷和双酚 A 在碱性条件下缩聚而成,环氧树脂的主要反应过程如下:

$$HO-R-OH + CH_2-CH-CH_2Cl \longrightarrow HO-R-OCH_2CHCH_2Cl$$
$$\underset{O}{\diagdown\diagup} \quad \underset{OH}{}$$

$$HO-R-OCH_2CHCH_2Cl + NaOH \longrightarrow HO-R-O-CH_2CH-CH_2 + NaCl + H_2O$$
$$\underset{OH}{} \quad \underset{O}{\diagdown\diagup}$$

$$HO-R-OCH_2-CH-CH_2 + HO-R-OH \longrightarrow HO-R-OCH_2-CH-CH_2O-R-OH$$
$$\underset{O}{\diagdown\diagup} \quad \underset{OH}{}$$

$$HO-R-OCH_2-CH-CH_2O-R-OH + 2CH_2-CH-CH_2Cl + 2NaOH \longrightarrow$$

$$CH_2-CH-CH_2O-R-OCH_2-CH-CH_2-O-R-OCH_2-CH-CH_2 + 2NaOH + H_2O$$
$$\underset{O}{\diagdown\diagup} \quad \underset{OH}{} \quad \underset{O}{\diagdown\diagup}$$

在人造板贴面装饰中,环氧树脂一般不作浸渍用胶黏剂,而是作为一种改性剂对聚酯树脂等进行改性,使聚酯树脂具有更优良的特性。经过改性的聚酯树脂中的环氧基含量一般为 8.0%,环氧当量为 200。用这种胶液对原纸进行浸渍时,通常以多元酸的衍生物为固化剂,以醇类物质、苯与醇的混合液以及酮类物质为稀释剂,以硅酮树脂为脱膜剂。

在配制树脂浸渍液时,其固体含量视原纸的种类、定量、浸渍纸的使用条件以及浸渍设备性能等情况进行调节。例如定量 $80g/m^2$ 的装饰原纸,用一般的浸渍设备,当要求浸渍纸上胶量达到 55%~65%,挥发分含量在 4%以下时,浸渍胶液的固体含量应达到 38%左右。用这类树脂浸渍纸对人造板表面进行装饰时,可采用低压、短周期、"热-热"循环生产工艺,产品具有以下特点:

①耐化学药品性能优良,尤其是耐酸、碱性能突出。
②有较好的耐水、耐热和电气绝缘性。
③尺寸稳定性、耐龟裂性好。
④表面性能稳定,树脂覆盖的表层保色性能优良。
⑤产品表面光泽较好。

3.4 胶黏剂选择

在选择胶黏剂时应考虑胶黏剂的用途、性能，被胶合材料的种类、特性，装饰人造板的用途以及所采用的表面装饰工艺等因素。

(1) 根据胶黏剂用途和性能选择

胶黏剂的用途不同，对其性能的要求也不相同，如用于浸渍纸生产的胶黏剂要求相对分子质量低、黏度小、渗透性好，当它们对贴面材料进行浸渍时，可以在短时间内迅速向贴面材料内部渗透扩散。对用于胶合的胶黏剂，则要求其相对分子质量大一些、黏度高一些，渗透性小一些，当它们涂布到基材表面时不易渗透到基材内部去，也不易造成贴面材料透胶，有利于提高贴面材料与基材之间的胶合强度，同时还可以减少胶黏剂的用量。

(2) 根据基材和贴面材料的特性选择

基材和贴面材料的种类很多，它们的生产原料、加工工艺、理化性能不同对胶黏剂的适应性有很大差异。如可用于纤维产品胶合的胶黏剂，不一定可用于金属或塑料产品的胶合；可用于树脂材料胶合的胶黏剂，不一定适合纸张类材料的胶合。即使是用同一种原材料生产的产品，同一种胶黏剂也不是普遍适用的，如胶合板和刨花板都是以木材为原料生产的产品，但由于它们表面状态的差异，适用于胶合板的胶黏剂不一定适用于刨花板。

(3) 根据产品的使用环境和用途选择

经表面装饰处理的人造板的用途十分广泛，其使用环境条件存在很大差别，可用于室内也可用于室外；可用于干燥环境也可用于潮湿环境；可用作装饰材料也可用作结构材料等。但是不同的胶黏剂对环境的适应性是不一样的，如酚醛树脂胶黏剂、三聚氰胺甲醛树脂胶黏剂等具有很强的耐水性，它们可以用于室外或潮湿的环境，而聚醋酸乙烯酯乳胶和蛋白质胶的耐水性较差，只能用于室内或干燥的环境。同时对于某些食品包装材料，不能使用具有毒性的合成树脂胶黏剂而只能使用无毒的蛋白质胶黏剂。

胶合的耐久性几乎对所有装饰方法都是一个基本要求，但不同胶黏剂的耐久性是不同的，如酚醛树脂的耐久性远远超过脲醛树脂和三聚氰胺甲醛树脂，即使同一种胶黏剂因被胶合材料、使用环境不同，其胶合耐久性也存在很大差别。聚醋酸乙烯酯乳液胶黏剂在室内使用时具有较好的耐久性，但却不能用于室外；脲醛树脂在一般条件下具有较好的耐久性，但在高温、高湿及强酸条件下耐久性差；三聚氰胺树脂的耐久性虽优于脲醛树脂，但长期处在高温、高湿环境，其耐久性也会大大下降；只有酚醛树脂胶黏剂即使是在高温、高湿等恶劣环境中长期使用也仍然具有良好的耐久性。

(4) 根据表面装饰工艺的特点选择

人造板的表面装饰工艺概括起来大致可分为两种类型，一种是"热处理工艺"，一种是"冷处理工艺"。采用"热压"或"加热"方式进行的表面装饰工艺属于"热处理工艺"；采用"冷压"或"常温处理"方式进行的表面装饰工艺属于"冷处理工艺"。表面装饰工艺不同，对胶黏剂的要求也不一样。如采用热压方式进行贴面装饰处理时，热量可促使胶黏剂固化，胶黏剂的相对分子质量可小些，固化速度可慢些。采用冷压方式进行贴面装饰处理时，则要求胶黏剂的相对分子质量大些，固体含量高些，固化速度快些，并且还要加入固化剂。又如对基材进行封边处理时，若采用手工封边一般选用脲醛树脂和聚醋酸乙烯酯乳液的混合胶，若采用封边机进行封边则选用热熔性树脂胶。

3.5 涂料的组成

涂料俗称"油漆"，是一种以树脂或干性油为主，掺和或不掺和颜料、填料，用分散介质（有机溶剂或水等）调制而成的一种黏稠状液体。涂料种类很多，但不论何种涂料都是由主要成膜物质、次要成膜物质和辅助成膜物质组成的。主要成膜物质主要包括油料和树脂，次要成膜物质主要包括着色颜料和体质颜料。不含着色颜料的涂料是透明的，称为清漆；含着色颜料的涂料是不透明的，称为色漆；含有大量体质颜料的膏状体称为泥子，涂料组成如图 3-6 所示。

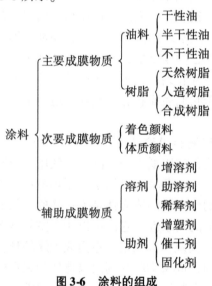

图 3-6　涂料的组成

3.5.1　主要成膜物质

主要成膜物质是构成涂料的主要物质，包括油料和树脂。主要成膜物质使涂料附着在人造板表面，既可单独形成漆膜，也可以与颜料等次要成膜物质共同形成漆膜，漆膜的物理化学性能主要取决于主要成膜物质。

（1）油料

油料包括动物油和植物油，以植物油为主，它们由不同种类脂肪酸的混合甘油酯所组成。脂肪酸是油脂的主要成分，常温下为固体或液体，无色或白色，比水轻，不溶于水。按分子结构中是否含有双键，脂肪酸可以分为饱和脂肪酸与不饱和脂肪酸两类，碳原子之间均以单键连接的是饱和脂肪酸，有一对以上碳原子为双键连接的是不饱和脂肪酸。

根据脂肪酸双键的位置和数量，油脂可分为干性油、半干性油和不干性油。油脂的干性反映了它结膜能力的大小，含双键较多的干性油涂膜，可在空气中与氧反应聚合成膜。半干性油所含双键少于干性油，在空气中结膜很慢，不干性油则不能结膜。涂料中使用的是动植物油中的干性油和半干性油，常用的干性油有亚麻油、桐油、梓油、脱水蓖麻油等，半干性油有豆油等。

(2) 树脂

树脂是一种非结晶的固体或半固体有机高分子化合物，分子量比较大，多数可溶于醇、酯、酮等有机溶剂，一般不溶于水。将溶于有机溶剂中的树脂涂在物体表面，溶剂挥发后物体表面就形成了一个连续坚硬的薄膜。作为涂料用的树脂应具有硬度高，光泽好、耐水、耐腐、耐热、耐酸碱性好等性能；树脂之间、树脂与油料之间混溶性好，并可溶解于有机溶剂。

树脂包括天然树脂、人造树脂和合成树脂。天然树脂有虫胶、松香等；人造树脂有松香衍生物、硝酸纤维；合成树脂有酚醛树脂、氨基树脂、醇酸树脂、聚氨酯树脂、聚酯树脂、丙烯酸树脂等。

3.5.2 次要成膜物质

次要成膜物质主要是指涂料中的颜料，它们只能与主要成膜物质一起形成漆膜，而不能单独形成漆膜。虽然主要成膜物质可以单独形成漆膜，但次要成膜物质可以改善漆膜性能，增加涂料品种。

颜料品种很多，按其化学成分可分为有机颜料和无机颜料；按其来源可分为天然颜料和人造颜料；按其在涂料中的作用可分为着色颜料与体质颜料。在对人造板表面进行涂饰时，主要考虑的是颜料的用途，即颜料是着色颜料还是体质颜料。

着色颜料是一种具有鲜艳色彩的粉末状物质，不溶于油、水和其他溶剂，涂料中加入着色颜料后，就具有了某种颜色和一定的遮盖能力，有的着色颜料还能提高漆膜的耐久性，耐候性和耐磨性。体质颜料又称填充颜料，是一种没有遮盖力和着色力的无色或白色粉末状物质，它们加入到涂料中不会影响涂料的透明性，也不会使涂料形成颜色，但可以增加漆膜厚度，加强漆膜体质，减少贵重颜料消耗，有些体质颜料还能增强漆膜的耐磨性和耐久性。

常用的着色颜料有以下种类：

(1) 红色颜料

有机红色颜料有大红粉、甲苯胺红，它们属于不溶性偶氮颜料。大红粉为鲜红色粗粒状粉末，质轻软、遮盖力好、耐光、耐热。甲苯胺红为鲜红色粉末，遮盖力好、耐光、耐水、耐热、耐油、耐酸碱。无机红颜料如氧化铁红(Fe_2O_3)，其着色力和遮盖力很强，耐光、耐热、耐碱，颜色为红中带黑，不够鲜艳。

(2) 黄色颜料

黄色颜料有铅铬黄($PbCrO_4 \cdot xPbSO_4$)、氧化铁黄($Fe_2O_3 \cdot H_2O$)。铅铬黄有较强的遮盖力、着色力和耐气候能力，但耐光性较差，在光作用下颜色会变暗。氧化铁黄的颜色介于浅黄和棕黄，其遮盖力、着色力都很强，而且耐光、耐碱、耐气候，但不耐酸与高温,在150~200℃的温度条件下会脱水变为铁红。

(3) 白色颜料

白色颜料有钛白(TiO_2)、氧化锌(ZnO)、锌钡白($ZnS \cdot BaSO_4$)。钛白有很强的遮盖力和着色力,耐光、耐热、耐碱、耐稀酸。氧化锌颜色纯白,有较好的着色力,耐光、耐热、耐气候性。锌钡白又名"立德粉",有一定的遮盖力和着色力,但耐光和耐气候性差。

(4) 黑色颜料

黑色颜料主要是碳墨,具有极强的遮盖力、着色力和耐光性,对酸碱和高温很稳定。

(5) 蓝色颜料

蓝色颜料有铁蓝、群青、酞菁蓝等。铁蓝着色力好,耐光、耐气候、耐酸,但耐碱性和遮盖性较差。群青颜色鲜明,耐碱、耐光、耐气候,但不耐酸,着色力和遮盖力差。酞菁蓝颜色鲜艳、着色力强、耐光性、耐热性、耐溶剂性都很好。

(6) 绿色颜料

绿色颜料有铅铬绿、酞菁绿等。铅铬绿的遮盖力、着色力、耐光性和耐气候性好。酞菁绿色调鲜明,着色力、遮盖力、耐光性、耐热性、耐气候性好。

(7) 体质颜料

常用的体质颜料有:重金石粉(硫酸钡)、碳酸钙(石粉、老粉)、石膏粉(硫酸钙)、滑石粉(硅酸镁)、云母粉(氧化硅)等。

3.5.3 辅助成膜物质

辅助成膜物质包括各种溶剂、助溶剂和稀释剂,它们本身一般不能形成漆膜,它们的作用是帮助成膜物质形成漆膜。溶剂是一些具有挥发性的液体,除能溶解成膜物质外,还可增加涂料贮存的稳定性,防止成膜物质凝胶、结皮。在对人造板表面进行涂饰时,溶剂能增加基材表面的润湿性和流平性,避免漆膜过厚、过薄、刷痕和起皱等缺陷,并提高涂膜的附着力。

助溶剂不能溶解成膜物质,但能帮助溶剂溶解成膜物质,稀释剂则没有溶解能力,只能起到将溶液稀释的作用。溶剂、助溶剂、稀释剂在涂膜干燥固化时都会挥发,不会存留于漆膜中。

常用有机溶剂如下:

(1) 石油溶剂

200# 溶剂汽油(俗称松香水),是一般油基漆和中、长油度醇酸树脂常用的溶剂,溶解力较好,基本无毒。此外石油溶剂还有煤油、汽油等,但较少应用。

(2) 煤焦溶剂

煤焦溶剂主要是煤焦油蒸馏产生的纯苯、甲苯与二甲苯等。纯苯能溶解多种树脂,但毒性较大,很少使用。甲苯挥发较快,能溶解许多树脂,可与干性油和其他溶剂互溶。二甲苯挥发速度适中,是短油度醇酸树脂、聚氨酯树脂的重要溶剂,生产中用量很大。

（3）萜烯类溶剂

常用的有松节油、双戊烯等。松节油对天然树脂和油料的溶解力大于普通松香水，小于苯类，多用于油基漆中；双戊烯挥发速度慢，可提高醇酸树脂的流平性。

（4）酮类溶剂

常用的有丙酮、丁酮、环己酮等，它们对合成树脂的溶解力很强。

（5）酯类溶剂

常用的有醋酸乙酯、醋酸丁酯、醋酸戊酯等，醋酸乙酯在硝基漆中用量较大，此类溶剂的溶解力很强，使用时应正确掌握它们的用量。常用溶剂的物理性能见表3-5。

表3-5 常用溶剂的物理性能

类别	名称	密度(g/cm^3)	沸点或馏程(℃)	物理状态
萜烯溶剂	松节油	0.87	140~190	无色至深棕色液体
	双戊烯	0.84~0.85	175~195	无色至深棕色液体
烷烃溶剂	松香水	0.76~0.785	145~200	水白液体有臭味
	工业汽油	0.71	45~190	水白液体有臭味
	火油	0.798	190~310	水白液体有臭味
煤焦溶剂	苯	0.872~0.88	79~86	水白液体有刺激性
	甲苯	0.862~0.868	109~111	水白液体有刺激性
	二甲苯	0.848~0.868	136.5~141.5	水白液体有刺激性
酯类溶剂	乙酸甲酯	0.928	57	水白液体有果香味
	乙酸乙酯	0.885~0.905	70~90	水白液体有果香味
	乙酸丙酯	0.89	95~105	水白液体有果香味
	乙酸丁酯	0.865~0.88	116~135	水白液体有果香味
	乙酸戊酯	0.87	130.18	水白液体有果香味
醇类溶剂	甲醇	0.7915	64.7	水白液体
	乙醇	0.7937	78.3	水白液体有酒味
	丙醇	0.8052	97.2	水白液体
	丁醇	0.811	118	水白液体有刺激性
	乙二醇	1.1132	197.2	水白液体有甜味
酮类溶剂	丙酮	0.79	56.2	水白液体有刺激性
	环己酮	0.947	155.6	水白液体有刺激性
	丁酮	0.8061	79.6	水白液体有刺激性

除溶剂、助溶剂、稀释剂外，辅助成膜物质还有催干剂、增塑剂、固化剂、悬浮剂、流平剂、消泡剂、乳化剂、表面活性剂等。催干剂的主要作用是促进油和树脂的氧化聚合作用，缩短涂膜的干燥时间，常用催干剂有金属氧化物及盐类、亚油酸盐和松香酸盐、环烷酸盐等。增塑剂的作用是增加漆膜的柔韧性与附着力以及降低涂膜的硬度和提高抗冲击性，常用增塑剂有不干性油、苯二甲酸酯类、磷酸酯类等。固化剂的作用是提高涂膜的固化速度和固化程度，常用固化剂有盐酸、硫酸、磷酸、草酸、苯磺酸等。

3.6 人造板表面涂饰用涂料

作为人造板表面涂饰用的涂料应能满足以下基本要求：

①能适应辊涂、淋涂、喷涂等机械化施工的要求。

②涂膜能进行强制快速干燥，适应连续化、大批量生产的要求。

③漆膜平整光滑、丰满厚实、具有亮光或柔光、具有一定的强度，清漆漆膜能清晰显现基材的木纹或图案。

④漆膜具有优良的物理化学性能，具有承受多种外来因素影响的能力。

用于人造板表面涂饰的涂料有硝基清漆、聚氨酯树脂漆、不饱和聚酯树脂漆、酸固化氨基醇酸树脂漆、丙烯酸树脂漆等，常用的是各种清漆。清漆分为油性清漆和树脂清漆两类，油性清漆含有干性油、不干性油、树脂、溶剂、催干剂等，如酚醛清漆、醇酸清漆等。树脂清漆是将树脂溶解在溶剂中形成的一种涂料，如虫胶清漆、丙烯酸树脂清漆等。人造板涂饰常用的清漆如表3-6所示。

表3-6 人造板涂饰常用的清漆

涂料种类	主要成分	特性	用途
聚酯树脂清漆	不饱和聚酯树脂、苯乙烯、引发剂等	涂膜光亮度高、硬度高、耐磨性好、耐化学药品和溶剂性较好	胶合板、刨花板表面装饰用
硝化纤维素清漆	硝化纤维素、溶剂、塑剂、树脂等	干燥速度快、耐水、耐油性好、装饰性能好、耐气候性差、遇潮容易发白	用于高级人造板制品装饰
丙烯酸树脂清漆	热塑性丙烯酸树脂、增塑剂、溶剂、其他树脂等	干燥快、色浅、透明性及耐气候性好、漆膜丰满、光泽度好、抛光后表面平滑光亮	适用于薄木贴面板、刨花板、胶合板自动装饰生产线
聚氨基甲酸酯清漆	异氰酸酯类与多元酸预聚物、聚酯树脂、溶剂等	漆膜光亮、耐磨、耐久、耐腐蚀性好、附着力较高	高级人造板制品及人造板表面装饰用
酚醛树脂清漆	油溶性酚醛树脂、干性油、催干剂、溶剂等	干燥速度快、耐热、耐水、耐弱酸碱性能好、漆膜坚硬耐久、光泽好、颜色较深	用于室内外人造板制品及金属箔贴面人造板表面装饰用
醇酸树脂清漆	改性醇酸树脂、干性油、溶剂、催干剂等	干燥速度快、耐磨性、附着力好、涂膜光泽好、耐气候性好、漆膜较坚韧	人造板制品及各种人造板表面装饰用

对质量较差，尤其是表面有缺陷的人造板，一般不宜采用透明涂饰而应采用不透明涂饰，以遮盖板面的缺陷、提高装饰效果。用得较多的不透明涂料是磁漆和调和漆。调和漆以干性油为主要成膜物质，加入着色颜料、体质颜料、溶剂和催干剂等配制而成。主要成膜物质可以含树脂，也可以不含树脂，不含树脂的称油性调和漆，含有树脂的称磁性调和漆。室外用人造板制品一般采用油性调和漆涂饰，室内人造板制品用磁性调和漆涂饰。磁漆是一种不透明油漆，主要成分是清漆和颜料，干燥后呈磁光色彩，因而称为磁漆。磁漆和磁性调和漆类似，但磁漆的涂膜强度较高、光泽度较好、干燥速度快。

3.6.1 酸固化氨基醇酸树脂漆

(1) 氨基醇酸树脂漆的特点

氨基醇酸树脂漆具有以下特点：

①干燥速度快，能满足大批量生产的要求。
②活性期长，加入固化剂后有良好的稳定性。
③漆膜丰满、光泽好、硬度高、耐磨性好、涂饰时间短。
④漆膜附着性、耐热性好，耐冲击性能优良，漆膜不易燃烧。
⑤漆膜耐药品腐蚀性和耐污染性好。
⑥不适合室外使用，受紫外线照射漆膜易产生龟裂。
⑦操作时需将两种涂料混合，使用操作较复杂。
⑧涂膜中存在游离甲醛，对环境和人体会产生不利影响。
⑨涂膜干燥时收缩较大，对金属有一定的腐蚀性。
⑩不能涂布于碱性染料、颜料和填充剂上，否则会使漆膜变色、鼓泡、固化不良。

（2）氨基醇酸树脂漆的调制

氨基醇酸树脂由氨基树脂与醇酸树脂按一定比例混合而成。生产氨基树脂的主要原料有尿素、三聚氰胺、鸟粪胺、甲醛等。尿素、三聚氰胺、鸟粪胺等氨基化合物与甲醛反应生成的羟甲基化合物用醇醚化，即可得到氨基树脂。醇酸树脂是在多元酸与多元醇反应生成的酯类化合物中加入脂肪酸得到的产物。常用的多元酸有邻苯二甲酸酐、间苯二甲酸、对苯二甲酸、顺丁烯二酸酐等，多元醇有甘油、季戊四醇等，脂肪酸有豆油、桐油、亚麻油等。

三聚氰胺、尿素与甲醛、醇类的配合比例，对氨基树脂性质有较大的影响。三聚氰胺与甲醛合成的氨基树脂，有良好的耐水性、稳定性、耐气候性以及良好的漆膜丰满度和光亮度，但其漆膜附着力较差。尿素与甲醛合成的氨基树脂易于酸固化，漆膜硬度高，干燥性能好。将尿素、三聚氰胺与甲醛进行共缩聚得到的氨基树脂具有比上述两种树脂更好的性能。

为了改善氨基树脂的性能，可将氨基树脂与醇酸树脂混合使用，醇酸树脂漆膜柔软、耐磨性好，不容易老化、耐气候性好、光泽持久。由氨基化合物与甲醛反应生成的羟甲基化产物，与醇酸树脂难以互溶，因此氨基树脂在与醇酸树脂混合之前，需先对它们用醇类进行醚化并溶于有机溶剂中，然后才与醇酸树脂混合，氨基树脂醚化程度越高，树脂稳定性越好，但固化速度会下降。氨基树脂与醇酸树脂的混合比例一般为6:4。

氨基醇酸树脂漆有常温固化型、酸固化型和加热固化型，人造板表面涂饰用的是酸固化型。调制氨基醇酸树脂时，一般需通过固化剂加快涂膜固化。常用的固化剂是含有5%盐酸的乙醇溶液，或含有25%～50%对甲苯磺酸的醇溶液。固化剂的添加量一般为涂料的5%～10%，夏季或气温较高时，固化剂加量少些，冬季或气温低时，固化剂加量多些。固化剂加量与涂膜干燥时间的关系如图3-7所示。氨基醇酸树脂的溶剂为丁醇与二甲苯的混合液，丁

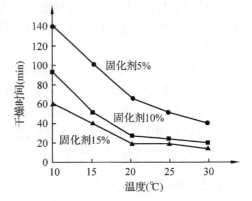

图3-7 固化剂加量与氨基醇酸树脂干燥时间的关系

醇可溶解氨基树脂，二甲苯可溶解醇酸树脂。

3.6.2 聚氨酯树脂漆

聚氨酯树脂漆是聚氨基甲酸酯漆的简称，它是以多异氰酸酯和多羟基化合物反应得到的一种含有氨基甲酸酯的高分子化合物。根据固化形式不同，聚氨酯树脂漆可以分为五种类型：油改性型、湿固化型、封闭型、催化固化型及羟基固化型。这五种类型的树脂，除异氰酸酯以外，其他原料各不相同，固化机理也不相同。

（1）聚氨酯树脂漆的特点

聚氨酯树脂漆具有以下基本特点：

①漆膜硬度高、耐磨性好，可用于耐磨性要求较高的使用场合。
②对木材有良好的附着性，漆膜平滑、光亮、丰满，具有良好的装饰效果。
③漆膜性能稳定，有良好的耐溶剂、耐化学药品腐蚀和耐污染性能。
④漆膜耐水性、耐热性良好，可以在 $-40 \sim 120℃$ 的环境中使用。
⑤通过调整涂料组分比例，可得到具有不同硬度的刚性涂膜和弹性涂膜。
⑥调制后的活性期很短，操作使用不方便。
⑦漆膜保光、保色性差，紫外线照射漆膜容易褪光、褪色，不宜室外使用。
⑧异氰酸酯是一种有毒物质，对人体有害。
⑨树脂对水和湿气很敏感，不能使用含水分颜料，涂布不能在高湿环境中进行。
⑩漆膜硬度大，研磨抛光和漆膜修补比较困难。

（2）聚氨酯树脂漆的调制

生产聚氨酯树脂漆的主要原料是多异氰酸酯和多元醇，多异氰酸酯与多元醇通过加成反应生成聚氨酯树脂。多异氰酸酯有甲苯二异氰酸酯（TDI）、二苯基甲烷二异氰酸酯（MDI）、多苯基甲烷多异氰酸酯（PAPI）、六亚甲基二异氰酸酯（HDI）、二聚酸二异氰酸酯（DDI）、环己烷二异氰酸酯（CHXDI）等，它们含有一个或多个异氰酸根，是一类反应活性很强的化合物。多元醇通常是聚酯或聚醚，聚酯有己二酸-缩乙醇-三羟甲基丙烷聚酯、己二酸-苯酐-甘油-丙二醇聚酯、癸二酸-缩乙醇-甘油-己二酸-苯甲酸酐聚酯等。聚醚有甘油-环氧氯丙烷聚醚、三羟甲基丙烷-环氯丙烷聚醚、蓖麻油等。原料不同，涂料的性质不相同，使用聚酯的漆膜耐酸性和耐溶剂性好，使用聚醚的漆膜耐碱性比较好。

进行聚氨酯树脂合成时，多异氰酸酯中的异氰酸酯基与多元醇中的羟基比例要适当，异氰酸酯基含量过低会使漆膜发黏、耐水性、耐药品性差；异氰酸酯基含量过高会增加树脂交联密度，使漆膜变硬、发脆，异氰酸酯基与羟基之间的比例一般为 $(0.8 \sim 1):1$。

聚氨酯树脂漆是一种二液型油漆，多元醇为 A 液（主液），多异氰酸酯为 B 液（固化剂），树脂常用的溶剂是醋酸乙酯、醋酸丁酯、环己酮等酯类和酮类物质。

3.6.3 硝基纤维素清漆

（1）硝基纤维素清漆的特点

硝基纤维素清漆简称硝基清漆，是一种以硝化棉和树脂为主要成膜物质的涂料，在常温下即能很快干燥成漆膜，它具有以下特点：

①漆膜硬度高、耐磨性好，打磨后亮度高、平滑透明、耐久性好，可用作面涂涂料。

②漆膜颜色浅，可作浅色和本色涂饰，涂膜干燥快，在常温下即可干燥成漆膜。

③漆膜固化后可重新溶解，漆膜修补方便，与染料、颜料不反应，性能稳定。

④价格便宜，生产成本低。

⑤漆膜耐热、耐寒、耐气候性较差，70℃以上时漆膜会逐渐分解。

⑥涂料固体含量低，生产中需多次涂布才能达到要求的漆膜厚度，加工时间较长。

⑦涂料不耐碱，挥发分含量高，涂膜干燥时会产生大量挥发物造成空气和环境污染。

（2）硝基纤维素清漆的调制

硝化棉是硝基清漆中的主要成膜物质，可溶于酯类、酮类物质，溶解后形成的硝化棉溶液具有一定的黏度。硝化棉溶液的黏度是硝基清漆的一个主要性能指标，漆膜性能很大程度决定于硝化棉溶液的黏度，因此常用硝化棉溶液的黏度对硝化棉进行分类。在高黏度硝化棉溶液制成的硝基清漆中，硝化棉含量较低，一般需经多次涂布，才能达到要求的漆膜厚度。低黏度硝化棉溶液制成的硝基清漆，经单层涂布漆膜即能达到一定厚度，但漆膜缺乏韧性。

硝化棉溶液单独作为涂料虽可形成漆膜，但漆膜坚硬、缺乏柔韧性、附着力差、不耐紫外线、光泽较差，因此必须在硝化棉中加入各种树脂。常用树脂有松香、醇酸树脂、丙烯酸树脂、环氧树脂以及多种树脂的混合物。为了克服硝基清漆漆膜硬度高、脆性大、柔韧性差、漆膜易剥落等缺点，还需要在硝基漆中加入一定量的增塑剂，常用的增塑剂有溶剂型和非溶剂型两大类。溶剂型增塑剂有苯二甲酸二丁酯、磷酸二甲酚酯、磷酸二苯酯、磷酸三丁酯等，它们与硝化棉能很好混合，混合比例不受限制。增塑剂与硝化棉混溶后，能减小硝化棉分子之间的内聚力，使分子的移动阻力变小，从而增加硝基清漆的柔韧性。非溶剂型增塑剂有蓖麻油、不干性改性醇酸树脂等，它们本身比较柔软，可挠性好，加入硝基清漆中可提高漆膜的柔韧性、挠曲性和对基材表面的附着力。

调制硝基清漆时需加入一定量的溶剂，溶剂应对硝化棉、树脂及增塑剂有良好的溶解性能，可调节涂料的黏度。溶剂由增溶剂、助溶剂和稀释剂组成，增溶剂为酮类和酯类物质，如丙酮、甲乙酮、丁酮、环己酮、醋酸乙酯、醋酸丁酯、醋酸戊酯、乳酸乙酯等。助溶剂一般为醇类物质，它们本身不能溶化硝化棉，但与酯类、酮类混合后能起到帮助溶化硝化棉的作用，同时还能溶解某些树脂。稀释剂主要是一些苯类物质，如苯、甲苯、二甲苯等。

3.6.4 不饱和聚酯树脂漆

不饱和聚酯树脂漆是由二元醇与二元酸在一定条件下反应生成的一种线型高分子化合物，其最大特点是不含挥发分，涂料组分在涂布后全部变成了漆膜，一次涂布就可形成较厚的漆膜。这种树脂漆的固化是通过其中的游离基聚合实现的，如采用紫外光照射加热，涂膜在短时间内便可固化。

(1) 不饱和聚酯树脂漆的特点

不饱和聚酯树脂漆具有以下特点：

①形成的漆膜丰满厚实，不发生收缩，没有挥发分蒸发，不会造成环境污染。
②流平扩散性好，漆膜光洁平滑，有很高的光泽度和透明度，保光保色性能良好。
③可加热固化，也可常温固化和光敏固化，用紫外光照射可在短时间内完全固化。
④漆膜硬度高，耐磨性、耐水性、耐热性、耐药品腐蚀性很好。
⑤调配涂料时需加入引发剂、促进剂等，增加了涂料调制的难度。
⑥漆膜脆性较大，耐冲击性能较差。
⑦浮蜡型或非浮蜡型涂料因需隔氧固化，操作较麻烦。

(2) 不饱和聚酯树脂漆的调制

不饱和聚酯树脂漆是将不饱和聚酯树脂、溶剂、引发剂、促进剂、阻聚剂等按一定比例混合调制得到的产物。不饱和聚酯树脂与溶剂在引发剂、促进剂作用下，发生共缩聚反应成为一种透明状树脂。引发剂是有机过氧化物，它们在高温条件下能分解出游离基，使不饱和聚酯与苯乙烯发生聚合反应。有机过氧化物在常温下分解游离基的速度慢，导致不饱和聚酯树脂与苯乙烯的反应速度变慢，促进剂可加快有机过氧化物的分解速度，引发剂与促进剂搭配使用可使反应速度大大加快。常用的引发剂有过氧化环己酮、过氧化甲乙酮、过氧化苯甲酰等。引发剂不同，对应的促进剂也不相同，如以过氧化环己酮、过氧化甲乙酮做引发剂时，一般用环烷酸钴做促进剂；以过氧化苯甲酰做引发剂时，则用二甲基苯胺、二乙基苯胺等做促进剂。

不饱和聚酯树脂溶于苯乙烯后不能长期存放，即使在常温条件下，混合液也会因光照和氧化作用发生缓慢聚合，使混合液的黏度增加。在气温较高的情况下，为了防止和减缓不饱和聚酯树脂与苯乙烯发生聚合，可在混合溶液中加入一定量的阻聚剂，常用阻聚剂是对苯二酚。

某些光敏剂也具有与引发剂相同的作用，在不饱和聚酯树脂中加入一定量的光敏剂可取代引发剂。光敏剂在紫外线照射下释放出游离基，使不饱和聚酯与苯乙烯进行聚合反应并最终达到固化，常用的光敏剂是安息香乙醚。

引发剂引发的不饱和聚酯树脂和苯乙烯游离基，容易与空气中的氧反应生成一种新的游离基，新的游离基不能继续引发不饱和聚酯树脂和苯乙烯游离基，而使其聚合反应受到抑制，因此树脂的干燥固化应在隔绝空气的状态下进行。隔绝树脂与空气的方法有两种，一种是在树脂中加入微量的蜡，蜡在树脂固化时可从树脂中析出，浮在涂膜表面形成一个封闭层将涂膜与空气隔开。另一种方法是用涤纶薄膜覆盖在涂膜表面将涂膜与空气隔开，涂膜固化后再除去薄膜。用以上两种方法隔氧的不饱和聚酯树脂分别称为"浮蜡型"和"非浮蜡型"不饱和聚酯树脂。

3.7 泥子的组成与分类

3.7.1 泥子的组成

用于人造板基材表面涂布的泥子，一般由以下几部分组成。

(1) 体质颜料

体质颜料在泥子中是一种起填充作用的物质，它主要用于对基材表面孔洞、缝隙、沟槽的填充，使基材的表面平整光滑。在泥子组成中，体质颜料约占60%～70%，体质颜料对基材应有良好的遮盖力，本身具有一定的颜色，常用的体质颜料有二氧化硅、滑石粉、沉淀硫酸钡、轻质碳酸钙等。

(2) 载体

载体是帮助体质颜料涂布、扩散的物质，借助载体体质颜料可以在基材表面达到均匀分布。常用的载体有水、有机溶剂、沸油、合成树脂、清漆等。

(3) 胶黏剂

用水或某些有机溶剂调制的体质颜料没有黏结力，干燥后体质颜料在基材表面的附着力差，容易发生龟裂和剥落。胶黏剂可以使泥子自身具有黏合作用。泥子常用的胶黏剂有聚醋酸乙烯酯乳液、明胶、干酪素胶、淀粉胶、干性油、油基清漆、氨基醇酸树脂清漆、硝基清漆、不饱和聚酯树脂清漆等。胶黏剂的加入量一般为4%～8%，加入太多，泥子擦拭困难，会影响底漆与基材的附着力，加入太少，泥子固化不好，而且会因为干燥收缩而脱落，使泥子失去作用。

(4) 稀释剂

稀释剂的作用是对泥子的黏度进行调节，如果泥子黏度过高，会给涂布操作带来困难，在泥子中加入一定量的稀释剂对其进行稀释，可以降低泥子的黏度。常用的稀释剂有水、松节油、汽油、涂料用稀释剂等。

(5) 着色剂

着色剂在泥子中主要起对泥子染色的作用，着色剂应具有一定的耐水性，常用的着色剂有染料、着色颜料、磁漆等。

在调制泥子时，根据需要以上各种泥子成分，可以都用，也可以只用其中的几种，通过各种成分的组合，可以得到适应多种用途、具有不同性能和色调的泥子。

3.7.2 泥子分类

根据泥子中胶黏剂种类不同，泥子一般可分为水性泥子、油性泥子和树脂类泥子等几种。

(1) 水性泥子

水性泥子是可以以水作为稀释剂的泥子。水性泥子所用的胶黏剂有聚醋酸乙烯酯乳液、明胶、干酪素胶、淀粉胶等，它们均可以用水作为稀释剂。

水性泥子调制简单、操作方便、可任意着色、能与许多涂料相容，而且价格便宜；其缺点是泥子干燥后易龟裂、剥落、涂料容易渗透，而且由于泥子在配制过程中需加入一定量的水，致使泥子中的水分含量较高，泥子涂布在基材表面后，基材会因为吸收泥子中的水分而发生膨胀，使基材表面变得不平整，因此水性泥子不宜用于纤维板和刨花板。表3-7为常用的几种泥子配方。

(2) 油性泥子

油性泥子以干性油、油基清漆等作为胶黏剂的一类泥子。油性泥子中基本不含水

表3-7 水性泥子配方实例			表3-8 油性泥子配方实例		
原料	配方(质量比) 例1	配方(质量比) 例2	原料	配方(质量比) 例1	配方(质量比) 例2
二氧化硅	55	—	二氧化硅白粉	40	—
聚醋酸乙烯酯	4	4	二氧化硅抛光粉	—	60
染料或沉淀色颜料	0.5	—	白色浮石	20	—
核桃壳粉	—	60	着色颜料	2	2
钛白粉	6	—	沸油	4	3.5
颜料	—	1	金黄清漆	4	3.5
80℃热水	30~40	35~40	挥发性矿物油	30~40	31~40

分，因此在泥子涂布于基材表面后，不会造成基材表面因吸收泥子中的水分而使基材表面发生膨胀并导致基材表面粗糙不平。油性泥子与底漆附着性好，干燥后坚固，涂料不容易浸透、着色效果好，但这类泥子所需的干燥时间长、不能用聚酯涂料作底漆，而且价格较高。表3-8为常用的油性泥子配方实例。

（3）树脂泥子

树脂泥子通常以氨基醇酸树脂清漆、油改性聚氨酯树脂清漆、硝基清漆和不饱和聚酯清漆等作为胶黏剂。树脂泥子干燥后坚固，基材表面不起毛，而且耐水性、耐热性和耐药品性能好。刨花板基材因其表面粗糙，不宜采用水性泥子，而宜采用紫外光固化的树脂泥子。在人造板表面装饰生产中，广泛使用的树脂泥子是硝基泥子，此外光固化不饱和聚酯树脂泥子、丙烯酸树脂泥子、改性环氧树脂泥子也是常用的树脂泥子。光固化树脂泥子采用紫外光照射进行干燥，可以缩短干燥时间。

思考题

1. 用于人造板表面装饰的胶黏剂有哪几类？
2. 用于浸渍和用于胶合的胶黏剂有哪些主要区别？
3. 作为人造板表面装饰用的胶黏剂应具备哪些基本条件？
4. 在人造板表面装饰中常用的胶黏剂各自有哪些主要特点？
5. 胶黏剂在使用之前为什么需要调制？不同的胶黏剂如何调制？
6. 在人造板表面装饰工艺中应如何选择胶黏剂？
7. 用于人造板表面装饰的涂料有哪几种主要类型？
8. 用于人造板表面装饰的主要涂料的基本特点是什么？
9. 涂料涂布有哪些方法？
10. 涂料涂布之前为什么需要进行调制？
11. 涂料干燥有哪些方法？
12. 泥子的主要组分有哪些，泥子与涂料的主要区别是什么？
13. 在人造板表面装饰生产中常用的泥子有哪些类型？

第 4 章

薄木贴面装饰

[**本章提要**] 木材是一种具有许多优良特性、深受人们喜爱的天然材料，将木材通过一定的加工方式制成具有美丽花纹颜色、厚度很小的薄木，以薄木作为贴面材料对人造板基材进行表面装饰，提高人造板的外观和内在质量，是人造板表面装饰工艺中的一种主要形式。根据来源，薄木可分为天然薄木与人造薄木两大类，本章介绍了薄木的种类、制造薄木的树种、天然薄木与人造薄木的制造方法以及薄木的干燥工艺等内容。

木材是一种深受人们喜爱、具有许多优良特性的天然材料，木材具有丰富多彩的纹理和颜色，可以给人以真实自然的美感，并且还具有吸湿和解湿的作用，能适当调节室内的温度、湿度，能吸收紫外线，形成柔和的气氛，给人以舒适安详的感觉。

在天然珍贵木材资源日益紧张的今天，将木材加工成薄木，并以薄木作为人造板表面的装饰材料，提高人造板的外观和内在质量，是人造板工业发展的一个主要方向。

薄木贴面是一种将具有美丽木纹和颜色的薄片状木材胶贴在人造板基材表面，对人造板表面进行装饰、美化的方法。用薄木装饰的人造板不仅表面具有珍贵木材的外观效果和质感，而且强度有所提高，性能更优，具有更广泛的实用性。

薄木有天然薄木和人工薄木（或人造薄木）两大类。天然薄木贴面装饰历史悠久，4000多年前的古埃及法老王的陵寝中就发现了薄木与合板结构，它们的花纹自然美丽、清晰悦目。2000年前的罗马帝国曾盛行用木片进行纹理和色彩搭配装饰家具。我国古代的宫殿、园林、家具、室内装修等，随处可见用具有不同色彩纹理相互搭配的薄木装饰。人造薄木是20世纪后期随科技进步才逐步发展起来的一种新型装饰材料，这种人造薄木又称为科技木。虽然人造薄木的发展历史不长，但由于它所具有的优良特性，而深受人们喜爱，成为今天人造板表面装饰的一种主要材料。

4.1 薄木分类与制造方法

树木由于气候、湿度、立地条件等生长因素的影响，在木材的横切面上形成了许多形形色色的年轮，树木在生长过程中，因冻害或机械损伤等原因，又形成了一些树瘤、活节、涡纹、扭转纹等天然缺陷，通过对木材进行刨切或旋切，就可以得到具有美丽木纹的薄木。

4.1.1 薄木分类

据不完全统计,全世界装饰薄木的年产量已超过 1000 万 m^3,开发利用的珍贵树种多达 500 种以上,薄木的花纹品种已逾千种。薄木的种类很多,各国没有统一的分类方法,目前较有代表性的分类方法是按薄木的制造方法、薄木的厚度、薄木的来源和薄木的结构进行分类。

(1)按来源分类

按薄木的来源分类,可分为天然薄木和人造薄木。

天然薄木是通过对珍贵木材进行刨切、旋切或锯切等方法制成的薄木。人造薄木是先将普通或低质木材旋切成单板,通过对单板进行漂白、染色、组坯、压制等工序制成木方,再对木方进行刨切得到的薄木。

(2)按制造方法分类

按制造方法分类,薄木可以分为刨切薄木、旋切薄木、半圆旋切薄木、锯切薄木等。

刨切薄木是用刨切机对加工好的木方进行刨切加工得到的片状薄木;旋切薄木是用精密旋切机床对原木进行旋切加工得到的连续带状薄木;半圆旋切薄木是用专用旋切设备对原木进行半圆旋切得到的片状薄木;锯切薄木是用片锯或排锯经锯切得到的厚度较大的薄木(或称薄板)。

薄木制造普遍采用的方法是"刨切法",少量采用"旋切法"(主要是制造厚型薄木),"锯切法"由于锯路损失较大,出材率低,一般不采用。

(3)按薄木厚度分类

按厚度分类,薄木可以分为:超微薄木、微薄木、厚薄木、木单板等。

超微薄木:厚度 0.05~0.25mm。

微薄木:厚度 0.25~0.5mm。

厚薄木:厚度 0.5~0.8mm。

木单板:厚度 0.8~1.5mm。

也有的只将薄木分为"厚薄木"与"微薄木"两类,0.3mm 以上的称为厚薄木,包括 0.4、0.5、0.55、0.6、0.8、1.0、1.2mm 等规格;0.3mm 以下的薄木称为微薄木,包括 0.05、0.1、0.2、0.25、0.3mm 等规格。不同厚度的薄木具有不同的用途,不同厚度薄木的用途如表 4-1 所示。

表 4-1 不同厚度薄木的用途

厚度(mm)	用途
0.05~0.25	薄木壁纸、板材覆面、家电外壳等复合材料,底面增强复合层
0.25~0.3	胶合板、薄纤维板贴面等
0.4~0.5	家具部件贴面、板材贴面
0.5~0.6	刨花板、MDF、细木工板贴面等
0.6~0.8	多层厚胶合板、车厢板贴面等

(4) 按薄木结构分类

除由旋切或刨切加工得到的单层结构薄木外，薄木与不同材料组合或采用特殊加工制造方法，还可以得到具有不同结构的薄木。

复合薄木：是薄木与铝箔、塑料等材料一起复合而成的一种薄木复合材料。

成卷薄木：是由薄木与衬纸一起黏合而成的一种可卷曲成卷的薄木。

薄木塑料：是薄木与多层浸渍过合成树脂的浸渍纸经热压层积而成的一种复合薄木。

薄木胶膜：将用珍贵树种木材旋切成的薄木浸渍热塑性树脂，然后与浸渍过热塑性树脂的纸张和聚氯乙烯薄膜组坯，经热压而成的一种薄木。

4.1.2 制造薄木的树种

我国可用来制造装饰薄木的珍贵树种有300余种，常用木材有黄波罗、水曲柳、榆木、色木、胡桃木、白桦、山杨、红松、柞木、樟木、红木、紫檀、铁刀木、樱桃木、楠木、麻栎、山核桃、红榉、白榉、西南桦、山桂花、陆均松、槭木、山枣、檫木、红豆树、香椿、银桦、柚木等。用于制造薄木的进口木材有美柚、柏木、红木、柚木、鸟眼木、桃花心木、伊迪楠木等。一些具有树瘤、活节、扭转纹等缺陷的木材，经刨切或旋切后可以得到具有特殊花纹的薄木。

可用于生产薄木的树种很多，在选择树种时主要应考虑以下因素：

①木材的早晚材比较明显，木射线粗大密集，在木材的径切面或弦切面具有美丽的木纹，木材的色调美观、大方，加工出来的薄木纹理清晰、匀称。

②木材材质以比较细密的散孔材或半散孔材为好，它们加工的薄木比环孔材薄木更薄。

③阔叶材导管直径不宜太大，否则薄木厚度比较小时容易破碎，容易透胶，影响装饰效果。

④加工性能好，容易进行切削、漂白、染色、胶合及涂饰等加工。

⑤木材贮量丰富、来源广泛、价格较低。

4.1.3 薄木制造方法

天然薄木的制造方法主要有两种，一种是"旋切法"，一种是"刨切法"。由于原木在尺寸、结构上有很大差异，它们在采用上述两种方法加工时，在对原料处理、设备选用以及加工工艺参数选择等方面亦存在很大差异。

4.1.3.1 旋切法

旋切法是一种将木材(原木)在精密旋切机床上进行旋切制造薄木的方法，如图4-1所示。用旋切法生产薄木与生产胶合板单板的工艺基本相同，旋切法薄木也具有木材的弦向纹理，薄木在生产过程中因反向弯曲，薄木的背面会产生较多的裂隙，容易出现啃丝起毛现象，表面的光洁平滑程度不如刨切薄木好，而且用旋切法生产的薄木厚度一般较大，不能生产微薄木，其装饰价值比刨切薄木低，但生产的薄木为连续带状，不需要

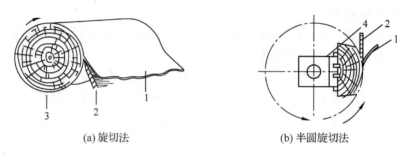

(a) 旋切法　　　　　　　　(b) 半圆旋切法

图 4-1　旋切薄木

1. 薄木(单板)　2. 旋刀　3. 原木　4. 卡头

拼接，易于实现生产的连续化和自动化。

旋切法生产薄木的工艺流程如下：

原木 → 锯断 → 蒸煮 → 定心 → 旋切 → 干燥 → 剪切 → 薄木

半圆旋切法是一种既具有刨切特点又具有旋切特点的薄木制造方法，薄木的纹理是木材的径向或弦向纹理，薄木厚度可大可小，幅面比刨切法生产的薄木宽。

4.1.3.2　刨切法

刨切法是一种通过刨切机对由原木制造的木方进行刨切加工制造薄木的方法，用刨切法可制造具有木材径向纹理、半径向纹理或弦向纹理的薄木。刨切法制造的薄木表面平滑细腻，厚度小而均匀，但由于受到原木和木方尺寸的限制，薄木幅面比较小。刨切设备是刨切机，刨切在水平面进行的刨切机称为卧式刨切机，在垂直面内进行的刨切机称为立式刨切机。刨刀的运动方向与木材纤维垂直的刨切称为横向刨切，刨刀的运动方向与木材纤维平行的刨切称为纵向刨切，薄木的刨切方法如图 4-2 所示。

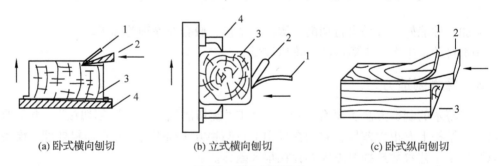

(a) 卧式横向刨切　　　　(b) 立式横向刨切　　　　(c) 卧式纵向刨切

图 4-2　薄木刨切方法

1. 薄木　2. 刨刀　3. 木方　4. 夹头

纵向刨切生产效率较低，横向刨切的生产效率大大高于纵向刨切。横向刨切机是生产中使用最普遍的一种刨切设备，卧式横向刨切机每分钟的刨切次数最高可达 80 次，立式横向刨切机每分钟的刨切次数最高可达 90 次以上。立式刨切机一次还可装夹数根木方同时刨切，生产率更高。

立式刨切机装刀方便，薄木接取容易，刀门调整和堵塞物容易清除，但木方的宽度有限，且机床振动较大。卧式刨切机占地面积大，薄木接取不便，刨刀调整更换麻烦，但机床振动较小，运行平稳。我国和日本等国多采用卧式刨切机，德国、意大利等国多采用立式刨切机。刨切机技术发展很快，迄今已经推出七代产品，平均3～5年便有新一代产品问世。刨切法制造的薄木平整光滑，表面质量好，相邻薄木的纹理相同或相近，能较好地满足家具制造和室内装修对拼花装饰的要求。

用刨切法生产薄木首先需将原木锯剖成木方，然后对木方进行蒸煮软化，再用刨切机进行刨切加工，刨切薄木的生产工艺流程如下：

原木 → 剖制木方 → 木方蒸煮 → 木方冷却 → 薄木刨切 → 薄木

4.2 天然薄木

4.2.1 木方刨切面选择

生长轮明显、纹理通直的环孔材或半环孔材，如榆木、水曲柳、榉木、柚木、檫木等，沿径向刨切，得到的薄木具有通直的纹理，而纹理交错的木材，如香樟、麻栎、海棠木、大叶木、柳桉等，沿径向刨切可获得具有明显带状花纹的薄木。某些具有特殊结构的木材，如具有树包或局部圆锥形凸出的槭木、桦木等采用弦向刨切，可获得具有美丽鸟眼状花纹的薄木；表面有沟槽、隆起或

(a) 径切面纹理薄木　　(b) 弦切面纹理薄木

图4-3　不同切削面薄木表面纹理

其他异形物的木材，如核桃木、香樟木等则可获得具有不规则花纹的薄木。一般来说，纹理通直的木材，沿其径向刨切得到的薄木具有通直的纹理[图4-3(a)]，纹理交错的木材，沿其弦向刨切得到的薄木具有波状纹理[图4-3(b)]。

4.2.2 原木剖方

为了获得具有不同纹理的薄木和提高木材的出材率，木方锯制可选择不同的方法，如用于径向刨切的木方使用径向木方锯剖法，用于弦向刨切的木方使用弦向木方锯剖法（图4-4）。原木采用单面剖、双面剖、四面剖、径向剖、径向三边剖等锯剖方法可得到不同纹理的薄木。

4.2.3 木方蒸煮

木方蒸煮的目的是为了软化木材，增加其塑性和含水率，减小切削阻力，防止薄木在刨切时出现开裂，以制得表面平滑、无裂缝的高质量薄木。对于某些树种，木方经蒸煮处理后，可除去木材中的一部分油脂、单宁等浸提物质。对单宁含量高的木材，最好采用蒸汽处理，以免水煮时产生变色，影响装饰效果。

常用的软化处理方法是通过煮木池对木方进行浸泡蒸煮。木方蒸煮之前应先泡水，

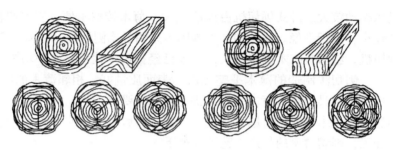

(a) 原木弦切面　　　　　　(b) 原木径切面

图 4-4　原木剖方示意图

浸泡时间随树种而异，一般在 4~8h 范围内。蒸煮时应按不同树种分别进行，升温速度、保持温度及蒸煮时间，应根据木材硬度、薄木厚度等因素确定，具体要求如下：

①木方放入蒸煮池时，水温保持室温，以防木方骤然受热膨胀而开裂。

②升温速度控制在 10~15℃/h 的范围内，升温速度过快会导致木方产生很大的内应力，使木方开裂，当温度上升到 40℃ 以上时，更应放慢升温的速度。

③木方蒸煮应按树种、径级分别进行，防止过度蒸煮，否则会降低薄木的质量。

④及时清除蒸煮池内的油脂、树皮、泥水以免污染木方。

⑤蒸煮后的木方应转至温水池中缓慢冷却，最适宜的刨切温度为 50~60℃，过高的温度会使刨刀变形，造成薄木的厚度不均匀或薄木表面起毛。

⑥硬度大的木材采用较高的蒸煮温度，生产厚度较大的薄木，木材蒸煮时间应适当延长。

⑦对于容易开裂的木材应采用缓慢升温的方法，水温达到 50℃ 时，应保持 4h 以上。木材蒸煮达到要求后，应逐渐降低到一定的温度进行保温处理。

各地因气候条件不同，木方蒸煮工艺有一定差异，表 4-2 是制造刨切薄木的木方蒸煮工艺。

表 4-2　木方蒸煮工艺

木材	蒸煮工艺参数	木芯温度(℃)
黄波罗 楸木 樟木	最高水温：70℃ 升温速度：7~8℃/h 保温时间：16h 总计时间：21h	25~35 40~45
水曲柳 酸枣木 柚木 桃花心木	最高水温：80℃ 升温速度：5~6℃/h 保温时间：16h 总计时间：24h	50~55
柞木 花梨木 栎木	最高水温：90℃ 升温速度：10℃/h 保温时间：16h 总计时间：24h	55~60

以下是几个木方蒸煮工艺的实际示例：

水曲柳：水温从室温上升到 50℃ 后保温 4h，再从 50℃ 缓慢升温至 90℃，升温速度控制在 2~3℃/h，再保温 10h。

黄波罗：水温从室温上升至 70℃，升温速度为 4~5℃/h，然后随水自然冷却，并浸泡 24h。

樟木：水温从室温上升到 80℃，升温速度为 4~5℃/h，然后随水自然冷却，并浸泡 24h。

栎木：水温从室温上升到50℃后保温4h，再升高水温至100℃，升温速度为2~3℃/h，保温15~20h，然后随水自然冷却。

以下是北方某厂水曲柳木方在冬季的三段蒸煮工艺：

①木方投入水池后放水加盖，浸泡6~8h，水温保持在38~39℃。
②第一次升温到50~52℃，该段时间为16h，升温速度为0.7~0.8℃/h。
③闭气保温16~18h，使木段内温基本达到平衡。
④木段第二次升温至75~80℃，该段时间为18h，升温速度为1.5℃/h左右。
⑤闭气保温2~4h，使木段温度内外平衡。

夏季，将木方投入池中先浸泡4~6h，再升温至50~55℃，升温速度控制在1℃/h左右，以后的步骤与冬季操作相同。

4.2.4 薄木刨切

4.2.4.1 卧式刨切

卧式刨切的设备是卧式刨切机，卧式刨切机可分为卧式横向刨切机和卧式纵向刨切机两种形式，卧式横向刨切机应用较普遍，图4-5是卧式横向刨切机的结构简图。

卧式横向刨切机主要结构包括机架、升降横梁（工作台）、刀床及传动机构等。在刨切薄木之前，木方应首先刨出一个基准面，基准面与机床卡台卡紧，为了减少刨切薄木时薄木表面啃丝起毛，应按顺年轮、顺纤维、顺木射线的方向刨切。

卧式横向刨切机工作时，电机为刨切提供动力，装有卡木装置的升降横梁沿侧壁的垂直导轨向下运动，装有刨刀和压尺的刀床由刀床进给机构带动，沿左右两条水平导轨作往复运动，刀床每往复运动一次，横梁带着木方下降一个薄木厚度的距离，刨刀切下一片薄木，刨切薄木的厚度还可通过调节手轮进行调节，快速升降机构可根据需要使刀床实现快速升降。

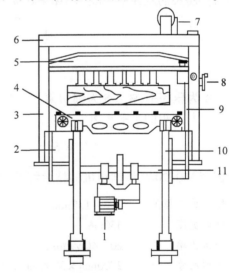

图4-5 卧式横向刨切机结构示意图
1. 主电机 2. 水平导轨 3. 侧壁 4. 刀床 5. 升降横梁
6. 固定横梁 7. 快速升降机构 8. 刨切厚度调节手轮
9. 刀床进给机构 10. 左右摆杆 11. 主传动轴

卧式横向刨切机的刨刀与木方之间的夹角一般为20°左右，这样可以减小对木材的切压比，减小刨刀对木方的冲击，提高薄木的质量，其切削频率为10~80 r/min，最大切削长度为2800~5200mm。纵向刨切机适合加工厚度200~250mm，宽度200~500mm的木方。根据刨刀在刨切机上的安装形式，刨刀安装可分为"表刃式"和"背刃式"两种（图4-6）。刨切的主要参数有刨刀研磨角、切削角、压尺压榨度等。

刨刀与压尺的相对位置如图 4-7 所示。刨刀的研磨角 β 一般为 18°~20°，针叶材和软阔叶材采用较小的角度，阔叶材及硬材采用较大的角度，这样的刃口形式可以减小刨切时的切削阻力，减少切削时因刨刀振动而引起的薄木厚度不均匀。切削后角一般为 0°10′~2°，切削后角太大，易引起刀口振动，太小会增大切削阻力，背刃式刨刀形状如图 4-8 所示。

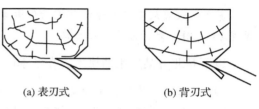

图 4-6　刨刀的安装形式

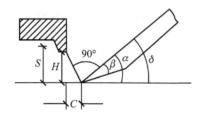

图 4-7　刨刀与压尺的相对位置

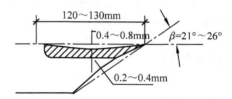

图 4-8　背刃式刨刀的刃口形式

刨刀厚度随薄木厚度变化而变化，一般为 15mm，0.6mm 以下的薄木宜用 4mm 厚的刨刀。压尺的压榨率一般为 5%~10%，其计算公式如下：

$$\Delta = \frac{S - S_0}{S} \times 100\% \tag{4-1}$$

$$S_0 = S\left(1 - \frac{\Delta}{100}\right) \tag{4-2}$$

式中：Δ 为压榨率，%；S 为刨切薄木的厚度，mm；S_0 为刀门间隙，mm。

压尺与刀刃的水平距离 C 为：

$$C = S_0 \times \sin\delta = S\left(1 - \frac{\Delta}{100}\right)\sin\delta \tag{4-3}$$

国产 MQP2000 型刨切机的技术特性如下：

刨切单板厚度	0.2~1.8mm	刨切长度	2000mm
刨切宽度	350mm	上升高度	400mm
进给速率	20~40r/min	主电机功率	13kW
外形尺寸	2700mm×3000mm×2500mm		

4.2.4.2　立式刨切

立式刨切设备是立式刨切机，立式刨切机的生产效率比普通卧式刨切机高得多，适合自动化流水线生产，图 4-9 所示为立式横向刨切机的结构示意图。机身由底座、左右立柱、上横梁、前横梁和左右滑道等部分组成，左右立柱上装有两条相互平行的导轨，供滑床做上下往复运动。左右滑道水平布置，其上装有相互平行的导轨供左右滑座带动刀床做水平进给运动或快速进退运动。滑床上装有八组卡木装置，每组卡木装置均由上下卡爪和丝杆等组成。

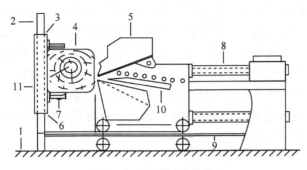

图 4-9 立式横向刨切机
1. 底座 2. 立柱 3. 导轨 4. 木方 5. 刀床 6. 滑床 7. 卡木装置
8. 刀床进给机构 9. 刀床滑道 10. 刨刀 11. 丝杆

立式横向刨切机的刨刀是在垂直面上进行切削的，刨切机工作时，木方由卡紧装置固定在滑床上，滑床由连杆机构驱动，带着木方沿两条立式导轨做上下往复运动，刀床通过变速机构驱动做水平进给运动，木方每向上运行一次，刨刀切下一片薄木。木方向上运行时，刨刀有让刀动做，刀架带动刀片后退，避免刨刀和木方发生碰撞，然后刨刀再按预先定好的厚度做进给运动。

立式横向刨切机按其上行或下行进行切削，可分为上行式和下行式两种形式，上行式是木方向上运动时刨刀进行刨切，刨出的薄木背面朝上，薄木受自重影响逐渐平整，在输送、干燥和堆放过程中破损较小。下行式是木方向下运动时刨刀进行刨切，刨出的薄木背面朝下，薄木因受切削力的影响会产生向上翘曲，薄木在输送、干燥和堆放过程中易于破损。立式横向刨切机的刨切频率可达 90 次/min 以上，生产效率较卧式横向刨切机高，刨切的薄木便于通过运输送机输送，能满足薄木自动化生产线的要求。

4.2.4.3 逆向旋转刨切

逆向旋转刨切的设备是逆向旋转刨切机，这种刨切机集中了刨切与旋切的优点，既能生产弦向大花纹图案的薄木，又能保证相邻薄木的纹理一致。逆向旋转刨切机具有以下特点：

①生产效率高，刨切频率达 110r/min，比立式刨切机高 20% 以上，适合高效率流水线生产。

②旋切半径较大，刨切薄木的花纹主要是弦向大花纹，薄木花纹相近，便于拼接。

③出材率比旋切薄木高，出材率可达 80%~90%。

④刨切速度快，薄木表面光滑平整，厚度精确。

⑤调整原木的夹持方向便可进行不同纹理薄木的刨切。

逆向旋转刨切机的结构如图 4-10 所示。原木的张紧装置及卡木装置安装在一个旋转的方形横梁上，工作前先在原木上沿纵向刨一平面，用专用原木铣槽机在该平面上纵向开两道槽，然后将原木安装在方形梁上。横梁上有两套卡木装置，一套是一对用压缩空气夹紧木方的大卡头，另一套通过弹簧杠杆在木段上开的两道纵向槽处将原木夹紧。刨刀和压尺安装在刀床上，刀床安装在刀架上，刀架沿滑道做水平进给运动。薄木旋切时，原木随转轴做旋转运动，原木每旋转一周刨切薄木一次，旋转越快薄木产量越高。

刨刀进给运动有两种方式,一种是刨刀刀架沿轨道做水平运动,按预定的薄木厚度,转轴每旋转一次刀架水平进给一定的距离,随着刨切的不断进行,木段的旋转半径越来越小,刨切的薄木花纹只能近似一致。为了使刨切半径减小时薄木的纹理仍然能够保持一致,刨刀可以采用另一种进给方式,就是卡木装置除了随转轴旋转外,每旋转一周还可以向刨刀的方向进给一次,从而保证旋转半径一致。当原木刨切到一定程度时压缩空气大卡头自动松开,靠弹簧夹紧木段继续进行刨切,木材就可以得到最大程度利用。意大利生产的逆向旋转刨切机技术性能见表4-3。

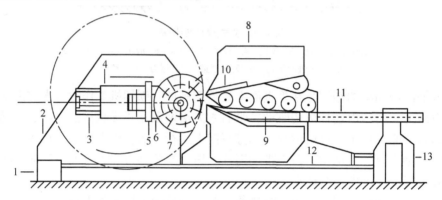

图 4-10 逆向旋转刨切机

1. 底座 2. 梁架 3. 原木张紧装置 4. 横梁 5. 卡木装置 6. 卡爪 7. 原木
8. 刀床 9. 刨刀 10. 压尺 11. 刀架 12. 滑道 13. 刀架横梁

表 4-3 逆向旋转刨切机技术特性

技术指标	型 号	
	TR3300	TR4000
原木最大长度(mm)	3300	4000
原木最大直径(mm)	800	800
最大切削半径(mm)	900	900
刨刀和压尺长度(mm)	3340	4040
刨切频率(r/min)	20~110	20~110
电机总功率(kW)	132	132
薄木厚度(mm)	0.1~3.3	0.1~3.3
主电机功率(kW)	75	75

4.2.4.4 倾斜式刨切

倾斜式刨切的设备是倾斜式刨切机,倾斜式刨切机是由水平卧式刨切机改进而成的一种新型刨切设备,它是立式刨切机和卧式刨切机相结合的产物。这种刨切机与地面夹角为25°,并附有自动取板装置,在切削过程中木方固定,刨刀做往复运动,其主要特点是节省动力,切削时由于刀架的惯性作用往下冲击,使刨刀受力较小,刨切薄木的质量好,换刀迅速方便,操作简便,对树种和木方的适应性好,刨切木方的长度范围为

2.8~5.2m。

另一种倾斜式刨切机是在刨切过程中刨刀与木方均做往复运动,两者之间夹角为20°,由于二者之间的相对运动和相对夹角,使这种设备在切削时减小了切压比,节省了动力,刨切的薄木质量好,刨切频率为70~80r/min。国内常见的几种刨切机的技术特性见表4-4。

表4-4 常见的几种刨切机的技术特性

技术性能指标	机床型号		
	立式(B—15)	卧式(FMM—4000)	卧式(TB—27)
木方最大长度(mm)	2600	4000	2700
木方最大宽度(mm)	640	1160	1200
木方最大高度(mm)	640	800	1200
刨切薄木和单板的厚度(mm)	0.5~3.8	0.1~5.0	0.25~3.0
刨刀和压尺的长度(mm)	3000	4080	3330
滑床或刀床往复次数(次/min)	20	7~13	5~45
滑床或刀床最大行程(mm)	960	2500	1700
刀床或工作台快速移动速度(m/min)	1.44	0.52	1.0
主电机功率(kW)	28	36	36.8
主电机转速(r/min)	1460	1450	250~2500

4.2.5 薄木旋切

通过旋切方式制造的薄木的厚度较大,这类厚度较大(如厚度超过0.8mm)的薄木通常也称为单板。制造薄木的旋切机与生产胶合板的旋切机在结构和工作原理上基本相同或相似,只是薄木的厚度比一般单板的厚度小,因此制造薄木的旋切机比普通旋切机更精密。薄木旋切机主要由机座、卡轴箱、刀床、刀床进给机构、主传动系统及操作控制系统等组成(图4-11)。

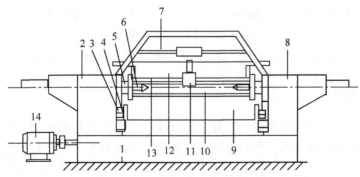

图4-11 旋切机外形结构示意图

1.机座 2.左卡轴箱 3.主滑道 4.副滑道 5.外卡轴 6.内卡轴 7.防弯装置
8.右卡轴箱 9.刀床 10.旋刀 11.割刀 12.压尺架 13.压尺 14.电机

卡轴箱分左右两部分，用来夹持和带动木段旋转。刀床用来安装旋刀和压尺，根据薄木或单板的厚度调节压尺的位置，以保证所需的压榨率。刀床的进给机构由进给箱和进刀座两部分组成，进给箱用来改变薄木或单板的厚度，进刀座把进给箱输出轴的旋转运动，变为刀床的直线进给运动。在旋切薄木或单板的时候，左右卡轴夹紧木段并带动其旋转，安装在刀床上的旋刀刀刃平行于卡轴轴线并沿其垂直方向做进给运动，沿木段年轮方向旋出等厚的薄木或单板。

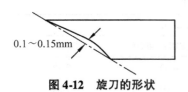

图 4-12　旋刀的形状

木段旋切前需进行蒸煮软化，蒸煮工艺参数可参照刨切木方的蒸煮基准进行。旋切工艺与胶合板单板旋切相似，旋刀的研磨角一般为 17°～21°，为了减小旋刀研磨面与原木的接触面积，减小旋切过程中的阻力和振动，旋刀斜面一般磨成凹面，凹面深度 0.1～0.15mm（图 4-12）。

压尺的作用与旋切普通单板一样，是防止旋切过程中薄木从原木上撕下来，造成薄木表面凹凸不平，同时防止薄木旋切后反向弯曲造成的背面裂隙。压尺一般为单斜棱压尺，研磨角为 60°，压尺与旋刀之间的相对位置如图 4-13 所示。

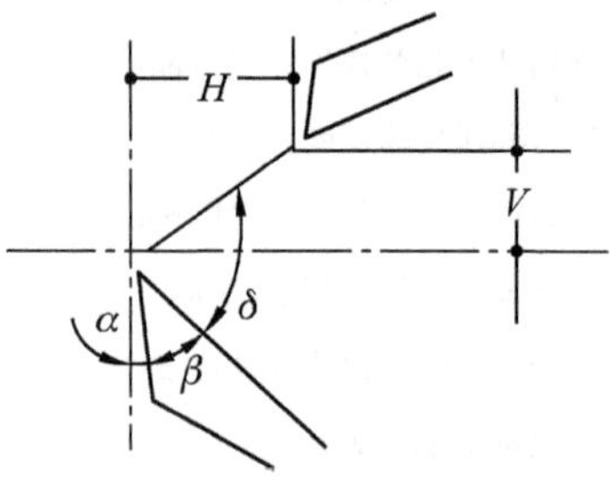

旋刀与压尺的相互关系如下：

$$H = (0.90 \sim 0.98)t \qquad (4\text{-}4)$$
$$V = (0.20 \sim 0.30)t \qquad (4\text{-}5)$$

图 4-13　旋刀和压尺的相对位置

式中：t 为薄木厚度，mm。装刀高度 $h = 0$，旋切后角 $\alpha = -1° \sim 2.5°$。旋切薄木的质量主要用背面裂隙度、表面粗糙度和厚度偏差等指标进行评价。薄木的背面裂隙度与树种、热处理条件、旋切工艺和薄木的厚度等因素有关，薄木厚度越大裂隙度越大，切削角越大，裂隙度也越大。

德国 B.S.H 公司生产的旋切机技术特性如下：

加工原木的最大长度	加工单板时：2700mm；	加工薄木时：2200mm	
木芯的最小直径	加工单板时：120mm；	加工薄木时：180mm	
加工原木的最大直径	1000mm	加工原木的最小长度	900mm
旋刀长度	2800mm	主轴转速	0～240r/min
薄木或单板的厚度范围	0.05～1.8mm	薄木或单板的厚度公差范围	±0.03mm

4.2.6　成卷薄木

成卷薄木是一种可以卷曲成卷的复合型薄木，它首先通过精密旋切机对原木进行旋切加工，得到连续带状薄木，再将连续带状薄木黏贴在具有一定柔韧性的纸质或布质材料上，使二者成为一个整体即为成卷薄木。用于生产成卷薄木的薄木厚度一般为 0.2～0.3mm，胶贴到纸质或布质材料上后，可借助纸张或布的强度，使薄木强度得以提高，在贮存、使用过程中不易发生破损。成卷薄木的厚度一般为 0.4～0.5mm，制造过程中无需拼接，适合于连续化、自动化和规模化生产。成卷薄木可广泛应用于建筑物、车船

内壁及家具、乐器的装饰,其生产工艺流程如下:

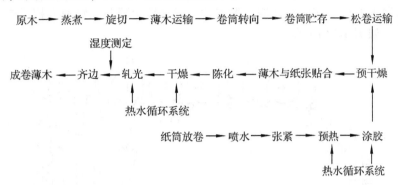

(1) 对木材的要求

用于制造成卷薄木的木材应满足以下要求:

①具有通直纹理的树种。可旋制直线条纹理、表面洁净、无结疤虫眼的薄木。

②具有弦向大花纹和涡纹的树种。可旋制具有弦向大花纹和特殊涡纹的薄木。

③具有芽眼节、涡纹、木射线构成的小花纹树种。可旋制多种美观的薄木。

(2) 成卷薄木复合工艺

①纸质材料

纸质材料要求具备一定抗拉强度、柔韧性,对胶黏剂有一定的渗透性,能缓冲薄木干缩湿胀产生的应力,一般用 20~30g/m² 的棉纸或牛皮纸。

②胶黏剂

胶黏剂要求有一定的渗透性,能渗透到纸张的内部,防止纸质基材与薄木之间发生层间剥离。胶黏剂还要求具有一定的柔韧性,适合于成卷,并能缓冲薄木随湿度变化而产生的收缩和膨胀,防止薄木开裂。

生产中常用的胶黏剂是聚乙烯醇或聚乙烯醇缩甲醛与聚醋酸乙烯酯乳液的混合胶黏剂。聚乙烯醇或聚乙烯醇缩甲醛的渗透性好,但单独使用易引起透胶,聚醋酸乙烯酯乳液胶黏剂不易渗透,固化后的胶膜比较柔韧具有弹性,二者混合可以取长补短。聚乙烯醇缩甲醛与聚醋酸乙烯酯乳液混合胶黏剂的配比为聚乙烯醇缩甲醛:聚醋酸乙烯酯乳液=50:50(或60:40);也可用聚乙烯醇与聚醋酸乙烯酯乳液的混合胶黏,其配比为聚乙烯醇:聚醋酸乙烯酯乳液=50:50(或60:40)。

③胶贴复合工艺

薄木胶贴工艺有"湿法"胶贴与"干法"胶贴两种。湿法胶贴工艺是薄木不经(或少经)干燥直接与涂有热固性树脂胶的纸张加压、加热胶贴。湿法胶贴工艺薄木含水率变化大,操作不当薄木表面易产生裂纹,但这种方法比较简单,应用比较广泛。干法胶贴是薄木先经干燥,再与涂有热熔性胶黏剂的纸张重叠,然后一起加热、加压复合成一个整体。干法胶贴薄木中的水分变化较小,薄木表面不易产生裂纹,但胶黏剂的涂布需专用设备。

采用干法胶贴时,薄木放卷后先经喷气式网带干燥机预干,适当降低其含水率,机内的温度为 40~100℃,干燥后的薄木含水率控制在 40%~50%。纸张也应保持一定的含水率,以保证纸张与薄木胶贴时平整、舒展、不起皱。薄木与纸张胶贴时,纸卷的松卷速度要与薄木的放卷速度相适应,薄木的放卷速度也要与胶贴速度相适应。成卷薄木生产工艺原理如图4-14所示。

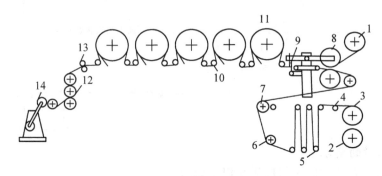

图4-14 成卷薄木生产工艺
1. 薄木卷 2. 调控辊 3. 纸卷 4. 喷雾器 5. 张紧装置 6. 预热辊 7. 涂胶辊 8. 辊压机
9. 压力气缸 10. 张紧辊 11. 干燥辊 12. 轧光辊 13. 碾平辊 14. 收卷辊

生产时薄木卷正面朝上与纸卷同步输送,通过喷雾器对纸张进行喷水处理(喷水量为 $10\sim20g/m^2$),适当提高纸张的含水率,使纸张平整不起皱,通过一组辊筒组成的张紧装置将湿纸平展地包覆在温度100~150℃的预热辊上进行预热,纸张干燥平整后通过单面涂胶辊进行涂胶。薄木与纸张一起进入辊压机进行胶贴复合(压辊线压力10~100N/cm,胶贴速度5~25m/min),再经5个干燥辊(直径1500mm)加热使胶黏剂固化,接着经压平辊和轧光辊辊压平整,最后经无齿圆锯齐边后由收卷辊收卷。成卷薄木比较容易产生的缺陷是表面透胶和薄木表面皱折、开裂,如果透胶比较严重,可适当加大聚醋酸乙烯酯乳液胶黏剂的比例,或在胶黏剂中加入面粉等填料提高胶黏剂的黏度。表面产生裂纹时,要控制薄木厚度不超过0.2~0.3mm(湿法胶贴时),同时纸张要与薄木相适应,不宜用太厚的纸,否则薄木容易开裂,太薄的纸强度不够,容易被拉断。

4.3 人造薄木

人造薄木是用普通树种的木材,如各种速生树种木材和低等级树种木材为原料,先按一定的制造方法加工制造成木方(人造木方),再通过刨切加工制造的一种薄木。根据组成人造木方的结构单元不同,人造木方可分为单板层积结构和木块(木条)集成结构两种类型(图4-15)。

人造薄木具有以下特点:
①可以根据所需薄木的尺寸,做成整张薄木,使贴面装饰工艺简化。
②薄木的纹理和颜色可以人为控制和调整,不仅可以模仿天然薄木,而且还可以创造出天然薄木所没有的纹理和颜色。
③根据市场需要,可以大量生产同一纹理的薄木。
④可以做到劣材优用,不仅可以缓解珍贵木材供应紧张的矛盾,而且为各种低等级

 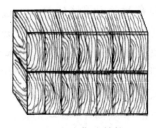

(a) 单板层积结构　　　　(b) 木块集成结构

图 4-15　人工木方

木材的加工利用开辟了广阔的前景。

4.3.1　层积结构木方制造

制造薄木首先需要制造木方，层积结构的人造木方是以普通树种木材为原料，通过旋切加工制成一定厚度的单板，经模仿某些珍贵树种木材的纹理和颜色，对单板进行漂白和染色处理，再对单板按一定纤维方向进行组坯，坯料经冷压胶合成为一个整体，最后将四边锯齐即得到层积结构的人造木方[如图 4-15(a)]，层积结构的人造木方生产工艺流程如下：

原木 → 蒸煮 → 旋切 → 漂白染色 → 干燥 → 施胶 → 组坯 → 压制木方 → 锯边 → 木方

原木的蒸煮软化和单板旋切工艺与天然薄木制造类似，可参阅本章 4.2 "天然薄木制造"中的相关内容。

4.3.1.1　单板漂白

木材呈现的颜色是木材本身对波长 400～700nm 的可见光产生的反射，木材中的发色基团主要有 C=C 键、羰基（C=O）、乙烯基（—CHO）、苯环等。木材中的另一些官能团如—OH、—OR、—COOH、—NH_2 等在加入某些化合物时颜色会变深，这些官能团称为助色基团。发色基团与助色基团以一定形式结合便使吸收光谱从紫外区延伸到可见光区。当光波被木材吸收后，残留的光反射到人的眼睛，人即可感受颜色。树种不同或同一树种中不同部位所含化学成分不同，会产生不同的颜色。

木素化学结构单元中的松柏醛基由三个基本发色基团组成，是使木材产生颜色的主要原因，同时，能吸收阳光和荧光的木材化学成分几乎都是木素中单宁、树脂等抽提物，因此木材的颜色主要是由木素和抽提物成分决定的。

在人工薄木生产中，为了模拟某些珍贵木材的纹理和颜色，需要先对制造薄木的木材进行漂白处理，去掉其本身的颜色。木材的漂白方法有两种，一种是用有机溶剂或碱性溶剂将木材中的发色物质浸提出来，这种方法只能使木材颜色在某种程度上变浅，而不能把木材中的各种发色物质全部排出。另一种方法是利用漂白剂破坏木材发色成分中的羰基（C=O）及原子间的二价键结合，使木材的颜色变浅。用漂白剂对木材进行漂白处理效果较好，也比较经济，常用的漂白剂分为氧化性漂白剂和还原性漂白剂两大类。

(1) 氧化性漂白剂

氧化性漂白剂有过氧化氢(H_2O_2)、过氧化钠(Na_2O_2)等无机过氧化物，还有氯气(Cl_2)、亚氯酸钠($NaClO_2$)、次氯酸钠($NaClO$)、次氯酸钙(漂白粉)、次氯酸钾等氯及氯盐类，以及二氧化氯(ClO_2)，过氧化苯甲酰，过氧乙酸等。氧化性漂白剂对木材不仅有漂白作用，而且还可以提高木材抑制光变色的能力。过氧化氢(H_2O_2)是木材漂白工艺中最常用的氧化性漂白剂，其原料来源广泛，价格低廉。

常用过氧化氢的浓度为15%～30%，在酸性条件下较为稳定，在碱性条件下易分解放出氧气，受热或日光照射分解更快。过氧化氢的漂白作用机理如下：

$$H_2O_2 \rightleftharpoons H^+ + HO_2^-$$

$$HO_2^- \rightleftharpoons OH^- + [O]$$

加入碱性氧化物、提高溶液的pH值、提高溶液温度，可加速H_2O_2分解，增加HO_2^-离子浓度，增强漂白作用，但pH值达到11.5～13时，H_2O_2分解放热反应剧烈，呈沸腾状态，H_2O_2会很快完全分解而失效，因此在对木材漂白时，要注意调节溶液pH值，控制好H_2O_2的分解速度，一般是通过加入酸碱缓冲剂，控制好碱的用量和反应液温度。研究表明反应液的pH值保持在10左右比较适宜，具有较好的漂白效果。

一般来说树脂含量较低、材质比较疏松的木材比较容易漂白，树脂含量高、本身颜色深、材质硬的木材不容易漂白。对漂白要求高的木材可以通过提高漂白剂的浓度、提高反应液温度、延长漂白时间以及反复浸漂实现，但过度漂白会使木材中的木素发生分解，木材强度下降，木材的光泽、纹理变得混浊不清。

(2) 还原性漂白剂

还原性漂白剂只能使发色物质分子上的发色基团改变结构而暂时脱色，受环境因素氧化后又会恢复原来的颜色。还原性漂白剂，如肼(NH_2NH_2)或四氢硼酸钠($NaBH_4$)等能对木材成分中的羰基、醛基、酮基等还原，其脱色能力不如氧化剂，而且价格较贵，耐光性和耐久性较差。

以下是几种常用的漂白剂对薄木进行漂白的方法：

①30%～35%的过氧化氢溶液和28%的氨水溶液以1:1的比例混合后，涂于单板表面，让其慢慢干燥，即可对表面进行漂白。这种漂白剂的漂白效果好，一次涂布即可，但漂白液的可使用时间只有30min，并有氨水的臭味，作业条件较差。

②由A、B二液完成，A液：无水碳酸钙10g，加入50℃的温水60g；B液：35%的过氧化氢溶液80mL，加入20mL的水。操作时先在薄木表面涂布A液，让其均匀充分渗透，5min后用布擦去表面的渗出液，然后涂以B液，干燥3h，干燥后用湿布擦拭表面，直到黄色去尽为止，如果希望提高漂白效果，干燥时间可延长至18～24h。

③亚氯酸钠3g加水100g配成漂白液，使用前加入用冰醋酸0.5g和水100g配成的溶液，将漂白液涂于薄木的表面，在60～70℃的温度下干燥5～10min即可。

4.3.1.2 单板染色

对单板进行染色处理是把低档木材染成高档木材所具有的颜色，做到既不掩盖木材的天然纹理，又可改变天然木材的颜色，使木材的色泽鲜艳、美丽，达到仿制珍贵木材的目的。如将椴木染成红色或紫红色，可以代替红木；樟木经过染色，纹理更加清晰艳丽，可代替核桃木等。

(1) 染料的种类与特性

按来源不同，染料可分为天然染料与合成染料；按染料性质不同，可分为直接染料、酸性染料和碱性染料。木材染料一般应具备下列条件：化学稳定性、耐光性、耐热性好，在光照或高温条件下不褪色，具有良好的坚牢性；染色均匀，透明度高，不遮盖木纹，染色后木材仍然能保持其质感；染色操作简便，染色后对干燥、涂饰、胶合等后处理工序没有不良影响；分散性好，能对木材进行均匀染色；来源广泛、价格便宜，便于工业化生产。

① 直接染料

直接染料主要是磺酸的钠盐($R \cdot SO_3Na$)，其中的大多数分子都含有偶氮基。直接染料的中性溶液具有胶态性质，能吸附在纤维上，染料中的偶氮基、氨基、羟基与纤维素中的—OH形成氢键结合，但这种结合力不大，其染色的坚牢性较差。直接染料中因含有—SO_3H、—COOH等亲水基团，其水洗牢度较差，色彩也不够鲜明，但价格便宜，操作比较方便。

② 酸性染料

酸性染料在酸性溶液中能电离成带负电荷的色素酸根($R-SO_3^-$)，木材中纤维素大分子的自由羟基具有负电性，对极性分子及带正电荷质点具有吸附能力，而$R-SO_3^-$带有负电性，因此二者不能结合，酸性染料不能对纤维素染色。木素是由很多苯丙烷单元以醚键和碳—碳键联结起来的大分子，木素在酸性溶液中，其苯丙烷侧链上的α碳原子很活泼，与色素酸反应后，色素酸根便结合到α碳原子上，因此酸性染料对木素具有很好的染色效果。

酸性染料对木材的染色是在酸性或中性介质中进行的，酸性染料颜色鲜明，耐光性、渗透性和化学稳定性好，染料能渗入木材内部，适合于木材的深层染色。酸性染料的染色方法比较简便，废液污染性小，染料价格较便宜，是一种常用的单板染色染料。

③ 碱性染料

碱性染料是有机盐基与酸结合生成的盐类，溶解在中性溶液及弱酸性溶液中可分解成色素盐基和酸，故称其为盐基染料或碱性染料。碱性染料对纤维素难以染色，但对半纤维素和木素的染色效果很好，并可与木材中的单宁发生反应，单宁本身是一种媒染剂，当遇到碱性染料时，单宁中的羧基与染料中的氨基可生成含—NH_3HOOC—的不溶性沉淀物固着于木材纤维上。碱性染料着色力强，颜色鲜明，能深入木材内部，适合于木材的深层染色，但其耐光性及化学稳定性较差。三种染料对木材的染色能力及效果如表4-5所示。

表4-5 染料对木材的染色能力

染料种类	纤维素	半纤维素	木质素
直接染料	良好	一般	几乎不能
酸性染料	不能	不能	良好
碱性染料	困难	非常好	非常好

在以上三种染料中，酸性染料对木材的深层染色效果良好，故酸性染料是目前在对木材染色时应用最多的一种染料。

常用的酸性染料有：

酸性嫩黄 G：又名酸性淡黄 G，黄色粉末，易溶于水、丙酮、酸等溶剂。

酸性橙 Ⅱ：又名酸性金黄 Ⅱ，金黄色粉末，溶于水时溶液呈橘黄色。

酸性红 G：又名酸性大红 G，红色粉末，溶于水时溶液呈紫红色。

酸性红 B：又名酸性紫红，暗红色粉末，溶于水时溶液呈紫红色。

酸性黑 ATT：红棕色粉末，溶于水时溶液呈黑色。

黑钠粉：是几种有机染料的混合物，其主要成分是酸性金黄、酸性淡黄和酸性黑，是一种黄棕色的粉末。

（2）单板染色方法

单板染色的方法有扩散法、减压注入法、减压加压注入法、加压注入法等。

①扩散法

扩散法是将单板插入单板架中，单板相互之间不重叠地浸入染液中，煮沸数小时，靠热扩散使染料分子扩散到单板中去的一种染色方法。单板浸入染液中后，由于加热而产生膨胀，木材内部的各种毛细管扩张，使染料能在木材内部充分渗透和扩散，达到对木材染色的目的。扩散法是最简单、最常用的一种方法。

单板染色的效果与染液的浓度、浴比、煮沸的时间等因素有关，染液浓度大、浸染时间长，单板上染的颜色深。染液的浓度一般为 0.5% ~ 5%。浴比是指单板容积与染液容积之比，为了保证单板染色的均匀性，浴比一般应大于 1∶5，煮沸的时间一般为 4 ~ 6h。

②减压注入法

减压注入法是在专用的蒸煮罐中进行的，首先将需染色的单板放入蒸煮罐中，将蒸煮罐抽成一定的真空，除去单板中的水分和空气，然后再注入染液对单板进行染色。染色的方法与扩散法基本相同，通常 1mm 厚的单板，浸染时间为 3 ~ 4h。为了使染色均匀，可在染液中加入一定量的聚乙二醇、聚氧乙烯脂肪醇醚等表面活性剂，以促进染料的渗透，为了提高保色能力，也可在染液中加入某些固色剂。

③减压加压注入法

减压加压注入法是在专用蒸煮罐中进行的，在蒸煮罐内首先通过真空脱去单板中的水分和空气，然后用一定的压力将染液挤入单板对单板进行染色。具体做法是先将单板用热水和碱水处理使其软化，然后放入真空罐内，抽去木材内部的水分和空气，真空度一般为 600 ~ 800Pa，接着将被加热的染液（20 ~ 30℃）在加压状态下注入单板中去，压力为 0.5 ~ 0.6MPa，浸染温度、时间应根据单板的树种、厚度、颜色深浅来确定。

④加压注入法

加压注入法是将单板放入加压釜内，用酸性染料或直接染料的混合液对单板进行染色的一种方法。这种方法可以对木材进行深层染色，酸性染料可以将木材的各个部分均匀染色，直接染料只染导管管壁，这种染色方法可以使木材具有更美丽的纹理。

薄木染色与单板染色有一定区别，单板染色必须使染料深入单板深层，染色主要采取浸泡方式。薄木由于厚度小，染色可以采用浸泡法，也可以采用涂布法。涂布法操作简单，是对薄木的一种表面染色方法。薄木染色可以用染料染色法或化学染色法进行，染料染色法用的染料和单板染色所用的染料相同，主要有酸性染料、碱性染料和直接染料；化学染色法是利用一些含有金属离子的化合物与木材中的单宁等物质起化学反应后使木材染色的一种方法，用这种染色法染色的木材耐候性好、不褪色，但木材心边材单宁含量不一样，会使心边材的染色效果不一致。

(3) 单板染色过程

单板染色时将单板置于染浴(染料水溶液)中，则染浴中的染料向木材表面转移并渗入纤维内部，染浴中的染料逐渐减少，木材中的染料增加，到某一定时间后，染浴中的染料不再减少，木材中的染料也不再增加，即二者达到了动态平衡，单板取出干燥后，染料即保留在木材上。

在对木单板染色时，染料向木材扩散、渗透的过程大致可分为三个阶段，第一阶段是染料向木材表面扩散的阶段，第二阶段是木材表面的染料向其周围扩散的阶段，第三阶段是木材表面的染料向木材内部扩散、渗透的阶段。经过上述三个阶段，木材完成了染色的全过程。在染料向木材表面扩散阶段，染料的扩散速度较快；在木材表面染料向其周围扩散阶段，染料的扩散速度极快，几乎在瞬间便可完成；在染料由木材表面向内部扩散、渗透阶段，染料的扩散速度最慢，在此阶段当木材吸收和放释出的染料量相等时，木材对染料的吸收达到了动态平衡，木材对染料的吸收已经饱和，染色过程也就此结束。

(4) 染色设备

用于对木单板进行染色的设备是染色机，染色机有常压染色机、真空染色机和高压染色机等种类。木单板的染色主要采用常压染色机，对厚度较大的木材进行化学改性时才使用真空染色机和高压染色机。常压染色机俗称染色罐，主要由染缸、染液注入系统、加热系统、循环系统、空气辅助系统和吊笼等部分组成，这种设备结构简单，操作方便，其结构如图4-16所示。

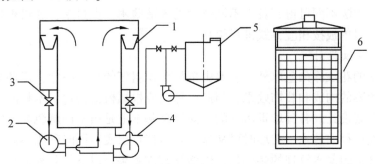

图 4-16　染色机及吊笼结构示意
1. 染缸　2. 染液泵　3. 阀门　4. 排液管　5. 染液贮罐　6. 吊笼

(5) 配色

配色是按照标准试样的颜色和牢度选择染料和确定用量，使产品达到与标准试样相同的水平。要获得与标准试样相同或相近的颜色，一般是选用与标准试样相同或相近的染料对单板染色。要获得与标准试样相同或相近的颜色，需对小样进行多次试染。人工配色所需时间较长，配色精度也较低，通过计算机进行配色可以大大提高配色的工作效率和配色精度。计算机配色系统可提供经济合理的染料配方，提高染液的重复利用率，减少染料消耗，降低生产成本，可对色变现象进行预测，能够精确、迅速地对染色进行修复和修整，可对色料、助剂等进行检验分析，对染色效果进行评价，对产品质量进行数值化管理，可连接其他相关设备实施即时在线监测，实现染色操作网络化。

电子计算机配色可分为色号归档检索、反射光谱匹配和三刺激值匹配三种方式。色号归档检索是把以往生产的产品按色度值分类编号，并将染料配方、工艺条件等汇编成计算机文档，需要时凭借输入标样测色结果的代码，检索色差小于某值的所有染料配方。反射光谱匹配是根据产品标样的反射光谱进行染料配色，这种配色方法只有在染样与标样的颜色、材料均相同时才能实现，其要求非常严格。采用三刺激值匹配方法时，配色的反射光谱和标样一般并不完全相同，其相同是有条件的，如施照态和观察者两个条件中有一个与达到等色时的前提不符，那么等色即被破坏，从而出现色差。计算机配色时大多以 CIE 标准施照态 D_{65} 和 CIE 标准观察者为基础，其输出是能在两个条件下染得与标样相同色彩的配方，染色操作可依据此配方衡量每个条件的等色程度。

计算机配色步骤：

①输入条件信息，由计算机的测色配色软件计算出染料溶液的配方。

②运用计算机中已存的资料和需输入的信息计算配方浓度，调整标准计算样与计算配方样的三刺激值之间的色差，直到符合要求。

③选择一个小样试染的理想配方在小样机内打小样，以确认能否达到与标样等色。

④如果小样色差不符合要求，需调整配方重新再染，直到染色效果达到标样要求。小样一般只需调整一次，有的无需调整正，也有的需进行两次调整。

4.3.1.3 木方制造

天然木方是通过对原木进行锯剖加工得到的，人造木方是通过对单板进行组坯胶压得到的，组坯方法不同可得到具有不同纹理的人造薄木；反过来，亦可根据人造薄木所要求的纹理，对单板按相应方式进行组坯。

(1) 薄木花纹设计

人造薄木的花纹除染色以外，主要由单板层积组坯的形式决定，组坯方式直接影响到薄木花纹图案的构成和装饰效果，因此组坯前应根据模仿的珍贵木材的纹理，进行人造薄木花纹图案设计。各种珍贵木材的径向纹理基本上是由不同颜色和不同宽度的直线构成，生产人造径向薄木，组坯时可从这一基本特点出发，同时利用不同颜色、不同宽度的线条组合达到薄木纹理的多样化，以增强装饰效果。以下是几种常见组坯方式形成的人造径向薄木的花纹图案。

①等间隔条状花纹

等间隔条状花纹是由深色和浅色单板相互间隔排列组坯形成的，两种不同颜色单板的厚度相同，如图 4-17 所示。这种花纹的线条间隔相等，具有端庄、整齐、统一的特点。线条的宽度(单板的厚度)可以根据需要选取，粗线条具有凝重、粗放的特征，细线条具有轻快、锐利的特点。

②规则分割形条状花纹

这种花纹是由单板按不同层数、不同厚度有规律组坯形成的，花纹中的线条粗细、间隔大小呈周期性变化，线条起伏交错，可以产生统一中有变化的效果(图4-18)。

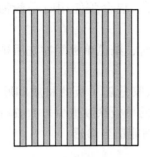
图4-17 等间隔条状花纹

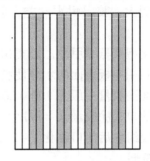
图4-18 规则分割形条状花纹

③随机形条状花纹

随机形条状花纹是在组坯时不同颜色、不同厚度的单板随机排列，没有一定规律形成的。

④柚木型条状花纹

柚木型条状花纹是在设计薄木线条时，仿照柚木的径向纹理，按其深浅、宽窄的大致比例进行组坯，具有这种花纹的人工径向薄木比较多见，一般称为人造柚木。

⑤弦向花纹

弦向花纹一般呈倒"V"字形或呈"山水"状。将深浅两种颜色的单板进行交错组坯，用浅色单板模拟木材的早材，用深色单板模拟木材的晚材，浅色单板比深色单板厚度大，组坯后用曲面凹凸压模压制成曲形木方，然后按一定的切削角度进行刨切，得到的薄木便具有类似于木材弦向纹理的花纹，这种薄木亦称人造弦向薄木。

(2) 胶黏剂选择

将单板胶合成木方的胶黏剂应满足如下要求：

①能在常温条件下固化

人造木方厚度较大，采用高温快速胶合，热压过程中木方内会产生很大的应力，而且木方不同层面上的胶黏剂固化时间相差很大，会严重影响胶合质量，因此木方胶合只能采用常温固化胶黏剂进行冷压。

②固化后的胶层强度高、韧性好

薄木厚度很薄，在其加工、搬运及胶贴过程中，薄木的胶层会产生较大的弯曲应力，因此要求胶层的强度高、韧性好。

③固化后硬度不能太大

固化后硬度不能太大，否则在刨切薄木时会损坏刀具或缩短刀具的使用寿命。

④具有良好的耐水性

胶压成型后的木方，在刨切之前还须经过水热处理使之软化，因此胶黏剂必须具有良好的耐水性。

常用的胶黏剂有脲醛树脂与聚醋酸乙烯酯乳液(白乳胶)的混合胶黏剂,以及湿固化型的聚氨酯树脂胶黏剂等。脲醛树脂与聚醋酸乙烯酯乳液的混合胶黏剂既具有较好的耐水性又具有较好的柔韧性,二者的混合比例一般为脲醛树脂:聚醋酸乙烯酯乳液为4:6、5:5、6:4等。脲醛树脂的比例大,胶层耐水性好,但硬度和脆性较大;聚醋酸乙烯酯乳液的比例大,胶层耐水性差,但柔韧性好。混合胶使用时一般需加入0.5%~1%的固化剂。

采用湿固化型聚氨基甲酸乙酯类树脂胶黏剂时,染色单板经冲洗后稍经晾干即可进行涂胶胶合,利用单板表面的水分使胶黏剂固化。

单板的单面涂胶量一般为100~200g/m²,涂胶量随单板的材质和厚度而异,厚度大、材质疏松的单板涂胶量大;厚度小、材质硬的单板涂胶量少。涂胶可采用四辊筒涂胶机,单板涂胶组坯后闭口陈化1~2h,让胶黏剂能适当渗透。

(3) 木方压制

组好的板坯送入冷压机中压制成木方,木方可以按普通方法压制,也可采用模具进行压制,按普通方法压制的木方一般为方形木方,用模具压制的木方根据模具的形状,可以得到不同形状的曲面木方。冷压压力一般为0.5~1MPa,加压时间为6~24h,加压时间随胶黏剂种类和环境温度不同而不同。大量生产可采用高频加热,高频加热可以使木方内外同时升温,木方压制的时间可大大缩短,生产效率大大提高。

压制好的木方从冷压机中卸出后,用带锯机将其四面锯齐或进行简单的粗刨加工,得到刨切薄木时的基准面,同时也便于在刨切机上进行装夹。木方的两端应用聚氯乙烯薄膜进行封贴,避免水分从两端失散造成薄木边部破碎,封贴塑料薄膜的胶黏剂一般为氯丁橡胶胶黏剂。

(4) 木方锯剖

对人造木方按不同方向锯剖可获得具有径切面、半径切面和弦切面等不同切面纹理的薄木,人造木方一般只需要经过一次锯解就可体现出设计纹理,但也有某些人造木方需将第一次锯制的板块胶合后再次锯剖才能体现出设计纹理。

①人造木方径向和半径向锯剖

对如图4-19(a)所示的方形人造木方,沿不同方向锯剖可获得不同的纹理,如沿垂直于木材纤维的方向 OA 进行锯剖,剖切表面具有木材的径切面纹理,如图4-19(b)所示;沿平行于木纤维与木方配坯方向成一定角度($90°<\alpha<180°$)锯剖时,如图4-19(a)中的 OC、OD 和 OE 方向,木方锯剖面的纹理为半径切面纹理,其纹理较径切纹理宽,如图4-19(c)所示。

②人造木方弦向锯剖

对如图4-20(a)所示的由模压成型的曲面木方,当沿平行于木方弧面最高顶点处切线方向并与木纤维方向成一定角度 α($0°\leq\alpha<90°$)进行锯剖时,得到的锯剖面便具有木材的弦切面纹理,如图4-20(b)所示,锯剖角度 α 越大,锯剖面(弦切面)的纹理就越宽。

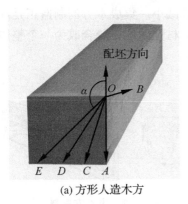  

(a) 方形人造木方　　　(b) 人造木方的径切面　　　(c) 人造木方的半径切面

图 4-19　人造木方的径向锯剖

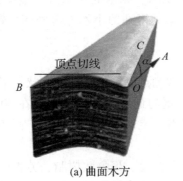 

(a) 曲面木方　　　(b) 弦切面纹理

图 4-20　人造木方的弦向锯剖

4.3.2　集成结构木方制造

集成结构木方是先按下锯方案将木材锯剖成具有美丽花纹的小木方或小木条,小木方或小木条经四面刨平,再经涂胶、组坯、冷压等工序制成集成木方(图4-21)。

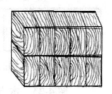 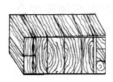 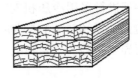

图 4-21　集成木方

集成结构的人造木方生产工艺流程如下:

小径木 → 木块锯制 → 干燥 → 刨光 → 涂胶 → 组坯 → 压制木方 → 集成木方

制造集成木方的树种较杂,木材又是一种各向异性材料,各种木材的胀缩系数不同增加了集成木方的制造难度,但是当木材处于高含水率状态(高于纤维饱和点)时,含水率变化不会引起木材的胀缩，而且切削阻力也相应减小。集成木方的制造正是利用高含水率木材的特点，通过采用亲水型胶黏剂，将不同材性的木材胶合成为一个整体。在集成木方生产过程，木材始终保持在高含水率状态。

(1) 备料

根据设计图案的要求，挑选树种、材色、木纹、材质等，按所需尺寸对小木方进行合理搭配，原料搭配时要注意材性相差太大的树种不宜搭配在一起，比较容易开裂的木材应布置在集成木方内层，不易开裂的木材布置在集成木方的四周，防止刨切薄木后产生裂纹，选择的木材纹理应

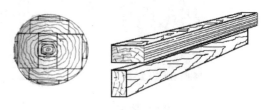

图 4-22 小木方锯制

是通直的，交错纹理及扭曲纹理的木材不应使用。原木的含水率一般应控制在 80% 左右，原木沿纵向按不同方式锯剖成小木方，锯剖得到的小木方再经四面锯直刨平备用。小木方锯制如图 4-22 所示。

(2) 胶黏剂选择

用于制造集成木方的胶黏剂应能在纤维饱和点以上的高含水率状态下对木材进行胶合，并具有一定的胶合强度，固化后具有一定的耐水、耐热性能，在 50~60℃ 的热水中浸泡，胶合不会被破坏，固化后的胶层具有一定的弹性和柔韧性，刨切木方时不会损伤刀具。

常用的湿固化型胶黏剂有聚氨基甲酸乙酯树脂、聚酰胺树脂、芳香族酰胺为固化剂的环氧树脂等。聚氨基甲酸乙酯树脂具有良好的耐水性和耐热性，固化后的胶层具有一定的弹性。树脂使用时应加入一定量的固化剂，树脂与固化剂的配比一般为 1:0.025。

(3) 木方胶合

木方采用单面涂胶，涂胶量为一般 150~200g/m²，木方涂胶后不需经过干燥，但需要陈放一段时间，陈放时间随胶种和气温不同而不同，夏季和气温较高时陈放时间短些，冬季和气温较低时陈放时间长些，然后在常温条件下进行采用冷压机对木方进行加压胶合，胶合时的单位压力为 0.5~1.5MPa，加压时间随胶种和气温不同而异，一般为 8~24h，木方胶合如图 4-23 所示。

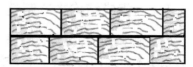

(a) 径切面胶合

(b) 弦切面胶合

图 4-23 木方胶合

4.3.3 人造薄木制造

人造薄木制造采用刨切法，其刨切方法与天然薄木刨切完全相同，根据锯剖得到的木方形态和刨切方向不同，可以得到具有径切面纹理、半径切面纹理和弦切面纹理的薄木。对层积结构的木方按图 4-24(a) 的刨切方向可得到木材径切面纹理薄木，按图 4-24(b) 的刨切方向可得到弦切面纹理薄木，改变刨刀的刨切方向或木方的装夹方向，还可得到多种具有不同纹理的薄木。

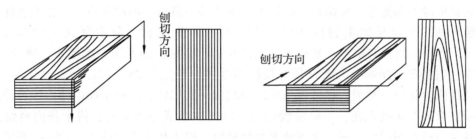

图 4-24　不同纹理薄木的刨切

集成木方在刨切之前，需检查其含水率，如果含水率低于 50%，应先将木方在 40~60℃ 的温水中进行浸泡，使木方含水率提高到 50% 以上。浸泡完成后，检查胶层没有开胶现象即可进行刨切加工，刨切薄木的厚度一般为 0.3~1.2mm，图 4-25 是按不同方向刨切得到的不同纹理的薄木。

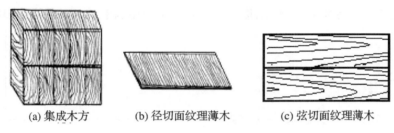

(a) 集成木方　　(b) 径切面纹理薄木　　(c) 弦切面纹理薄木

图 4-25　集成木方刨切

薄木的最小厚度主要根据贴面要求确定，在确定薄木厚度时应保证在薄木胶贴时不发生透胶，搬运、加工、使用时不容易破损，涂饰前可进行砂光等表面处理。

4.3.4　复合薄木

(1) 复合薄木的特点

复合薄木是由薄木与纸张、铝箔、塑料薄膜等薄型材料复合而成的一种特殊的装饰材料，它不仅保持了木质材料所具有的良好装饰性，而且还具有一般薄木所不具有的良好的防火、防潮、耐热等性能，同时产品强度高、弹性好、柔软质轻、能够弯曲，可广泛应用于家具制造、高级建筑物及车辆、船舶的内部装修，特殊用品、曲面结构用品的表面装饰，以及水泥、金属板等材料的表面复贴装饰。复合薄木的制造是先分别做好基材与面材，然后再将两种材料通过胶合成为一个整体。

(2) 基材准备

基材由塑料薄膜、铝箔、纸张等材料组成，常用的塑料薄膜是聚氯乙烯薄膜。基材制作时首先在塑料薄膜表面涂布改性聚醋酸乙烯酯乳液胶黏剂，胶黏剂中聚醋酸乙烯酯乳液占 80%，淀粉糊占 20%，胶黏剂的涂布量为 130~135g/m²，为了防止涂胶后色调不均匀，可在胶黏剂中加入适量的底色涂料，涂胶后的薄膜两面分别与铝箔、纸张组合，在加热条件下经辊压复合成基材。

(3) 面材准备

面材由薄木和薄型纸张组成。制造薄木的树种应具有美丽的花纹、鲜艳的色泽、良好的装饰性,不容易发生翘曲变形。为了节省珍贵木材,薄木厚度一般为 0.2~0.3mm。常用的树种有柏木、胡桃木、白蜡树、千金榆、山龙眼、樱桃木、桃花心木、紫檀木、白柳桉、桦木等。纸张具有较高的强度,定量为 25~30g/m²。制备面材时,首先在纸张上涂布胶黏剂,经低温预干后剪裁成一定形状,将经干燥的薄木按设计的花纹平铺在纸张的涂胶表面,一张涂胶纸与一层薄木组成一张面材,将十张面材组成一叠,各层面材之间用纸隔开,上下放置衬垫材料,送入热压机中热压 4~5min 即可。

(4) 复合薄木制造

用薄木、衬纸、铝箔、塑料薄膜、芯层纸生产复合薄木生产工艺流程如图 4-26 所示。

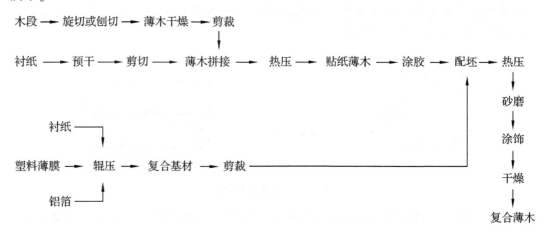

图 4-26 复合薄木生产工艺流程

生产中将面材与基材剪裁成一定规格即可进行组坯,坯料由一层面材和一层基材组成,在每层坯料中间放置一张隔离纸,每 10 张坯料组成一叠送入热压机中进行热压胶合,热压采用"冷进冷出"工艺,热压工艺条件为温度 115~120℃,压力 0.5~1.5MPa,保压时间 15~20min。保压时间结束后往热压板内通入冷水,对热压板进行冷却,热压板冷却到 60℃以下时卸压出板。复合薄木表面经砂光处理后,根据需要进行涂饰,即可得到复合薄木成品。

4.3.5 其他人造薄木

(1) 薄木塑料

薄木塑料(又称薄木装饰层压板)是以多层浸渍过合成树脂的胶膜纸为基材,上面覆盖一张 0.08~0.15mm 厚的薄木,经高温热压制成的一种表面具有木材纹理和颜色的装饰材料,这种装饰材料既具有薄木的装饰效果,也具有装饰层压板的耐热、耐水、耐磨等优良的物理力学特性,其生产工艺流程如下:

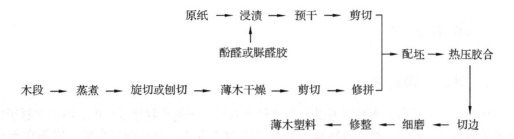

薄木塑料与塑料贴面板(装饰层压板)相比,有很多相同之处,不同之处在于薄木塑料是以薄木的木纹、颜色作为装饰外观,而塑料贴面板是以印刷装饰纸作为装饰外观的,因此也可以把薄木塑料看成是一种以薄木代替印刷装饰纸的塑料贴面板。这两种塑料贴面板比较,薄木塑料的物理力学性能,完全能达到类似塑料贴面板的指标,但薄木塑料具有普通塑料贴面板所不具有的真实木质感。由于薄木塑料具有良好的耐水、耐热、耐酸碱、耐光照、耐老化和耐冲击性能,较高的拉伸强度和良好的挠曲性能,因此用薄木塑料贴面装饰的人造板比用普通薄木贴面装饰的人造板具有更优良的特性。

薄木塑料用于人造板的表面装饰,可制成强度极高的装饰工程结构材料,可广泛应用于家具装饰,高级建筑物的内部装修,飞机、车厢和船舶的内部装修等,同时这种材料还可以用作浴室、厨房及其他特殊高湿环境的装饰材料。

(2)薄木胶膜

薄木胶膜是用热塑性树脂胶黏剂浸渍过的薄木与浸渍纸、聚氯乙烯薄膜等作原料,经过组坯、热压制成的一种装饰材料,其生产工艺流程如下:

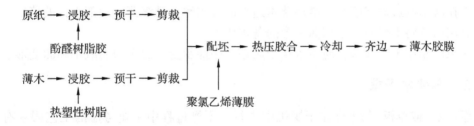

生产薄木胶膜用的薄木厚度为 0.08~0.15mm。薄木对树种的选择、薄木的制造方法等与普通单层装饰薄木一样。在这种产品中浸渍纸的作用是增加薄木的强度,浸渍纸是原纸经酚醛树脂胶黏剂浸渍并经干燥后制成的。在实际生产中薄木可以是经浸渍纸强化处理的,也可以是未经浸渍纸强化处理的,薄木是否需要浸渍纸强化处理视生产具体情况而定。浸渍薄木用的热塑性树脂有邻苯二甲酸二丙烯酯树脂、不饱和聚酯树脂、丙烯酸树脂和聚氨酯树脂等。

薄木胶膜装饰材料表面光亮平滑,具有天然木材的纹理,有较高的耐热、耐水、耐油及耐酸碱性,与各种人造板复合生产的装饰人造板具有很高的物理力学性能,可用于家具制造,建筑物及车、船内部装饰,还可以用于温度和湿度较高的场合。

4.4 薄木干燥

4.4.1 薄木干燥要求

在生产薄木之前，木材均通过了蒸煮软化处理，在蒸煮软化过程中，由于木材吸收了大量的水分，而使生产出来的薄木具有很高的含水率，薄木的含水率一般都在60%以上。含水率过高的薄木不仅不便于贮存，而且还会对薄木胶合产生很大影响，当薄木含水率太高时，会使涂胶后胶黏剂中的水分含量增加，从而降低薄木贴面的胶合强度，同时还会产生透胶、缺胶等缺陷。湿薄木在贮存时，边缘容易开裂翘曲，夏季和气温较高时还会造成发霉变质，使薄木质量下降甚至报废，因此必须对湿薄木进行干燥处理。

根据木材干燥学原理，木材中自由水的蒸发不会造成薄木的收缩、变形和开裂，吸着水排出时则会造成薄木收缩、变形和开裂，在对薄木进行干燥时，要充分考虑木材中水分蒸发的特点和木材本身的特点。木材中早、晚材的差别使薄木表面各处密度不一致，木材中的涡纹、节子、扭转线等使木材的组织结构不均匀。在干燥过程中，由于薄木各处收缩状况不同，薄木内部会产生应力，造成薄木变形和开裂，因此采用恰当的干燥设备、制定合理的干燥工艺、控制好合适的终含水率，是保证薄木干燥质量的基本要求。

干燥后的薄木的含水率，既不能太高也不能太低，太高了达不到干燥要求，太低了会造成薄木变形、翘曲、开裂、操作不便和破损率增加等。薄木干燥后的含水率一般控制在8%～12%，对微薄木或超微薄木，干燥后的含水率应控制在20%以上或更高，甚至可以不经干燥直接使用。为了减轻薄木的翘曲、变形可采取以下措施：

①在薄木两边适当喷水，增加薄木边部的含水率，延缓薄木边部水分的蒸发。
②用压板将干燥后产生翘曲变形的薄木压平。
③采用新型干燥设备，使薄木在干燥过程中能承受一定压力而减小翘曲变形。

4.4.2 厚薄木干燥

厚薄木(或单板)的干燥在干燥机中进行，干燥过程中主要考虑的工艺因素有干燥温度、干燥时间、薄木初含水率、薄木厚度、薄木终含水率等。

干燥温度主要由薄木的厚度决定，薄木厚度较大时(如厚度0.8mm以上)，可采用100℃以上的较高温度进行干燥。厚薄木的性质与普通胶合板单板的性质基本相同或相似，因此可以按普通单板的干燥工艺进行干燥，干燥后的薄木终含水率一般控制在8%～12%。

干燥时间与干燥后的薄木终含水率有密切关系，薄木终含水率越低，所需的干燥时间越长；相反，则所需的干燥时间越短。干燥时间越长，薄木干缩程度越大，产生的变形、翘曲、甚至开裂的程度也越严重；干燥时间短，则薄木终含水率高，对后续贴面工艺有可能产生不利影响，因此必须正确地掌握薄木的干燥时间。

薄木的初含水率会影响到薄木的干燥时间和薄木的终含水率，初含水率高的薄木所需的干燥时间较长，如果保持干燥时间不变，则干燥后薄木的终含水率会比较高。

薄木厚度对干燥工艺的影响很大，由于薄木的厚度变化范围较大，因此对不同厚度的薄木所采用的干燥工艺有很大差别。在对厚度较小的薄木进行干燥时，必须采用比较温和的干燥工艺，干燥温度不宜超过100℃，干燥后薄木的终含水率应控制在20%以上，含水率太低薄木容易出现翘曲、开裂、破损，胶贴不便，胶贴时薄木易吸收胶液中的水分发生膨胀，造成拼接处重叠。

薄木在含水率较高时有较好的弹性和平整性，亦不容易发生开裂，贴在基材上比较平服不容易发生错动，但如果薄木含水率过高，热压胶贴过程中由于水分急剧蒸发，薄木产生收缩，则会导致薄木开裂。因此在保证操作方便，不发生破碎的情况下，薄木的含水率应尽可能低一些，同时通过提高胶黏剂的黏度，使薄木不容易发生错动。不同木材的薄木干燥工艺如表4-6所示。

表4-6　不同木材的薄木干燥时间基准

木材	薄木厚度（mm）	薄木含水率(%)		干燥温度（℃）	干燥时间（min）
		初含水率	终含水率		
山毛榉	0.4	50~65	8~10	100	3.0
	0.5				3.5
	0.6				4.0
槭木	0.4	60~70	8~10	110	3.0
	0.5				4.0
	0.6				5.0
胡桃木	0.4	50~60	8~10	110	3.0
	0.5				4.0
	0.6				5.0
栎木	0.8	50~60	8~10	110~120	14.0
	0.8			135~140	7.0
	0.9			110~120	16.0
	0.9			135~140	8.0

4.4.3　微薄木干燥

（1）干燥方法

厚度小于0.3mm的微薄木由于厚度很小，容易破损，一般不采用干燥机进行干燥，而是采用通风或晾晒的方法进行干燥。一种方法是将同等级、同种类与规定张数的薄木打包并套上有孔塑料薄膜，贮存在干燥、通风的仓库格架上，通过自然干燥降低薄木的含水率。另一种方法是对薄木进行晾晒，薄木晾晒时可以采用悬挂式或平铺式，薄木的悬挂式晾晒如图4-27所示。

薄木的悬挂式晾晒主要用于径切薄木，径切薄木幅面较窄，悬挂时端部不容

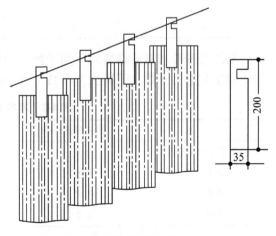

图4-27　薄木悬挂晾晒（单位：mm）

易破裂。晾晒在室内进行，悬挂吊绳为直径 8mm 钢丝绳，两端固定在墙上，长度视室内的跨度而定，高度为薄木的长度再加上 0.5~1.0m，薄木夹用竹材做成，每夹薄木的张数不超过 5 张。

平铺式晾晒主要用于弦切薄木，弦切薄木幅面较宽，悬挂时容易开裂，平铺式晾晒如图 4-28 所示，晾板架外形尺寸和层数视薄木产量而定。薄木平铺晾晒时，室内温度一般控制在 20~25℃，温度过低会影响薄木的干燥速度，温度过高人工在干燥室内操作困难。室内的相对湿度一般控制在 60%~70%，控制室内空气的相对湿度，可以控制薄木干燥后的终含水率。

薄木晾晒时间与室内空气湿度有关，室内温度为 25℃，相对湿度小于 40% 时，薄木含水率由 30%~35% 降低到 12%~14%，一般需要 24~30h。空气相对湿度较低时干燥时间较短，但薄木容易出现翘曲、卷曲、端裂等缺陷。室内空气相对湿度提高到 75% 以上时，干燥时间将延长至 65h，干燥时间延长，但薄木干燥质量较好。如果空气相对湿度达到 90% 以上时，则无法将薄木含水率降低到 12%~14%，并会出现发霉现象。

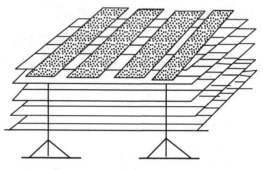

图 4-28　薄木平铺式晾晒

干燥室内的相对湿度可以通过喷水增湿和用除湿机进行除湿进行控制和调节，当室内相对湿度低于 40% 时，应向室内喷水增湿；相对湿度大于 75% 时，应通过除湿机对室内进行除湿，以保持干燥室内稳定的相对湿度。木材平衡含水率与相对湿度的关系如表 4-7 所示。

表 4-7　空气相对湿度与木材平衡含水率的关系（温度 26℃）　　　　　　　　%

空气的相对湿度	木材的平衡含水率	空气的相对湿度	木材的平衡含水率
40	7.4	70	12.8
50	9.0	80	15.8
60	10.7	90	21.0

如因特殊要求需对微薄木采用干燥机干燥时，可将数张薄木叠成一叠，并采用温和的干燥工艺进行干燥，干燥工艺参数见表 4-8。

表 4-8　薄木干燥工艺要求

名　称	薄木厚度（mm）	干燥温度（℃）	终含水率（%）
厚薄木（单板）	0.6~0.8	100~120	8~12
薄木	0.4~0.6	70~110	12
微薄木	0.35~0.4	60~80	20
超微薄木	0.2~0.3	自然干燥	20~25

(2) 干燥设备

对厚薄木(厚度 0.8mm 以上)，生产中一般采用喷气式网带干燥机或喷气式辊筒干燥机进行干燥，这两类干燥机都包括干燥段和冷却段两大部分。根据薄木在机内运行方向不同，干燥机可分为"直进型"、"S"型和"Ω"型三种形式(图 4-29)。

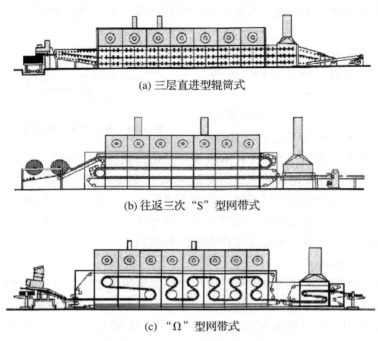

(a) 三层直进型辊筒式

(b) 往返三次"S"型网带式

(c) "Ω"型网带式

图 4-29 各种干燥机的结构示意图

为解决速生树种木材干燥时出现的翘曲变形问题，出现了一种新型复合式干燥机，这种干燥机的上层为网带，中、下层为辊筒，可满足不同厚度薄木的干燥要求。干燥机以热空气为加热介质，通过热空气循环将热量传递给薄木，使薄木温度升高，当薄木温度达到水分气化蒸发温度时，薄木中的水分便以水蒸气的形式被排出到薄木之外，使薄木的含水率逐渐降低直至达到干燥要求。干燥机的干燥段由若干个干燥分室组成，各个分室的结构相同，干燥段越长，薄木的传送速度越快，设备生产能力越高。干燥机的冷却段由 1~2 个分室组成，其作用是对经干燥的薄木进行冷却，消除其中的应力，保持薄木平整。

薄木传送一般有两种方式，一种方式是通过上、下网带传送，薄木放置于下层网带上，下层网带托载薄木向前运动，上层网带压紧薄木防止薄木在干燥中变形。另一种方式是通过上、下成对辊筒进行传送，薄木置于上下辊筒之间，依靠辊筒转动的摩擦力带动薄木运动。辊筒式传送系统中各对辊筒之间均保持一定的距离，辊筒对薄木有一定的压力，薄木干燥后的平整度比网带式干燥机好。

干燥机绝大多数采用 0.4~1.0MPa 的饱和蒸气作为热源，干燥介质的温度一般为 140~180℃，干燥机的工作层数为 1~5 层，高温、高速热气流从两个方向垂直喷射到薄木表面，在薄木表面不会形成气流临界层，使薄木的干燥速度大大加快。以下介绍意大利生产的一种压平式干燥机的工作原理。

该型干燥机以饱和蒸汽为热源,热空气为干燥介质,薄木在受压状态下干燥可防止薄木边部皱褶和开裂,干燥后的薄木平伏完整。干燥机分为三段:

第一段:薄木在机内呈直线运行,此阶段的主要作用是排出木材中的自由水,薄木在这一阶段内含水率还比较高,不会产生收缩和变形,不需对薄木施加压力,干燥温度也较低。

第二段:这是薄木的主要干燥阶段,薄木在机内以正弦曲线轨迹运行,如图4-30 所示。

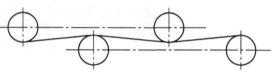

图 4-30　薄木以正弦曲线运行示意图

在第二阶段,薄木在上、下网带的夹持下,经过上、下辊筒呈波浪式向前运行,网带对薄木施加一定的压力使其平整,并使板面各处收缩均匀一致,避免产生裂缝,上、下网带均为网眼细密的不锈钢网带。

第三段:这一段的作用是对干燥后的薄木进行冷却,这一段采用独立网带,薄木也以正弦曲线轨迹运行,网带的上下部位安装有冷却喷嘴,对薄木进行风冷,使薄木的温度降低到与环境温度接近,避免薄木产生皱褶和破损。

(3) 薄木含水率测定

干燥后的薄木终含水率的测定方法有质量法、电阻测定法、介质常数测定法、微波测定法和红外测定法等。采用质量法测量含水率最准确,但属于破坏性、生产后检测。电阻测定法最常用,电阻测湿仪结构简单,携带、使用方便,含水率测定范围 5% ~ 33%,误差 ±1%。红外测湿仪属于在线检测,适宜于连续作业监测控制,使用时将其安装在干燥机的出口处,单板经过红外测湿仪时便可测出其含水率,可及时判定和掌握薄木的含水率状况,便于及时调整干燥工艺。

旋切薄木的宽度较大,长度远远超过人造板的长度,因此一般均能满足各种人造板基材贴面装饰的要求。刨切薄木由于受到木方宽度的限制,其幅面较窄,为了满足对人造板基材进行贴面装饰的要求,刨切薄木一般需要通过拼接增大其幅面尺寸。

4.5　薄木拼接与拼花

4.5.1　薄木拼接

薄木拼接是采用一定方式和设备将幅面尺寸较小的薄木变成幅面尺寸较大的薄木的加工过程,薄木拼接有人工拼接和机械拼接两种方式。

(1) 人工拼接

图 4-31 所示为一种薄木的人工拼接方法,人工拼接的适用范围如下:

① 厚度小于 0.6mm 的薄木的拼接。这类薄木由于厚度较小,特别是在干燥后含水率较低的情况下,薄木脆性较大,用机械拼接往往容易损坏薄木。

② 小块薄木的拼花。对一些装饰要求较高的场合,用小块薄木按照预先设计好的花

纹图案进行拼花，可有效提高表面装饰的质量，这种小块薄木的拼花用机械往往难以实现。

③零杂、小批量的现场拼接。在室内装修中，往往会有大量零杂、小批量的薄木拼接工作，这些工作均不宜采用机械拼接，只能采用手工方式进行拼接。

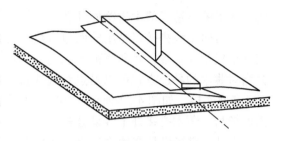

图 4-31　薄木人工拼接

人工拼接方法是将薄木平整地铺放在涂胶的基材表面上，在薄木拼缝处相邻的两张薄木重叠一定宽度，操作人员用压尺将薄木重叠处压紧，再用锋利的刀具将两层薄木沿拼缝处割开，然后将切下的薄木的两条边去掉，将薄木压实压平，涂布在基材表面的胶黏剂应具有一定的黏度和初黏性，以防止拼接的薄木发生错动。这种拼接方法薄木之间的拼缝严密，拼接效果良好，但生产效率低。另一种方法是先将薄木整齐地堆成一定厚度的料垛，用剪板机将薄木的两边剪齐，再通过人工将薄木胶拼到基材的表面。这种拼接方法的生产效率比前一种高，但拼接质量不如前一种。

生产中的另一种拼接方法为顶高拼接法，如图 4-32(a)所示，先将两片薄木自然平铺在涂胶基材表面，要求薄木没有破损、折皱，相邻薄木的花纹、色泽均匀一致，两张薄木拼接处相互重叠 0.8~1mm，四边各留出 2~5mm，操作时保持板坯相对湿润（若气候较干燥，可适当往薄木上喷洒水雾）。然后将搭接处轻轻挑开，成两边对顶状，顶高不小于 0.5mm，最多不超过 1mm[图 4-32(b)]，再将基材和薄木一起送入热压机进行热压胶合，在热压胶合过程中薄木的宽度方向因干燥收缩而使拼缝平伏严密[图 4-32(c)]。为了保证薄木拼缝的平直，可将薄木先预拼对接重叠 3~5mm，再铡切取直。薄木的这种拼接方法拼缝严密，质量容易控制。

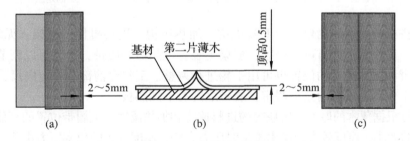

图 4-32　薄木顶高法拼接

(2) 机械拼接

厚度较大的薄木可采用拼接机械进行拼接，常用的拼接设备有纸带拼接机、热熔树脂线拼接机、无带式拼接机等。纸带拼接机是将胶纸带贴在两张薄木的拼缝处进行拼接，贴在薄木表面的胶纸带，在对薄木表面进行砂光处理时可被除去，也可用有孔胶纸带贴在薄木的背面进行拼接，但在背面胶贴时胶纸带会夹在薄木与基材之间，薄木较薄时胶纸带会在薄木表面反映出来，同时胶纸带的耐水性也较差，容易造成薄木与基材之间的剥离。采用胶纸带对薄木进行拼接时，薄木的两个侧面应涂胶，将相邻的两张薄木胶合起来，否则薄木干缩会造成薄木拼缝处开裂。

热熔树脂线拼接机是用外面包有热熔性树脂的玻璃纤维代替胶纸带，将两张薄木黏连在一起。热熔性树脂对薄木的黏连方式可以是点状式连接，也可以是"Z"字型连接，如图 4-33 所示，"Z"字型连接的胶合强度较高，薄木拼接处不容易分开。

无带式拼接机是在薄木拼接时将胶黏剂涂布于薄木的拼缝处，薄木通过拼接机时，胶黏剂被加热固化，将两张薄木拼接在一起，图 4-34 是一种纵向无带式拼接机的结构示意图。

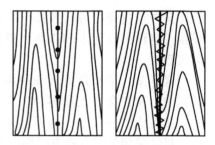

图 4-33　热熔性树脂线的拼接形式

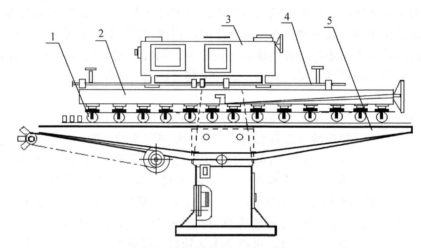

图 4-34　纵向无带式胶拼机结构图

1. 压紧辊　2. 可移动横梁　3. 垂直调节机构　4. 调整压紧辊机构　5. 固定工作台

该胶拼机的主要结构包括：上胶机构、加热机构、进料机构、机架、无级变速器、工作台等。工作台上方有可动横梁，横梁上装有电热器和履带，手轮可以调节横梁的高度，上履带和上加热板的位置也可用手轮进行调整。工作台前部装有定向尺、导入辊和涂胶辊，工作台上装有两条下履带，履带之间有下加热板。

胶拼时根据薄木的厚度确定履带的进料速度和加热温度，上履带位置的高低决定了对薄木压力的大小，厚度较大的薄木胶拼时压力大些，厚度较小的薄木压力小些，拼接厚薄木导入辊的倾斜角较大，对拼缝的横向推力也较大，拼接厚度较小的薄木时情况则相反。

4.5.2　薄木拼花

薄木拼花是将具有不同纹理、颜色的薄木按预先设计的方案，拼接成各种花纹、图案。薄木的纹理、颜色种类繁多，因此薄木拼花可千变万化。对薄木拼花的基本要求是拼成的花纹、图案新颖、美观、大方、适用，而且操作比较简单，原料利用率高。

薄木拼贴前要确定好薄木的花纹。薄木通常是成垛堆放保存的，在每垛薄木中最上层薄木的花纹与其他层的花纹基本相同，选用薄木时应充分了解每垛薄木花纹的特点，以及不同花纹薄木的组合搭配。薄木拼花时，除将木材的纹理、花纹进行巧妙结合外，木材的颜色搭配也很重要。由于光照角度不同，以及光线的反射作用，在木材表面会呈现不同的色调。采用何种色调、如何拼接，在拼花前的设计中应充分考虑。薄木的拼花图案种类繁多，以下介绍几种常见的拼花方法。

（1）顺纹拼接

顺纹拼接是将具有相同纹理的薄木，按相同的纹理方向进行拼接，这种拼接方法可以使人造板表面具有同等光线反射和同样的纹理。拼接时选用纹理平直的薄木，薄木正面朝上，按堆垛次序从左至右一张一张地摆贴在人造板的表面（图4-35）。

（2）倒、顺纹拼接

倒、顺纹拼接是将纹理方向相反的两张薄木拼接在一起。如果薄木以平直纹理为主，在薄木的一侧又有明显的花纹，如采用顺纹拼接在拼花的接缝处图案会不匀称，采用倒、顺纹拼接则可消除这一缺陷，并且会使装饰表面具有更美观的效果。具体做法是将薄木按堆垛顺序从左至右一张张摆贴于基材表面，第一张薄木正面朝上，有花纹的一侧放在右边，第二张薄木转动180°，有花纹的一侧放在左边，第三张薄木又是正面朝上，花纹向右，依此类推（图4-36）。这种拼花的特点是边缘结合处花纹匹配成对，相邻两张薄木色调深浅不同，可强化装饰效果。

 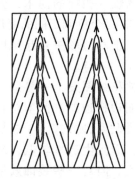

图4-35　顺纹拼接　　　　图4-36　倒、顺纹拼接

（3）四块拼

四块拼是以每四张正方形小薄木为一个拼接单元的拼接方法。拼接时选择四块相邻层带深色花纹的薄木，把有明显美丽花纹的部分集中在右下角，以薄木右侧边缘为转轴，将薄木向右转动180°展开[图4-37(a)]，然后以两张薄木的下边边缘为转轴，分别将上层两张薄木向下转动180°展开，即可得到所需的图案[图4-37(c)]。

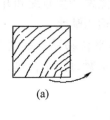 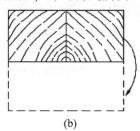 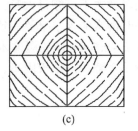

图4-37　薄木的四块拼接方法与图案

(4) 菱形拼

这种拼接方法可采用具有平直条纹的薄木,如栎木、榆木或青龙木等木材加工的薄木。拼接时取四块相邻的薄木,在剪切机上将薄木两端剪去45°角,得一个菱形[图4-38(a)],将两块菱形一正一反沿斜边拼接[图4-38(b)],并用胶带黏牢,然后横过两块薄木,按A—C线切下顶部的三角形,再把此三角形移至下边,沿A—B—C线用胶带黏到底部形成一个矩形[图4-38(d)],重复上述步骤,即可得到菱形拼接图案。

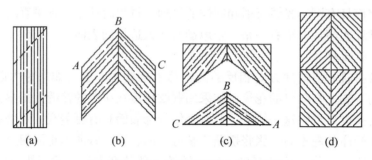

图 4-38　薄木的菱形拼接方法与图案

(5) 立体方块拼接

选取三种色调较好相配的薄木,分别制成多个60°的菱形,将三个色调不同的菱形拼成一个正六边形,多个正六边形拼合起来即成为立体方块拼接图案(图4-39)。

薄木拼接各种花纹图案,一般采用手工直接在涂胶基材表面边拼边贴。薄木拼花可分为干法拼贴与湿法拼贴两种方式。干法拼贴对拼贴技术要求较高,而且生产率较低,现已逐步被湿法拼贴所取代。但对一些装饰效果要求较

图 4-39　立体方块拼接

高的小块薄木拼花,以及纹理扭曲的薄木的拼接,用湿法拼接比较困难,通常还是采用干法进行拼贴。厚度0.5mm以上的薄木,或含水率低于20%的薄木传热较慢,用干贴法比较困难,因此要求干法拼贴时薄木的含水率应在20%以上。湿法拼贴可直接在涂胶基材表面边拼边贴,但拼贴时要注意以下几个问题:

①胶黏剂要有较高的黏度和一定的初黏性,使薄木拼贴后不发生错位。
②拼贴时在拼缝处必须将两张薄木拼严,薄木之间不能存在缝隙。
③拼贴时薄木不可绷得太紧,以防热压时薄木因水分蒸发产生收缩和开裂。
④拼贴时薄木的含水率要一致,含水率太低的薄木应适当喷水。

厚度0.2~0.3mm厚的湿薄木柔软平整,拼贴时薄木平伏易贴,厚度0.5mm以上的薄木本身不平整,拼贴较困难,拼贴时需用胶纸带对薄木暂时固定,热压后再将胶纸带砂去。

4.6 薄木贴面工艺

薄木贴面是将准备好的天然薄木或人工薄木，通过一定的胶贴方式，黏贴在经过处理的人造板基材上的过程，一般的薄木贴面工艺流程如下：

基材准备 → 表面砂光 → 基材处理 → 干燥 → 涂胶 → 拼贴
成品 ← 检验分等 ← 砂光 ← 热压 ← 预压

根据薄木含水率高低可将薄木贴面方法分为干贴法和湿贴法两种。干贴法是薄木经过干燥后，在其含水率比较低的情况下进行胶贴，胶贴所用的胶黏剂为热熔性树脂胶黏剂。湿贴法是薄木未经干燥，在其含水率较高的情况下进行胶贴，胶贴所用的胶黏剂是热固型树脂胶黏剂，贴面时需经热压处理。一般情况下，厚度小于 0.5mm 的薄木采用湿贴法工艺胶贴，厚度在 0.5mm 以上的薄木采用干贴法工艺胶贴。

4.6.1 基材准备

薄木贴面的基材为胶合板、刨花板、纤维板等各种人造板，薄木厚度通常为 0.15~0.4mm，常用厚度为 0.2mm。因薄木厚度较小，基材如果不经处理，薄木难以遮掩基材的缺陷，基材的缺陷容易在薄木表面暴露出来，从而影响装饰效果，因此在进行薄木贴面前应对基材进行挑选和处理。基材除应符合质量要求外，含水率应控制在 8%~16% 之内。

(1) 基材表面砂光

对基材表面砂光的目的一是调整基材厚度，使厚度偏差控制在 0.2mm 范围内，二是砂去表面的薄弱层（如表面预固化层或石蜡层等）和污染物，得到平滑结实的表面，提高基材表面的胶合强度。砂光设备有辊筒式砂光机、宽带式砂光机和联合式砂光机，对基材进行砂光时应根据砂光工艺要求选择不同的砂光机。辊筒式砂光机用于对人造板基材的粗砂，砂带为 $60^\#$ ~ $80^\#$；宽带式砂光机用于基材表面的精砂，砂带为 $100^\#$ ~ $240^\#$；联合式砂光机则具有粗砂、精砂功能。

(2) 涂布隐蔽剂

用隐蔽剂对基材进行涂布主要是为了便于浅色薄木的胶贴，通常是在基材表面涂布一层具有隐蔽特性的涂料，以掩盖基材表面的某些缺陷，使基材表面色泽均匀一致。隐蔽剂的涂布通常采用专用三辊式涂胶机，该设备精度高，调节方便，涂层厚度均匀，隐蔽剂的涂布量一般为 $60~70g/m^2$。涂布隐蔽剂后，基材的含水率会有所增高，需经过干燥蒸发基材中多余的水分，使基材含水率符合贴面工艺的要求，干燥设备是干燥机，干燥温度为 90~100℃。

(3) 表面贴纸

用未经干燥的薄木对人造板基材贴面时，由于干缩湿胀产生的应力会使薄木产生裂纹，尤其是胶合板基材，表层单板背面的裂隙在干缩应力作用下会向其表面延伸导致薄木开裂。在基材表面贴一层纸可缓冲基材干缩应力对薄木的撕裂作用。纸张一般为不加填料的素色纸张，定量为 25~40g/m²，纸张太薄强度太低，纸张太厚施胶后会失去弹性起不到缓冲作用。

贴纸胶黏剂一般为脲醛树脂与聚醋酸乙烯酯乳液的混合胶黏剂，混合比为聚醋酸乙烯酯乳液：脲醛树脂 = 1：(0.5~2)。贴纸可以是在基材上涂布胶黏剂后，将纸贴在基材上不经干燥仅存放一段时间，也可以是贴纸后经过干燥使胶黏剂固化。

4.6.2 贴面用胶黏剂

薄木贴面的干贴法工艺使用的是热熔性树脂胶黏剂，湿贴法工艺使用的是热固性树脂胶黏剂，这两大类胶黏剂有很多品种，它们的性能有较大差异。

(1) 常用胶黏剂及其性能

用于薄木贴面的胶黏剂有：脲醛树脂胶黏剂、聚醋酸乙烯酯乳液胶黏剂、脲醛树脂和聚醋酸乙烯酯乳液的混合胶黏剂、醋酸乙烯-N-羟甲基丙烯酰胺共聚乳液胶黏剂、尿素/三聚氰胺共缩聚胶黏剂、乙烯-醋酸乙烯共聚热熔性胶黏剂等。在用薄木对人造板基材进行贴面装饰时，薄木胶贴方法决定了胶黏剂的种类，胶贴方法不同，所用的胶黏剂也不相同。

对干贴法工艺所用的热熔性树脂胶黏剂，操作时将胶黏剂涂布于基材表面，待其冷却固化后，将薄木平铺在基材的涂胶表面，再通过加热使胶黏剂活化将薄木与基材贴合成一个整体，常用的热熔性树脂胶黏剂是聚醋酸乙烯酯乳液。对湿贴法工艺所用的热固性树脂胶黏剂，操作时先将胶黏剂涂布于基材表面，涂胶基材不经干燥，直接将薄木平铺在基材的涂胶表面，再通过加热加压使胶黏剂固化，将薄木胶贴于基材的表面。常用的热固性胶黏剂是脲醛树脂与聚醋酸乙烯酯乳液的混合胶。

脲醛树脂胶黏剂耐水性好、强度高、使用方便、成本低，但渗透性强，贴面时薄木容易产生透胶，造成薄木表面污染，此外，脲醛树脂胶黏剂初黏性较小，薄木容易发生错动。聚醋酸乙烯酯乳液胶黏剂渗透性差，不会造成透胶对薄木表面产生污染，而且胶膜柔软，对防止薄木开裂有一定帮助，但其耐水性差。脲醛树脂与聚醋酸乙烯酯乳液的混合胶黏剂既具有脲醛树脂胶耐水性好、胶合强度高的优点，又具有聚醋酸乙烯酯乳液胶初黏性大、胶膜韧性好的优点。在脲醛树脂与聚醋酸乙烯酯乳液的混合胶黏剂

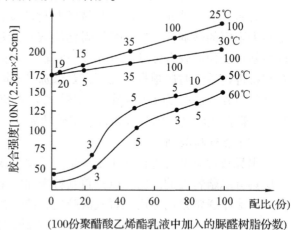

图 4-40 脲醛胶与聚醋酸乙烯酯乳液的配比与胶合强度的关系

中，脲醛树脂占的比例越大，胶黏剂的耐水性越好，胶合强度越高；聚醋酸乙烯酯乳液的比例越大，胶黏剂的透胶性越小，胶膜柔软性越好，如图 4-40 所示。聚醋酸乙烯酯乳液与脲醛树脂的混合比例一般为聚醋酸乙烯酯乳液：脲醛胶 = 10：(2~3)。

(2) 胶黏剂对薄木贴面的影响

胶黏剂对薄木贴面的影响主要有透胶、薄木错动、表面裂纹、变形等。

① 透胶

木材是一种多孔性材料，在进行薄木贴面时，尤其是当薄木的含水率比较高时，如果单独使用渗透性强的脲醛树脂胶黏剂，胶黏剂很容易透出薄木和渗入基材，一方面造成薄木表面污染影响装饰效果，另一方面会造成胶合面上局部少胶和缺胶，降低薄木与基材的胶合强度。薄木的孔隙越多、越粗大，透胶现象越严重。防止透胶的方法是提高胶黏剂的黏度，在脲醛树脂胶黏剂中加入一定量的聚醋酸乙烯酯乳液，再加入适量的面粉、豆粉、木薯粉等填充剂，可大大提高胶液的黏度，降低其渗透性，当聚醋酸乙烯酯乳液胶黏剂与面粉的比例大于脲醛树脂胶黏剂时，就可有效防止透胶现象发生。

② 薄木错动

薄木贴面时往往需要拼出某些花纹图案，将薄木按一定的花纹图案拼放于基材表面后，薄木不能再错动，否则将会使装饰质量下降，因此要求胶黏剂必须具有一定的初黏性。脲醛树脂与聚醋酸乙烯酯乳液胶的初黏性较差，在胶液中加入一定量的面粉能提高胶黏剂初黏性。面粉中的谷蛋白能与脲醛胶中的甲醛或羟甲基反应，生成一种黏性极大的物质，使混合胶的初黏性大大提高。当薄木的材质较硬或不平伏时，应加大脲醛树脂胶和面粉的比例以提高胶黏剂的初黏性，防止薄木错动。

③ 表面裂纹

采用湿贴法工艺进行薄木贴面时，如果工艺条件掌握不好，往往容易造成薄木开裂，薄木开裂是湿贴法工艺最容易产生的缺陷之一。高含水率的薄木经热压后，由于其中的水分大量蒸发，薄木将会发生收缩，但其收缩受到基材的牵制，在薄木内部就会产生很大的应力，当应力超过薄木的横向抗拉强度时薄木便发生开裂，材质越硬的树种（如水曲柳、柞木等），这种应力越大。如果胶黏剂有很好的耐水性，就可以克服上述应力，薄木便不易开裂。对容易开裂的薄木，在脲醛树脂与聚醋酸乙烯酯乳液的混合胶黏剂中应增加脲醛树脂胶的比例以提高其耐水性。

④ 变形

薄木厚度虽小，但贴面后也会因为贴面人造板的两面吸湿状态不一样，造成人造板含水率不均匀而使其发生变形。如果薄木与基材之间的胶层有一定的弹性和塑性，就能部分或全部补偿二者性质差异造成的应力，从而减小人造板的变形，因此在脲醛树脂与聚醋酸乙烯酯乳液的混合胶黏剂中应适当增加聚醋酸乙烯酯乳液的比例。

(3) 胶黏剂改性

聚醋酸乙烯酯乳液胶黏剂是薄木贴面时应用最广的一种胶黏剂，但其耐水、耐热性较差，一般不单独使用，但通过对其进行改性处理，可使其性能得到大大改善。对聚醋酸乙烯酯乳液胶黏剂的改性，可采用加交联剂与聚醋酸乙烯进行共聚的方法进行，交联剂在其胶黏或成膜过程中，可与聚醋酸乙烯分子发生交联使之成为热固性树脂，其耐水、耐热和耐蠕变性能得到提高。醋酸乙烯-N-羟甲基丙烯酰胺乳液是一种以N-羟甲基丙烯酰胺为内加交联剂，与醋酸乙烯共聚制得的胶黏剂，它适用于薄木贴面，可以冷压也可以热压。醋酸乙烯-N-羟甲基丙烯酰胺乳液的配方（质量比）及性能指标如下：

| 醋酸乙烯-N-羟甲基丙烯酰胺乳液 | 92% | 四氯化锡(50%) | 5.5% |
| 石膏 | 2.5% | | |

乳液的性能指标：

固体含量	60%±2%	pH值	5~6
残留单体含量	1%以下	粒径	(1.0~2.5)×10⁻³mm
贮存期(20~30℃)	6个月以上		
黏度(用乳液100份加蒸馏水25份，25℃)			240~340mPa·s

（4）胶黏剂调制与涂布

①胶黏剂调制

胶黏剂调制应根据胶黏剂种类、薄木树种、贴面方法等因素综合考虑。如以水曲柳的湿贴法工艺为例，胶黏剂为聚醋酸乙烯酯乳液和脲醛树脂的混合胶黏剂，可采用以下配比进行调制，聚醋酸乙烯酯乳液:脲醛树脂黏剂=(8~6):(2~4)，并在混合胶黏剂中加入胶黏剂总量10%~30%的面粉，最后用水调节胶液的黏度。实际生产中影响胶合的因素很多，胶液中的各种组分的比例不是一成不变的，不同树种的薄木和不同的贴面方法，胶黏剂的配比不相同，以下是一种薄木贴面常用胶黏剂的配方：

脲醛树脂(含量60%以上)	100g	聚醋酸乙烯酯乳液(含量50%以上)	30~50g
固化剂(10%氯化铵溶液)	100mL	面粉	20~40g
水	30~40g		

②胶黏剂涂布

薄木对基材贴面一般采取单面涂胶，胶黏剂的涂布量随基材的种类、薄木的厚度不同而不同。例如以胶合板为基材，薄木厚度≤0.4mm时，基材的单面涂胶量为110~120g/m²；薄木厚度>0.4mm时，涂胶量为145~170g/m²。以刨花板为基材时，单面涂胶量为170~200g/m²，以硬质纤维板为基材时，单面涂胶量为150g/m²左右。涂胶时胶层的厚度应均匀适当，防止出现透胶或少胶、缺胶现象。为保证胶黏剂涂布均匀，常使用带挤胶辊的涂胶机，涂胶辊为不带沟槽的橡胶辊。

4.6.3 湿贴法与干贴法

薄木贴面采用湿贴法工艺时，先在基材表面涂布热固性胶黏剂，并将纸张贴在基材表面，陈放一段时间后再在纸张表面涂胶，然后将薄木胶贴在纸的表面。由于纸张两面的胶液成犬牙交错状相互咬合地渗入纸中，因此不会产生纸张的层间剥离（图4-41）。

采用干贴法工艺时，先在基材表面涂布热熔性树脂胶黏剂，将纸张平铺于基材的涂胶表面，待胶黏剂冷却固化后再在纸面涂胶布胶黏剂胶贴薄木。干贴法由于胶黏剂会受到纸张内部空气的阻碍，不能向纸张内部很好渗透，纸张容易发生层间剥离。

采用纹理纵横交错的薄木拼花时，薄木本身的相互牵制可防止薄木产生裂纹，不需对基材作贴纸处理。以刨花板为基材时，由于刨花板容易吸水膨胀造成表面不平，可在其表面先贴1~2层纹理相互垂直的单板，然后再贴薄木。如果薄木未经干燥，还需在单板表面贴一层纸作缓冲层，然后再贴薄木，薄木厚度超过 0.6mm 时，刨花板基材表面可以不贴单板。为了保持薄木贴面人造板在结构上的对称性，在板正面胶贴薄木后，在板的背面应贴一层单板或纸张作为平衡层。

在对基材表面涂布胶黏剂时，可在胶液中加入某些颜料将其颜色调成与薄木相近，减小胶黏剂对薄木本色的影响。胶黏剂的黏度一般不小于 18Pa·s，基材单面涂胶量一般为 90~110g/m²，涂胶量过大容易产生透胶；涂胶量过小容易发生开胶、脱层，降低胶合强度。为提高胶黏剂的固化速度又不影响其活性，应根据季节、气候条件加入适量的固化剂，常用的固化剂是氯化铵。

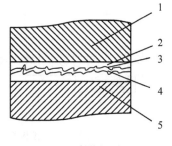

图 4-41 胶黏剂对纸张的渗透
1. 薄木　2、4. 胶层
3. 纸张　5. 基材

4.6.4 热压法与冷压法

薄木贴面的加压胶合方法有热压法和冷压法两种，热压法贴面生产率高，贴面质量好，是国内大多数企业普遍采用的方法。冷压法贴面生产周期长、生产效率低，目前已很少采用。薄木在热压贴面前，一般需要先进行冷预压，预压压力为 0.5~0.6MPa，加压时间 1h 左右。预压后修去薄木超过基材幅面的多余毛边，对离缝、重叠等缺陷进行处理，并作短期陈放，以防热压时出现透胶现象。离缝修补处理是在离缝处用修补刀挑去胶迹，再用注射针管类工具将修补专用胶注入裂缝内，并将预先备好的宽约 0.5~2mm 的薄木木丝(与待修补贴面板所用薄木的品种、色泽、厚度相同)黏牢，待胶固化后砂磨平整。拼缝重叠处理是用修补刀轻挑刮平，再砂磨平整。

薄木贴面设备一般采用单层热压机，也可采用多层热压机。热压的单位压力、热压温度和加压时间与胶种和基材的性质有关(表 4-9)。

表 4-9　薄木贴面热压工艺条件

胶种及薄木厚度	白乳胶与脲醛胶的混合胶	醋酸乙苯烯-N-羟甲基丙烯酰胺共聚乳液		
	0.2~0.3mm 胶合板基材	0.5mm 胶合板基材	0.4~1mm 纤维板基材	0.1~1mm 刨花板基材
热压温度(℃)	115	60	80~100	5~100
热压时间(min)	1	2	5~7	6~8
热压压力(MPa)	0.7	0.88	0.5~0.7	0.8~0.10

一般情况下人造板基材薄木贴面的热压压力为 0.7~1.0MPa，温度为 90~110℃，时间为 1~2min。比较典型的薄木贴面生产线如图 4-42 所示。

薄木先裁剪成与基材相同尺寸的幅面，基材由自动推板器推入清扫机和涂胶机，涂胶后的基材通过运输机进入操作人员工作区，操作人员将上、下层贴面材料从两个不同的薄木板垛上取出，上、下层材料和涂胶后的基材一起放在组坯台上进行组坯。热压机的进出板由皮带运输机完成，运输机的皮带在组坯台和堆垛装置之间同步运行。进板动作通过光电管控制，光电管安装在进板皮带上的工件侧边。贴面后的人造板堆垛采用机

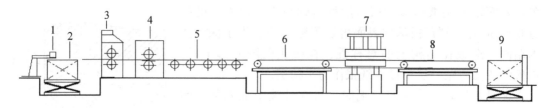

图 4-42　薄木贴面生产流水线
1. 推板器　2. 基材　3. 清扫机　4. 涂胶机　5. 运输机　6. 组坯台
7. 贴面热压机　8. 堆垛装置　9. 薄木贴面板

械回托架,堆垛高度由光电管导向装置控制。

为了使板坯表面各处受压均匀,消除基材人造板厚度不均引起的压力不均,热压机的压板间配有缓冲材料。缓冲材料一般为羊毛毡垫或耐高温化纤(或硅橡胶)与铜丝编织的缓冲垫。与薄木接触的一面用抛光不锈钢垫板或铝合金板垫板,也有的采用耐高温聚酯薄膜替代抛光金属垫板,耐高温聚酯薄膜既可保证热压后装饰表面光洁平滑,又可起到缓冲作用,免用缓冲层。热压后的贴面板坯表面若黏附油污等杂质,可用2%～3%的草酸溶液或酒精、乙醚进行擦洗,并进行修边、砂光、涂饰等处理。

薄木的低压短周期贴面工艺是一种优质、高效的贴面方法,使用的贴面设备是单层贴面热压机。低压短周期贴面工艺可实现薄木贴面的连续化和自动化,而且操作简便,热压周期短。低压短周期贴面生产线主要由进料、清刷、涂胶、铺装、输送、热压、出板、分板等工序组成,每道工序配有相应的设备,其工艺流程如图4-43所示。

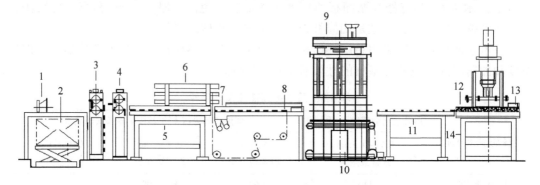

图 4-43　低压短周期薄木贴面工艺流程
1. 推板器　2. 升降机　3. 清扫机　4. 涂胶机　5. 进板运输机　6. 薄木架　7. 碟式运输机　8. 进出板机
9. 热压机　10. 液压系统　11. 出板运输机　12. 卸板装置　13. 堆垛装置　14. 机架

在采用低压短周期工艺进行薄木贴面时,人造板基材放置在液压升降机上,自动推板器将基材推入双面清扫机中清除基材表面的粉尘,基材经四辊涂胶机进行单面涂胶,涂胶后由进板运输机将基材向前运输,薄木存放架上放有薄木,由人工将薄木铺放在基材的涂胶表面后,碟式运输机将铺放薄木的基材送至进板运输机,进板运输机再送入热压机进行热压,贴面热压完成后,由出板运输机将贴面板从热压机中取出,卸板装置将板送至堆垛装置进行堆放。

低压短周期单层热压机的热压板幅面规格如下:

热压板长度（mm）：2600、3200、3600、4200、4600、5200、5900、6000、7000、8000、9000、10 000、12 000。

热压板宽度（mm）：1400、1600、1800、2000、2200、2300、2400、2500、2600、2800。

4.7 薄木表面涂饰

薄木对基材贴面后还需对薄木进行表面涂饰，涂饰可赋予薄木表面美观、平滑、触感好、立体感强的装饰效果，涂层还可以防止空气中的水分、菌类、紫外线对薄木的侵蚀和污染。

(1) 漆膜类型

漆膜类型可用以下参数描述：

透明性：有透明涂饰和不透明涂饰。

光泽：有亮光、亚光(包括蛋壳光、丝绸光等)。

导管槽显露程度：有填孔(封闭型)，显孔(开放型)和半显孔。

漆膜颜色：有本色、彩色(含各种不同颜色)。

漆膜厚度：厚漆膜(>1mm)，中等厚度漆膜(10μm~1mm)，薄漆膜。

(2) 涂饰方法

涂饰可采用手工方法也可采用机械方法，机械涂饰有喷涂、淋涂、辊涂等。喷涂可分为气压喷涂、静电喷涂和高压无气喷涂等，喷涂工艺灵活，适合各种形状、尺寸的零部件的涂饰，并对各种涂料均有良好的适应性，是一种普遍采用的涂饰方式。辊涂可以获得10μm以上厚度的涂层，淋涂形成的涂层在30μm以上，辊涂、淋涂适合大规模、大面积的涂饰。

薄木涂饰一般均采用透明涂料，涂饰工艺也比较简单，薄木表面经砂光后通常只需涂一道底漆和一道面漆。如果需要遮盖薄木表面的缺陷，或需要得到一种单色的涂饰效果，也可采用不透明涂饰，涂饰时需要加入着色颜料。涂饰完成待漆膜干燥固化后，对漆膜需进行必要的修整，去掉漆膜表面的某些缺陷。透明涂饰与不透明涂饰工艺比较见表4-10。

表4-10 透明涂饰与不透明涂饰比较

	透明涂饰	不透明涂饰
表面处理	表面清洁、去树脂脱色、嵌补、除尘	表面清洁、除尘嵌补
涂饰涂料	填孔、染色、涂封闭底漆、涂砂磨底漆、涂面漆	填平、涂封闭底漆、涂砂磨底漆、涂面漆
漆膜修整	磨光、抛光	磨光、抛光

① 涂底漆

底漆的作用是防止基材中的抽提物、水分渗出影响涂层固化，造成变色、变形，并减少面漆向木材内部渗透导致漆膜不平，同时节省面漆，提高漆膜附着力。底漆固体含量为5%~10%，黏度为8~10s(NK-2)，具有良好的渗透性，容易与木材和面漆形成良好的结合。聚氨酯漆是一种常用的底漆，此外还有硝基漆和不饱和聚酯漆，底漆漆膜干燥固化后用240#~280#砂纸进行打磨。

②涂面漆

选择面漆时应考虑其透明性、光泽、原光与抛光等漆膜的质量要求，对薄木进行亚光装饰时，只需涂布一遍亚光面漆，作原光装饰时需涂布1~2遍面漆。采用喷涂工艺时，底漆与面漆的黏度与涂布量如表4-11所示。

表4-11 底漆与面漆的喷涂黏度与涂布量

涂料种类	封闭底漆		砂磨底漆		面漆	
	黏度(s)(NK-2)	涂布量(g/m²)	黏度(s)(NK-2)	涂布量(g/m²)	黏度(s)(NK-2)	涂布量(g/m²)
硝基漆(NC)	8~12	60~90	20~28	100~125	12~15	80~120
聚氨酯漆(PU)	8~10	60~90	12~18	100~125	9~14	80~120
不饱和聚酯漆(PE)	—	—	30~45	220~350	20~35	103~220

注：NK-2为日本岩田2号杯黏度计。

(3) 涂饰举例

例1：红山毛榉薄木贴面家具做本色填孔亚光PU漆装饰

基材表面处理：用山毛榉色泥子嵌补孔、缝、凹陷部分，用240#砂纸磨光，除尘。

拼色：为使漆膜颜色一致，在木材封闭底漆中加入相应颜色的染色剂。

涂封闭底漆：涂8%~10%的PU底漆，涂布量为60~90g/m²，干后轻轻磨光、除尘。

涂面漆：喷涂两遍PU透明面漆，第一遍面漆喷涂后干燥到表干，接着喷涂第二遍面漆，干燥24h，每遍涂布量为100g/m²左右。

例2：水曲柳薄木贴面填孔花梨木色亚光PU漆装饰

基材表面处理：用泥子嵌补孔、缝、凹陷部分，干后用240#砂纸磨平泥子，除尘。

涂填孔剂：用棉纱团全面擦涂填孔剂，干后用240#砂纸磨光。

涂封闭底漆：喷涂PU封闭底漆，涂布量为60g/m²，干后用320#砂纸打磨。

涂染色剂：喷涂花梨木色PU染色剂，涂布量为50g/m²，干后用320#砂纸打磨。

涂面漆：先涂一遍PU清漆，干后用320#砂纸轻轻打磨，然后涂一遍PU亚光清漆。

4.8 薄木贴面质量

4.8.1 薄木贴面质量评价

薄木贴面人造板的质量主要是指其外观质量和表面理化性能，外观质量包括薄木的纹理色泽、板面平整度、表面裂纹、透胶污染等，理化性能主要包括薄木的胶合强度、贴面的耐久性、耐气候性等。

(1) 板面纹理与色泽

用于生产薄木的树种很多,薄木的种类也很多,薄木的纹理颜色更是千变万化,什么样的纹理和色泽最好很难定论,人们由于风俗习惯、兴趣爱好不同,对各种薄木及装饰效果的喜好程度也不相同。比如按照我国的习惯,节子、虫眼多的薄木就认为是质量差的薄木,但有的国家却允许木材存在某些天然缺陷,尤其是在欧美等国,更是把具有虫眼、节子、树瘤等木材缺陷的薄木视为珍品,甚至在印刷木纹中还特地设计出这样的花纹,因此对薄木的纹理、色泽只能根据具体情况确定。

(2) 板面平整度

薄木贴面人造板的板面平整度,对板面颜色、光泽有直接影响,如果表面不平整,光泽就不均匀,装饰效果会大大降低,同时板面平整度也影响到人们对它的视觉和触感,表面不平整的产品会降低人们对它的视觉和触觉效果。

(3) 表面裂纹

表面裂纹是薄木贴面人造板表面产生的一些不规则的细小条纹状裂隙,表面裂纹不仅会降低薄木贴面人造板的表面质量,而且会降低产品的物理、力学性能。薄木表面裂纹的检验方法有两种,一种方法是将薄木贴面人造板试件放在高湿度(相对湿度90%)和低湿度(30%~40%)环境中反复处理,各处理两周为一个周期,观察其表面开裂情况,这种方法适用于表面已经涂饰的产品;另一种方法是先将产品试件在40℃的水中浸泡4h,取出后再在40℃条件下干燥20h,24h为一个周期,观察其表面开裂情况,这种方法适用于未经涂饰的产品。

(4) 表面透胶与污染

表面透胶是薄木贴面常见的一种质量缺陷,透胶不仅严重影响薄木表面的外观质量和后续加工,还会在进行热压贴面时造成黏板,使生产过程中断,产品受到破坏。

薄木表面变色的原因主要是酸污染、碱污染和金属污染。酸污染是酸性物质与木材中的酚类物质反应的结果,受阳光照射会使木材变成浅红色;碱污染是碱性物质与木材中的单宁类物质反应的结果;金属物质对木材的污染,是由于金属与木材中的单宁物质反应,生成了单宁金属化合物所致,如栗木、核桃木等木材中富含单宁,它们与铁质接触会使材质变黑。此外还有一些加工和使用过程中的人为因素也会造成对薄木表面的污染。

(5) 胶合强度

薄木与基材的胶合强度,可以通过检验其耐水性进行衡量,薄木贴面的耐水性应达到二类胶合板的标准。检验薄木贴面的耐水性是将薄木贴面板制成750mm×750mm的试件,放入60℃±3℃的热水中浸泡2h,然后再在60℃的温度下干燥3h,观察胶合面是否脱开,如有脱开,其脱开部分长度不得大于25mm。

(6) 耐候性

薄木贴面人造板在使用中不能因气候条件变化而产生变色、鼓泡、开裂等缺陷。薄木贴面的耐候性检验是先将薄木贴面人造板试件放入80℃的恒温干燥箱中干燥2h,再放入-20℃的恒温冰箱中冰冻2h,如此再重复一次,做完后将试件取出,待试件达到室温后观察其表面,要求不产生裂纹、变色、鼓泡、变形等缺陷。影响薄木贴面耐候性的主要因素是胶黏剂，胶黏剂的耐候性差必然导致薄木贴面的耐候性差，此外基材与薄木本身的质量及薄木贴面方式也会对其耐候性产生影响。

4.8.2 影响薄木贴面质量的因素

(1) 影响板面平整度的因素

薄木贴面人造板的板面平整度受很多因素影响，其中基材本身的缺陷是影响板面平整度的主要原因。基材本身的缺陷主要包括：因原料或加工原因造成的板面粗糙不平；基材厚度方向压缩程度不均匀，卸压后各部分胀缩程度不同造成的表面不平整；刨花板、纤维板基材涂胶时吸收胶液中的水分发生润胀造成的表面粗糙不平；胶合板基材在发生干缩湿胀时，其表板背面的裂隙延伸至表面的薄木，使薄木表面产生波浪状起伏不平；胶合板基材表面的木毛或毛刺造成的表面不平整；基材中的节子、腐朽、损伤、叠芯、离缝、挖补节等缺陷反映到薄木的表面造成的表面不平；薄木与树脂胶黏剂的膨胀、收缩率不同在薄木表面产生的不平整。

(2) 造成薄木表面裂纹的因素

薄木表面产生裂纹既有木材本身的原因也有加工制造方面的原因。

① 木材本身的原因

树种：一般情况下，阔叶材薄木比针叶材薄木容易产生裂纹，高密度树种薄木比低密度树种薄木容易产生裂纹。阔叶材的木射线、导管槽等是薄木比较薄弱的部位，裂纹比较容易发生在这些部位。

纹理：弦切薄木比径切薄木易产生裂纹，具有树瘤、纹理交错的薄木易产生裂纹。

薄木厚度：厚度太小的薄木强度差，容易产生裂纹；厚度大的薄木背面裂隙度深，容易发展成为表面裂纹。

② 薄木制造方面的原因

薄木背面裂隙：薄木在制造过程中背面会产生裂隙，使薄木形成了"紧面"和"松面"。由于薄木的干缩湿胀主要发生在薄木原有的背面裂隙上，其他地方不易产生新的裂纹，因此薄木贴面时，松面朝外的薄木比紧面朝外的薄木不易产生裂纹，紧面朝外时，其背面裂隙会向紧面发展成为表面裂纹。

薄木含水率：采用湿贴法胶贴未经干燥的薄木时，由于薄木含水率高，薄木在膨胀状态下被胶贴到基材表面，使薄木具有收缩的趋势，但基材对薄木的收缩具有牵制作用，薄木内部产生的应力会导致薄木开裂。

胶层耐水性：胶层耐水性较差时，薄木贴面往往胶合不良，在胶合不良或未胶合的部位，与基材凹陷处接触的薄木往往会产生裂隙，并向表面发展成为裂纹。

热压条件：热压温度过高、加热与冷却速度太快、压力过大均会导致薄木表面产生裂纹。

缓冲层：在热压过程中压力缓冲层不仅可以提高薄木受热、受压的均匀性，而且可以缓解基材应力对薄木的影响，从而减少薄木表面裂纹的产生。

(3) 造成薄木表面透胶的因素

木材是一种多孔性材料，尤其是环孔材与散孔材其孔隙率更高，因此用木材制造的薄木本身具有大量的孔隙。用薄木作为贴面材料时，涂布在基材表面的胶黏剂会通过薄木的孔隙渗透到薄木的表面，即通常所说的透胶，透胶是薄木贴面常见的一种质量缺陷，透胶不仅造成对薄木表面的污染，严重影响薄木的外观质量，还会造成贴面过程中的黏板，使生产过程中断。薄木厚度越小，透胶越严重。除木材本身的孔隙外，导致薄木表面透胶的因素还有基材与薄木的含水率过高，胶黏剂的黏度太低、流动性过大、固化速度太慢，涂胶量与胶黏剂陈化处理不当，热压工艺参数设计不合理等。

为减少和防止薄木透胶，厚度在 0.4～1.0mm 的薄木的含水率控制在 8%～10%，贴面时的热压压力控制在 0.8～1.2MPa，根据不同的胶黏剂，热压温度控制在 110～150℃。适当提高热压温度可以加快胶黏剂的固化速度，缩短热压时间，降低透胶率。提高胶黏剂黏度、延长涂胶基材陈放时间、减少薄木喷水量、在胶黏剂中加入填料等措施，也可以减少或防止透胶，还可以在胶黏剂中加入少量的颜料，使胶黏剂的颜色与薄木颜色相近使透胶不明显。

（4）造成薄木表面污染的因素

除透胶会对薄木表面产生污染外，木材中的单宁、树脂、树胶等内含物也会对木材产生污染。木材中的单宁与铁质接触会使木材颜色变黑；木材中的树脂、树胶会在木材表面形成油斑，降低基材与薄木的胶合强度。

为消除木材中单宁的影响，可用热水、稀酸类物质对单宁进行抽提清除，铁质污染可以用 2%～3% 的草酸溶液清洗。对树脂、树胶可通过相应的溶剂进行溶解清除，如用 25% 的丙酮水溶液对木材进行清洗，可使木材不改变颜色，也可用碱液使树脂皂化后清除，如用 5%～6% 碳酸钠水溶液或 4%～5% 氢氧化钠水溶液直接涂刷在基材表面，然后用 25℃ 的热水或 2%～3% 的稀碱液清洗，即可除去木材表面的树脂、树胶，若以碱液与丙酮溶液按 4:1 的比例混合使用，效果更好。

（5）影响薄木胶合强度的因素

导致薄木与基材胶合强度下降的原因主要有以下方面：

基材表面的毛刺：胶合板表面的木毛或毛刺不仅会降低薄木的表面质量，也会影响到薄木与基材的胶合，使薄木与基材之间的胶合强度下降。薄木贴面前应通过对基材表面砂光除去木毛与毛刺，某些软质木材用一般的砂光方法不易去除木毛和毛刺，可在基材表面涂少许稀涂料或泥子，干燥后用细砂纸进行打磨砂光。

基材中的树脂：基材中树脂形成的油斑与胶黏剂不相溶，会将薄木与基材相互隔开，降低了基材与薄木的胶合强度。树脂的清除方法见本节"（4）造成薄木表面污染的因素"。

涂胶量不恰当：涂胶量偏少、胶黏剂的流展扩散性较差会造成基材表面局部少胶或缺胶现象，薄木与基材的胶合强度会因此降低。涂胶量过大，胶黏剂在固化过程中和形成胶层后，由于其胀缩特性与木材有较大差异，也会导致薄木与基材的胶合强度下降。

热压压力偏低：在热压贴面过程中，压力偏低时薄木与基材不能很好接触，在接触不良的局部会造成薄木与基材胶合强度较低，提高压力有利于薄木与基材表面的接触，但压力过大会导致薄木透胶。

思考题

1. 薄木有哪几种主要的分类方法？
2. 木材锯剖后3个切面分别显示木材的哪些细胞构造及排列特征？
3. 常用刨切工艺条件如何合理选择？
4. 集成薄木制造为什么要采用高含水率状态？
5. 复合薄木有哪些特点与用途？
6. 薄木干燥工艺如何随厚度不同有所改变？
7. 单板染色的目的是什么？染料主要有哪几种类型？
8. 薄木贴面对基材表面处理的目的和常用方法。
9. 用热压法进行薄木贴面时采用何种设备？如何确定热压工艺参数？
10. 对薄木贴面人造板进行表面涂饰的作用是什么？涂饰由哪些工序组成？试举例说明。

第 5 章

浸渍纸贴面

[**本章提要**] 浸渍纸是将具有一定特性的纸张,通过专用设备浸渍合成树脂,并经干燥得到的一种胶膜状纸张,浸渍纸具有许多优良特性,是一种重要的人造板表面装饰材料。本章介绍了生产浸渍纸的各种原纸及其特点,原纸对浸渍纸生产和产品质量的影响;浸渍纸的主要生产设备(立式和卧式浸渍干燥机)的结构、工作原理;胶黏剂性能、浸渍工艺条件和浸渍方式对原纸浸渍过程和浸渍纸质量的影响;干燥工艺对浸渍纸挥发分和胶黏剂的影响以及浸渍纸的质量指标;最后介绍了几种常用浸渍纸的贴面装饰方法。

浸渍纸是以具有不同性质的纸张为原料,以合成树脂胶黏剂为浸渍液,纸张在一定的工艺条件下用胶液进行浸渍,再经干燥至一定程度得到的一类具有特殊性能的胶膜状纸张。浸渍纸又称浸渍胶膜纸或胶膜纸,它是人造板表面装饰的重要贴面材料,也是装饰板制造的基本材料。

浸渍纸贴面是将浸渍纸覆盖于人造板基材表面,通过热压使其与人造板基材表面形成牢固地结合,对人造板基材表面起到保护和美化作用的一种贴面装饰方法。浸渍纸贴面装饰方法在人造板二次加工中有广泛应用,它具有以下特点:

①可以制成各种树脂浸渍纸卷材,避免因裂纹、接头或其他因素造成的材料损失。
②浸渍纸耐光性好,其色泽可长时间保持。
③对设备无特殊要求,与普通贴面设备可以相互替代。
④用浸渍纸贴面的人造板价格低廉。
⑤产品种类繁多,特色鲜明。

各种人造板素板,用浸渍纸对其表面进行贴面处理后,可以有效掩盖人造板表面本身的缺陷,使其具有美观的外表,同时可以大大提高人造板的耐水、耐热、耐气候、耐磨以及耐化学药品腐蚀的性能。经浸渍纸装饰的人造板,外观和内在质量都得到了提高,可广泛用于高、中、低档家具制造,车厢、船舶、飞机及建筑物内部装饰,各种仪表、设备的台面以及电视机、电冰箱和其他电器设备的外壳等。正因为如此,这种人造板表面装饰方法,从 20 世纪 50 年代初期出现以后,很快在世界范围内得到了广泛推广和应用。

5.1 原 纸

原纸是指具有某些特殊性能、可用于生产浸渍纸的纸张。原纸一般是用木浆、棉浆或木棉混合浆制成的，其种类较多，性能各异，在人造板表面装饰中具有不同的作用。

5.1.1 原纸的一般特性

(1) 原纸的定量

原纸的定量是指每平方米原纸的质量，其单位为 g/m^2。检测方法是将原纸放在温度 20℃ ±2℃、相对湿度 65% ±2% 的条件下平衡 24h 后，在原纸的不同部位取规格为 100mm×100mm 的试样 5 个，在分析天平上称重，精确到 0.01~0.02g，原纸定量按下式计算：

$$G = \frac{g}{f} \tag{5-1}$$

式中：G 为原纸的定量，g/m^2；g 为原纸试样的质量，g；f 为原纸试样的面积，m^2。

(2) 原纸的含水率

原纸的含水率是指原纸中水分的质量与原纸绝干质量的比值。检测方法是在原纸的各部位取规格为 100mm×100mm 的试样 5 个，在分析天平上称重后放入 100~105℃ 烘箱内烘至恒重，取出后放入干燥器中冷却至室温时称重，原纸含水率按下式计算：

$$W = \frac{G - G_1}{G_1} \times 100\% \tag{5-2}$$

式中：W 为原纸含水率，%；G 为原纸的初始质量，g；G_1 为原纸烘干后的质量，g。

(3) 原纸的吸收性

原纸的吸收性是指原纸吸收液体的能力。检测方法(图 5-1)是在原纸纵、横方向的不同部位，各取规格为 200mm×15mm 的试样 5 个，将试样的一端夹在试样夹上，垂直插入温度为 20℃ ±1℃ 的蒸馏水中至 5mm 深，在 10min 内测定液体的上升高度(单位为 mm/10min)，精确至 1mm。

(4) 原纸的平滑度

原纸的平滑度是指在一定的真空度下，用一定容量的空气，通过受一定压力的试样表面与玻璃面之间的间隔所需的时间，以秒数表示。检测方法是在原纸正反面各取规格为 50mm×50mm 的试样 5 个，将试样置于玻璃板上，覆盖橡胶膜和金属盖板，加 10N/cm² 压力 1min，待水银柱开始均匀降落，测定水银柱由 380mm 降至 360mm 所需的时间，取测试结果的平均值。

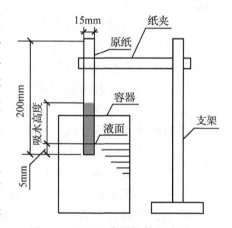

图 5-1 原纸吸收性的检测方法

(5) 原纸的透气性

原纸的透气性是指原纸在一定面积、一定真空度下，每分钟透过纸张的空气量或透过 100mL 空气所需的时间，以 s/100mL 表示。

(6) 原纸的灰分

原纸的灰分是指原纸灼烧后残渣的质量与绝干试样的质量比，以百分率表示。检测方法是称取风干试样2g，置于预先灼烧至恒重的坩埚内燃烧炭化，然后移入高温炉内，在775℃±25℃下灼烧至灰渣中无黑色素，取出坩埚在冷却器中冷却后称重，精确至0.0001g，原纸灰分按下式计算：

$$X = \frac{(g_1 - g) \times 100}{G(100 - W)} \times 100\% \tag{5-3}$$

式中：g_1 为灼烧后盛有灰分的坩埚质量，g；g 为灼烧后坩埚的质量，g；G 为风干试样的质量，g；W 为试样的含水率，%。

（7）原纸的拉伸强度

原纸的拉伸强度是指原纸承受拉伸载荷的能力。拉伸强度的检测在拉伸强度测定仪上进行（图5-2）。检测时，试样宽度有180mm和100mm两种，两夹头之间的距离为15mm，拉伸强度强度的单位为"N/(180×15)"或"N/(100×15)"。

生产中往往需要检测原纸的湿状强度，其检测方法是，将试样浸于20℃±2℃的水中，经过该纸产品标准中规定的时间后取出，用滤纸吸掉表面剩余的水分，按规定方法测定其湿强度损失率，湿强度损失率按下式计算：

$$M = \frac{M_0 - M_1}{M_0} \times 100\% \tag{5-4}$$

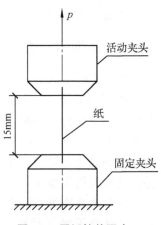

图5-2 原纸拉伸强度检测方法示意图

式中：M 为湿强度损失率，%；M_0 为润湿前试样的强度，N/15mm；M_1 为润湿后试样的强度，N/15mm。

5.1.2 浸渍纸对原纸的要求

（1）原纸的渗透性

用于生产浸渍纸的原纸的渗透性是指其吸收胶黏剂的能力。渗透性好的原纸对胶黏剂的亲和能力强，胶黏剂在其表面和内部扩散容易。渗透性差的原纸，胶黏剂渗透扩散困难，胶黏剂在原纸内部分布不均匀。为保证胶黏剂在对原纸进行浸渍时能将原纸完全浸透，并使胶黏剂在原纸内部分布均匀，要求原纸应具有良好的渗透性。以针叶树材、短绒棉浆、人造丝浆、棉浆、棉木混合浆生产的原纸具有较好的渗透性。在一定范围内提高纤维的分离度，增加纤维的比表面积，提高纤维浆料的纯度，也有利于提高原纸的渗透性。

（2）原纸的物理力学性能

原纸的物理力学性能主要是指其耐热性、耐老化性和力学强度。耐热性是指原纸在一定温度条件下保持其力学和机械性能的能力，耐老化性是指原纸抵抗光照、热量、水分、氧气等因素作用的能力。浸渍纸贴面加工一般是在较高温度条件下进行的，因此要求原纸具有一定的耐热性和耐老化性，提高原料的纯度，增加纤维的分离度有利于提高原纸的耐热性和耐老化性。在浸渍纸生产中，原纸的力学强度主要是指原纸的拉伸强度。拉伸强度高的原纸可以承受较大的拉伸作用力，拉伸强度低的原纸容易发生破损断裂，造成生产中断和材料浪费。就造纸原料而言，棉浆原纸拉伸强度最大，其次是棉木混合浆和木浆，野生植物浆原纸的拉伸强度最低。

(3) 原纸的表面性状

用于生产浸渍纸的各种原纸要求纸面平滑细腻、干净无污染、色调规整、质地均匀。具体对某一种原纸又各有一些特殊要求，如：透明原纸要求纸面洁白、纯净透明、灰分含量低，尘埃点直径小于 0.3mm 且每平方米不超过 50 个；单色原纸一般要求纸面平滑度达到 35~50s，印刷后纸面色调均匀、柔和、颜色稳定持久；白色原纸的白度应达到 90% 以上；装饰原纸要求纸面平滑度达到 50~60s，印刷后纸面图案颜色清晰、鲜艳、美观、富有良好的装饰性。

5.1.3 原纸的种类

(1) 透明原纸

透明原纸是一种定量较低、厚度较小的薄型透明纸张，通常是用精制木浆、漂白亚硫酸盐木浆与棉浆的混合浆料制成。透明原纸的作用：一是增加贴面材料的亮度、提高产品表面的坚硬性、耐磨性、防止化学腐蚀；二是在热压过程中保护不锈钢衬板不被污染，使制品表面清洁、光亮具有良好的外观质量；三是提高装饰浸渍纸花纹图案的真实性，使其显得更加生动、更富感染力。

生产透明原纸的浆料分离度大、杂质含量低、纯度高，并在浆料中加入了一定量麻丝、人造丝等增强材料，使其具有良好的拉伸强度和透明性，其吸水高度为 50mm/10min 左右，定量一般为 20~60g/m²。

定量较高的透明原纸，浸渍时吸收的胶液较多，浸渍纸的坚硬性、耐磨性和耐腐蚀性较好，但透明度降低，生产成本增加。透明原纸的定量主要根据制品的用途和生产成本确定，对耐磨性要求很高的制品，定量一般为 40~60g/m²，高耐磨性的制品为 30~40g/m²，一般耐磨性制品为 25~30g/m²。我国常用透明原纸主要技术指标见表 5-1。

表 5-1 常用的表层纸技术指标

指　标	漂白硫酸盐木浆	漂白硫酸盐木棉浆	精制化学木浆
定量(g/m²)	25~27	28~30	27~35
平均撕裂长度(m)	4000	3500 以上	3500 以上
吸水高度(mm/10min)	20 以上	20 以上	24 以上
白度(%)	85	85 以上	90
尘埃度(个/m²)	直径 0.25~1.5mm 的不多于 100 个，其中黑点直径不大于 1.5mm		
水分(%)	7	7	7

(2) 素色原纸

素色原纸是指未经染色和印刷的纤维本色原纸，一般是用半漂白或不经漂白的硫酸盐木浆或其他高得率的纤维浆料生产的。用素色原纸生产的浸渍纸对人造板进行贴面处理的主要作用是提高人造板的表面硬度、强度、刚度以及表面耐磨性、耐腐蚀性等。虽然素色原纸对人造板基材不起表面装饰作用，但在很多表面装饰工艺中，其他装饰材料都必须与素色浸渍纸配合使用，素色浸渍纸可作为浸渍装饰纸贴面的平衡纸、隔离纸、加厚纸等，在生产装饰层压板时，素色原纸几乎占到所有用纸的 70% 以上。

素色原纸的定量范围在 $80\sim250\text{g/m}^2$，定量较高的原纸厚度较大、机械强度较高，但其渗透性较差，尤其是胶黏剂渗透到原纸芯层的难度增加。当原纸定量达到 200g/m^2 以上时，如果不具备良好的浸渍条件和浸渍工艺，浸渍纸的质量就难以保证。生产中常用的素色原纸的定量一般为 $80\sim150\text{g/m}^2$，吸水高度为 $30\sim50\text{mm/10min}$。素色原纸的技术指标如表 5-2 所示。

表 5-2　国内素色原纸的技术指标

指　　标	硫酸盐木浆原纸	硫酸盐木浆 + 棉浆原纸	本色或漂白硫酸盐木浆原纸
定量(g/m^2)	130	120	80
断裂长度(m)	3400~4000	3000	4000
吸水性(mm/10min)	40±5	28~30	25 以上
平滑度	不轧光，机械平滑	不轧光，机械平滑	不轧光，机械平滑
灰分(%)	纤维灰分	纤维灰分	纤维灰分
水分(%)	6~7	6~7	6~7

(3) 装饰原纸

装饰原纸是起装饰作用的一种原纸，单色原纸(也称底色原纸)也属于装饰原纸一类，这类原纸一般是用精制化学木浆或棉木混合浆生产的，浆料中加入了一定量的颜料和填料。装饰浸渍纸的作用，一是使人造板表面具有美丽的颜色和漂亮的花纹图案，二是防止下层胶液或污渍渗透到制品表面，保持制品表面花纹图案的清晰美观。

装饰原纸的定量在 $80\sim200\text{g/m}^2$ 之间，常用定量一般是 $80\sim140\text{g/m}^2$。装饰原纸的内部组织比较疏松，渗透性较好，其吸水高度一般为 $30\sim50\text{mm/10min}$。原纸的纵向和横向、正面与反面的吸水性有一定差别，纵向吸水性比横向一般大 25%~50%，反面吸水性比正面大 1.25~2 倍。表面印刷花纹图案的原纸的平滑度一般为 50~70s，不印刷花纹图案的一般为 35~50s。

为提高原纸的覆盖性，在浆料中加入了一定量的颜料和填料。常用的颜料有钛白粉(TiO_2)、锌钡白 $ZnS \cdot BuSO_4$、氧化硅粉末(SiO_2)等，其中钛白粉的使用最常见。装饰原纸的干状抗拉强度应达到 25N/15mm 以上，湿状抗拉强度应达到 4N/15mm 以上。单色装饰纸有白色、米色、浅米黄色、茶色、棕褐色、灰色、大红、豆绿、黑色、银灰色、天蓝色、橘红色等，图案装饰纸有木纹、条纹、风景、商标等。常用装饰原纸的技术指标如表 5-3 所示。

表 5-3　常用装饰纸的技术指标

指　　标	亚硫酸盐木浆 + 棉浆	硫酸盐木浆 + 棉浆
定量(g/m^2)	130	90~120
吸水性(mm/10min)	24 以上	25 以上
白度(%)	90 以上	85~90
断裂长度(m)	2500 以上	2500 以上
pH 值	7~8	7~8

(续)

指 标	亚硫酸盐木浆+棉浆	硫酸盐木浆+棉浆
尘埃度(个/m²)	0.25~1.5mm 不超过130个	0.2~0.5mm 不超过100个
平滑度(s)	30~50	50
灰分(%)	13~15	12~15
水分(%)	6±2	7

5.1.4 原纸质量对浸渍纸质量的影响

原纸质量与浸渍纸质量有密切的关系，生产原纸的浆料、原纸的厚度、密度、pH值、含水率等因素都会影响到浸渍纸的质量。

(1) 原纸浆料的影响

浆料质量主要包括浆料的分离度、均匀度和纯度等。浆料分离度过高，纤维变得又细又短，纤维之间的氢键结合点增多，原纸密度大，渗透性低。浆料分离度过低，纤维间结合力低，原纸力学强度下降。生产原纸的纤维浆料应该粗细均匀并达到一定的纯度，如果纤维粗细不均，浆料成团，并含有树脂、树胶、橡胶、塑料等杂质，就会影响原纸和浸渍纸的质量。浆料中的杂质对胶黏剂在原纸中的扩散、渗透会产生阻碍，还会因受热发生分解，产生气体形成鼓泡，使装饰表面质量下降。

(2) 原纸厚度的影响

原纸厚度的影响主要表现在原纸的厚度和厚度均匀性两方面。原纸厚度越大，在浸渍过程中胶黏剂在原纸内部扩散渗透就越困难，尤其是胶黏剂进入原纸芯层的难度加大，容易造成浸渍纸芯层缺胶现象，这种浸渍纸在使用中容易出现层间剥离。当原纸厚度不均匀时，原纸各部分吸收胶黏剂的状况和吸收量不一样，较薄的部分容易被胶液浸透，较厚的部分难以浸透，使浸渍纸各部位上胶量不均匀，物理力学和表面性能不一致。

(3) 原纸密度的影响

提高原纸的密度可以提高其机械强度，在浸渍干燥过程中不易出现断纸现象，但随着密度增加，其渗透性会下降，进而影响到浸渍纸的上胶量，因此只能在保证原纸具有良好渗透性的前提下适当提高原纸的密度。

(4) 原纸 pH 值的影响

用于浸渍纸生产的胶黏剂一般是酸固化型的，在酸性物质存在的条件下，胶黏剂会加快固化，在碱性物质存在的情况下胶黏剂会延缓固化。如果原纸带酸性，就会加快树脂固化，严重时还会造成树脂的预固化。如果原纸带碱性，就会延缓树脂固化或降低固化程度，同样会造成装饰表面的质量下降。原纸的酸碱度应为中性或略偏碱性的状态，pH 值一般为 7~8。

(5) 原纸含水率的影响

原纸在浸渍胶黏剂的过程中，胶液将与原纸内的空气和水分发生相互置换，因此原纸的含水率会影响到胶液的浸渍速度和浸渍纸的上胶量。由于原纸内部的水分与纤维有一定形式的结合，当原纸含水率较高时，在浸渍过程中胶液进入原纸内部的阻力增大，扩散渗透速度降低。同时原纸含水率过高，也会增加干燥负荷、降低干燥速度，热压时还容易发生鼓泡。原纸含水率一般不超过6%。

5.2 浸渍纸生产设备

5.2.1 立式浸渍干燥机

立式浸渍干燥机主要由浸渍装置、干燥装置、运输装置、裁纸装置等部分组成，按其结构可分为单向干燥和双向干燥两种类型，整机高度一般为6～10m，如图5-3、图5-4所示。这类干燥机的生产工艺比较容易控制，但生产效率比较低，一般用于薄型浸渍纸的生产。

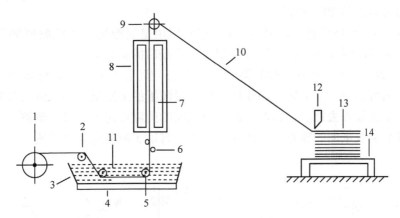

图5-3　单向立式浸渍干燥机

1. 纸卷　2. 张紧辊　3. 浸胶槽　4. 加热装置　5. 浸渍辊　6. 刮胶辊　7. 加热器
8. 干燥室　9. 冷却辊　10. 运输带　11. 胶液　12. 裁纸机　13. 浸渍纸　14. 堆纸台

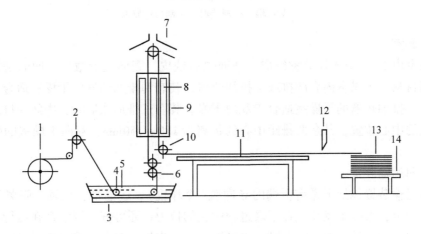

图5-4　双向立式浸渍干燥机

1. 纸卷　2. 张紧辊　3. 加热装置　4. 浸渍辊　5. 胶液　6. 刮胶辊　7. 排气罩
8. 加热器　9. 干燥室　10. 冷却辊　11. 支承台　12. 裁纸机　13. 浸渍纸　14. 堆纸台

(1) 立式浸渍干燥机的结构

①开卷机构

开卷机构又称松纸机构，是承托和输送原纸的机构，由电机带动，通过无级变速器控制和调节纸卷的转速，使原纸保持与浸渍干燥相适应的速度均匀地向前输送，开卷机构如图5-5所示。

②浸渍机构

浸渍机构由浸渍槽、浸渍辊、刮胶辊等组成，其结构如图5-6所示。浸渍槽一般呈"U"形或梯形，槽内可容纳300~400kg胶液。浸胶槽的长度由原纸在胶液中浸渍的时间决定，一般应保证原纸在浸胶槽内浸渍的时间达到20~60s。

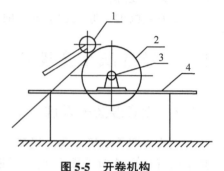

图5-5 开卷机构

1. 压纸轮 2. 纸卷 3. 托纸辊 4. 机架

浸渍辊由数根镀铬钢管或圆钢组成，它的作用是对原纸进入浸胶槽的角度进行控制，对原纸的浸渍时间进行调节以及改变原纸浸胶后的运行方向。

刮胶辊(也称挤胶辊)由一对镀铬圆钢管组成，呈上下或左右对称布置，它们之间的位置和距离可以调节。刮胶辊的作用是控制浸渍纸的上胶量，当原纸浸胶后，通过刮胶辊可将多余的胶液去掉。通过调节刮胶辊之间的间隙或位置，可以调整浸渍纸的上胶量，刮胶辊对浸胶纸的胶液有一定的挤压作用，有助于胶液向原纸渗透。

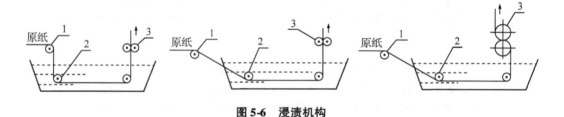

图5-6 浸渍机构

1. 导纸辊 2. 浸渍辊 3. 刮(挤)胶辊

③干燥室

干燥室由2~3节干燥分室组成，外面包有铁皮，壳体上下敞口，四面密封，室内衬有保温材料。干燥室内有两排或三排加热器，装有两排加热器的干燥室适合于单向干燥，装有三排加热器的干燥室适合于双向干燥。装有三排加热器时，中间一排加热器位于干燥室的中心位置，其余两排距中心的距离为120~150mm，双向干燥室的生产效率较高。

④导向运输装置

导向运输装置包括干燥室顶端的导向辊(冷却辊)、运输带、托辊、张紧辊等。导向辊是主动辊，可减小浸渍纸在干燥过程中受的拉力，还可减少浸渍纸在运行过程中的窜动和打褶。运输带一般为帆布带，也可以是数条皮带。双向立式浸渍干燥机没有传送带，而是用托带或托板为浸渍纸导向。托辊的作用是支撑传送带，张紧辊用于调节传送带的松紧程度。

(2) 立式浸渍干燥机工作原理

以单向立式浸渍干燥机为例(图5-3),开始工作前先调制胶液和确定设备工作参数,使胶液的密度、黏度、温度以及干燥室的温度、气流速度等符合浸渍干燥的要求。

原纸纸卷1安放在开卷机构纸架上,纸架横轴末端的链轮传动机构带动纸卷1以一定转速转动,使纸卷放纸。链轮由无级调速电机驱动,可满足浸渍干燥速度和纸卷直径逐渐变小的要求。带式运输机10的动力也来自同一无级变速电机,以保证纸卷的放纸速度与带式运输机的运行速度相适应。

原纸进入浸胶槽3之前,先通过红外预干装置去掉多余的水分。原纸在浸胶槽3中停留的时间可以通过浸渍辊5的位置调节,浸胶槽3中的胶液温度可通过其下方的加热装置4调节。完成浸渍后,通过刮胶辊6将纸面多余的胶液刮去,再进入干燥室8进行干燥。在干燥过程中,加热器7首先加热干燥室内的空气,然后再通过热空气对浸胶纸进行加热干燥。干燥室8内的温度根据设备类型采用不同的参数,一般控制在70~130℃。干燥室8中的热空气一方面将热量传递给浸胶纸,另一方面把浸胶纸蒸发出来的挥发物带走。干燥机内的气流速度一般是通过冷热空气对流形成的,如果气流速度达不到要求,可通过设置在干燥室顶部的风机进行强制通风。浸渍纸经过干燥后,由冷却辊9进行冷却,再由带式运输机10运送到裁纸机12处剪裁,即成为浸渍纸。

5.2.2 卧式浸渍干燥机

(1) 卧式浸渍干燥机的类型

卧式浸渍干燥机的种类较多,按其结构可分为单层和双层,按其工作方式可分为一次浸渍和二次浸渍,按胶液进入原纸的状态可分为对称式、不对称式和组合式等类型。

① 高速卧式浸渍干燥机

这种浸渍干燥机配有原纸连续进给装置、高精度自动调节挤胶辊、反转辊筒涂胶器、6个干燥分室、快速冷却装置、旋转式横向裁纸机等。浸渍速度为10~200m/min,这种浸渍干燥机适合于酚醛树脂胶黏剂浸渍较厚的纸张,其结构如图5-7所示。

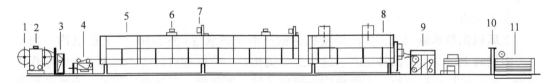

图5-7 高速卧式浸渍干燥机
1. 纸卷 2. 承纸机构 3. 接纸器 4. 浸渍机构 5. 干燥室 6. 排湿管
7. 电机 8. 冷却室 9. 整理机构 10. 裁纸机 11. 堆纸机

② 两段式卧式浸渍干燥机

这种浸渍干燥机有两套浸渍干燥装置,该机适合于用两种相同或不同的胶黏剂进行连续浸渍,可以单面浸渍也可以双面浸渍。如果不使用第二段浸渍装置,该卧式浸渍干燥机可作为一般的浸渍干燥设备,其结构如图5-8所示。

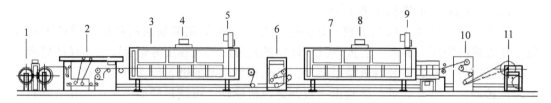

图5-8　两段式卧式浸渍干燥机
1. 纸卷　2. 一段浸渍机构　3. 一段干燥室　4. 排湿管　5. 电机　6. 二段浸渍机构
7. 二段干燥室　8. 电机　9. 冷风机　10. 整理机构　11. 卷纸机

③通用卧式浸渍干燥机

这种浸渍干燥机由上纸机构、浸渍机构、干燥室、裁纸机和堆纸机等组成,干燥过程由气垫引纸,适合于一般生产规模,是目前生产中使用较多的一种浸渍干燥设备,其结构如图5-9所示。

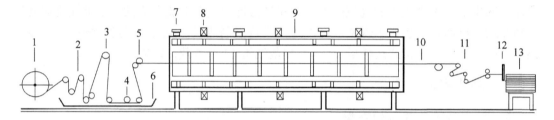

图5-9　通用卧式浸渍干燥机
1. 纸卷　2. 蓄纸器　3. 张紧辊　4. 浸渍辊　5. 刮胶辊　6. 浸渍槽　7. 电机
8. 排湿管　9. 干燥室　10. 浸渍纸　11. 整理机构　12. 裁纸机　13. 堆纸机

(2)卧式浸渍干燥机的结构

卧式浸渍干燥机一般由上纸机构、浸渍机构、干燥室、裁纸机、堆纸机等部分组成。

①上纸机构

上纸机构是承载原纸,并向浸渍机构输送纸源的装置(图5-10)。上纸机构一般采用可以同时上两个纸卷的转辊式。这种上纸机构,一个纸卷进行生产,另一个纸卷作为储备,生产可以连续进行。上纸机构一般由支架、回转架、张紧辊等组成,有的还配有蓄纸器、接纸器等装置。支架是回转架的支承体,回转架安放在支架上,可绕支架的回转中心转动,回转架是纸卷的承托装置,纸卷安放在回转架上,纸卷轴可以绕回转中心转动。

蓄纸器是一种可以储备一定数量纸张的装置(图5-11),在浸渍过程中,当发生断纸或接头,纸卷不能供纸时,蓄纸器可以提供一定量的纸,做到换纸不停车,使生产能够正常进行下去。蓄纸器的下辊筒可以升降,可根据生产需要储备足够长度的原纸,同时,它还有使原纸保持均匀张力,平整进入浸渍槽的作用。

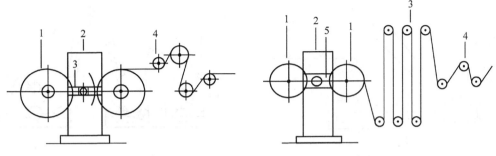

图 5-10　普通上纸机构
1. 纸卷　2. 支架　3. 回转架　4. 张紧辊

图 5-11　带蓄纸器的上纸机构
1. 纸卷　2. 支架　3. 蓄纸器　4. 张紧辊　5. 回转支架

接纸器的作用是在一个纸卷快要用完时，为了保证连续生产，将两个纸卷的首尾用胶黏剂黏合起来。接纸器由支架和压铁组成。压铁通过电加热，表面温度可达到 200~250℃，可以在 20~30s 内将涂过胶的纸卷头黏合起来，图 5-12 是带接纸器的上纸机构。

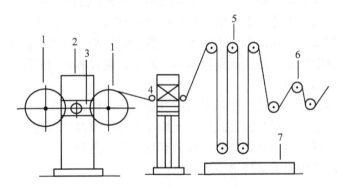

图 5-12　带接纸器的上纸机构
1. 纸卷　2. 支架　3. 转轴　4. 电热接纸器　5. 蓄纸器　6. 张紧辊　7. 电加热器

②浸渍机构

浸渍机构是对原纸进行浸渍的装置，根据原纸在胶液中浸渍的次数，可分为一次浸渍机构（普通浸渍机构）和二次浸渍机构。一次浸渍机构主要由导纸辊、张紧辊、压辊、单面浸涂辊、浸渍辊、排气辊、定量辊、扶持辊和浸渍槽等部分组成。二次浸渍机构由两个相对独立的一次浸渍机构组成，一次浸渍机构对原纸进行单面浸渍，二次浸渍机构对原纸进行双面浸渍，在一次和二次浸渍机构之间配置有红外干燥装置，以降低一次浸渍后的纸张含水率。除上述基本组成部分以外，浸渍机构一般还配置有循环泵、浸渍量测试仪等装置。图 5-13 是一种结构较简单的一次浸渍机构（普通浸渍机构），图 5-14 是一种结构较复杂的二次浸渍机构。

导向辊由镀铬钢管制成，其作用是引导纸张按某一特定方向运行。张紧辊也是用镀铬钢管或不锈钢管制成的，其作用是在纸张运行时，对纸张起张紧作用，避免纸张在运行过程中产生忽紧忽松的现象。预浸辊的作用是对原纸进行单面浸涂，排出纸内的空气，以便后续的双面浸渍。渗透区和中间干燥装置，是使经过单面浸涂的原纸上的胶液

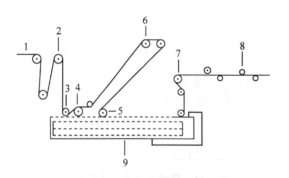 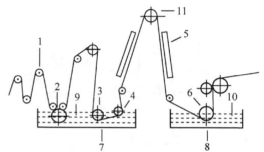

图5-13　普通浸渍机构
1. 导纸辊　2. 张紧辊　3. 压辊　4. 单面浸涂辊
5. 排气辊　6. 浸渍辊　7. 定量辊
8. 扶持辊　9. 浸渍槽

图5-14　二次浸渍机构
1. 导纸辊　2. 预浸辊　3. 浸渍辊　4. 导向辊
5. 红外干燥器　6. 浸渍辊　7、8. 浸渍槽
9、10. 胶液　11. 换向辊

有时间向原纸内部渗透扩散,以保证浸渍的均匀性,提高浸渍纸的树脂含量。

浸渍槽由铝材或不锈钢材制成,可容纳200～500kg胶液,并能控制槽内胶液的温度。浸渍槽的宽度由原纸的宽度决定,长度由原纸在胶槽中浸渍的时间决定。浸渍辊的作用是控制原纸的浸渍时间,辊间距离可以调整,辊间距离越大,原纸在胶槽中浸渍的时间就越长。定量辊的作用是控制浸渍纸的上胶量,辊径和辊间间隙有较高的精度,以保证浸渍纸上胶量的均匀。

循环泵的作用是向浸胶槽补充新鲜树脂胶黏剂,以保证浸胶槽内的胶液有固定的液面,使浸渍过程稳定。较复杂的卧式浸渍干燥设备基本都具有上述装置,有的简单卧式浸渍干燥机并不具有上述的全部装置,而只有其中的一部分。

普通双面浸渍机构的主要技术参数如下:

浸渍纸最大宽度	1350mm	浸渍机工作宽度	1500mm
镀铬辊直径	164mm	涂胶辊直径	249mm
浸渍纸运行线速度	15～25m/min	浸胶槽最大升降高度	150mm
浸胶槽保温范围	20～30℃	浸胶槽保温方式	水浴
电机功率	3kW	电机转速	750r/min

③干燥室

干燥室是浸渍干燥设备的主体,干燥室由多个干燥分室组成,这些干燥分室具有相同的结构(图5-15),在每一个干燥分室内配置有电机、风机、进气口、喷嘴、加热器、下空气箱、上空气箱、抽风机和排湿管以及密封门等。

电机为风机提供动力,风机为轴流式,可通过无级调速机构实现气流风速、压力的调节和控制。加热器由厚壁散热片组成,在干燥室的上部呈对称安装,用以加热空气。加热器的热源可以是饱和蒸汽、热油、高温热水等,但以饱和蒸汽应用最普遍。上下空气箱分别设置在浸渍纸运行平面的上、下方,热空气先进入上、下空气箱,再通过空气箱上的喷嘴喷射到浸渍纸的上、下表面。抽风机和排湿管的作用是将热空气中的水蒸气及时排出干燥室,保持热空气适宜的相对湿度,防止干燥室内热空气相对湿度过大降低

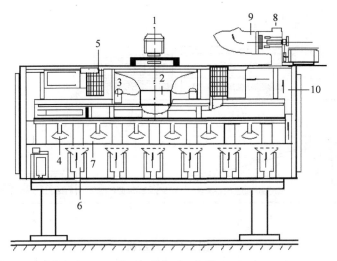

图 5-15　干燥分室结构图
1. 电机　2. 风机　3. 进气口　4. 喷嘴　5. 加热器　6. 下空气箱
7. 上空气箱　8. 抽风机　9. 排湿管　10. 干燥介质(热空气)

干燥效率。干燥室的室壁、门等都由薄金属板制成夹层，夹层内衬有隔热材料，室壁之间被密封，防止热量损失和冷空气及污染物的进入。干燥分室长度一般在 6m 左右，数量由干燥室的工作效率和生产规模确定，生产规模越大，需配置的干燥分室数量也越多。

④裁纸机

裁纸机是用于将连续带状浸渍纸裁剪成一定长度的设备，它是浸渍干燥机的配套装置。常用裁纸机有辊刀式和垂直顶刀式两种形式，如图 5-16 所示。

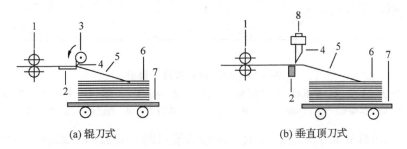

(a) 辊刀式　　　　　　　　　　(b) 垂直顶刀式

图 5-16　裁纸装置
1. 进纸辊　2. 底刀　3. 刀辊　4. 刀片　5. 浸渍纸　6. 浸渍纸堆　7. 小车　8. 刀架

辊刀式裁纸机主要用于卧式浸渍干燥机，垂直顶刀式裁纸机用于立式浸渍干燥机。裁纸的长度由产品的要求决定，通过裁纸机上的光电系统进行控制。

⑤堆纸机

堆纸机是用于堆放裁剪好的浸渍纸的设备，常用堆纸机有两种类型，一种带运输台，另一种带气动(或液压)升降台，图 5-17 为带运输台的堆纸机的结构。

带运输台的堆纸机具有独立传动、速度可调的几条循环运转皮带，用来运输纸张。

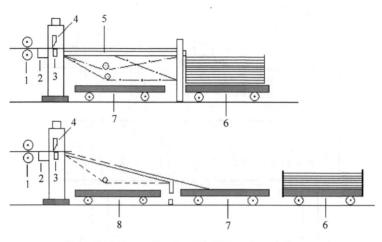

图 5-17 堆纸机

1. 进给辊筒 2. 供给空气 3. 底刀 4. 顶刀 5. 升降运输机 6. 浸渍纸存放车 7. 空车 8. 备用车

运输台一端铰接固定在接近切刀处的最高点，另一端可用气动装置进行升降，上升的速度随裁切纸的数量和纸垛高度而调整。

(3) 单层卧式浸渍干燥机工作原理

单层卧式浸渍干燥机是一种使用比较普遍的浸渍干燥设备，这类浸渍干燥设备一般配置有开卷、蓄纸、预干、浸渍、干燥、冷却、输送、剪纸、堆纸、运送等装置和机构，其结构如图 5-18 所示。

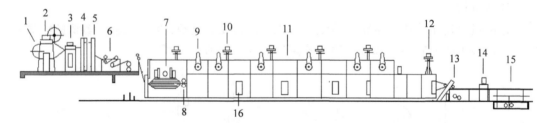

图 5-18 单层卧式浸渍干燥机

1. 纸卷 2. 开卷装置 3. 接纸器 4. 蓄纸器 5. 预干装置 6. 单面浸涂机构 7. 浸渍装置 8. 刮胶辊 9. 风机 10. 排湿管 11. 干燥室 12. 冷风管 13. 冷却装置 14. 剪纸机 15. 堆纸机 16. 侧门

原纸用起吊机安放于开卷装置上，开卷装置可同时安放两个纸卷，一个纸卷作现用，另一个纸卷作备用。在开机之前，将机内温度、气流量、气流速度、纸张运行速度等工艺参数调整到正常工作状态，然后便可以开始工作。原纸经过蓄纸器进入预干装置，排除其中多余的水分，预干原纸先经过单面浸涂机构进行单面浸涂，并经过一段时间的渗透，排出纸内的空气，再进入到浸渍装置中进行浸渍。各类原纸的特点不同，其浸渍工艺也不相同，此外，胶黏剂的种类不同，它们对原纸的浸渍性能也不相同，因此应根据原纸种类和胶黏剂的特性，正确制定浸渍工艺条件。这些工艺条件主要包括：胶黏剂的种类、原纸的种类、胶液的温度、胶液的固体含量、胶液的黏度、浸渍速度等。

原纸经过浸渍后，不仅内部吸收了大量的胶液，表面也会黏附大量的胶液，黏附于纸表面的胶液在浸渍纸通过刮胶辊时会被刮掉。刮胶量通过调整刮胶辊之间的间隙，刮胶辊之间的间隙越大，刮掉的胶量越少，反之，被刮掉的胶量就越多。

浸胶纸经过刮胶辊后进入干燥室进行干燥。为使机内气流速度稳定均匀，每一干燥分室都配置有独立的电机和风机，通过无级调速机构，实现对风机产生的气流速度、风压进行调节和控制。当饱和蒸汽通入干燥室的加热器时，加热器对周围的空气加热，使之成为热空气，热空气在风机的作用下，经送风管送至上下风箱，上下风箱喷嘴之间的距离为80~120mm。浸胶纸在上下风嘴之间向前运动，热空气由喷嘴垂直地喷射到纸的两个表面，一方面对浸渍纸进行干燥，另一方面喷出的高速气流将纸托起。热空气垂直喷射到浸渍纸的上下表面，纸的表面几乎没有气流层流层，浸渍纸内的挥发分很容易被排出到纸外。

浸渍纸内挥发分的排出，增加了机内的相对湿度，通过设置在干燥室上部的排湿管10，可将热空气中的水蒸气排出到机外，同时向机内补充必要的新鲜空气，以保持浸渍纸干燥条件的稳定。干燥后的浸渍纸在离开干燥室时，温度还较高，纸中的树脂还有可能继续进行反应，这时浸渍纸首先经过设置在干燥室末端的冷却室进行初步冷却，然后再经过冷却装置进行进一步冷却，使浸渍纸的温度基本达到室温状态。冷却后的浸渍纸由输送装置送至裁纸机处剪裁后，送至堆纸机上堆放。

常用单层卧式浸渍干燥机的主要技术参数如下：

外形尺寸(长×宽×高)	37 625mm×5500mm×3800mm
最大工作宽度	1260mm
工作长度	干燥段17 000mm，冷却段2200mm
速度调节范围	6~20m/min
工作温度	20~150℃
使用的蒸汽压力	5.88×10^5Pa
电机总功率	60kW
蒸汽消耗量	1200kg/h

5.3 浸渍纸生产工艺

5.3.1 浸渍纸的质量指标

(1)浸渍纸的上胶量

浸渍纸的上胶量，是指浸渍纸中胶黏剂的固体分质量与原纸绝干质量的百分比。浸渍纸的上胶量高，表明浸渍纸中胶黏剂的固体分含量高；上胶量低，表明浸渍纸中胶黏剂的固体分含量低，浸渍纸上胶量高，可以提高产品的表面质量，但生产成本会相应增加。

浸渍纸上胶量的测定方法如下：取浸渍纸试样5件，规格为100mm×100mm，分别在分析天平上称重，记录每一试样的质量，放入160℃的烘箱中干燥5min后，取出放入干燥器中冷却5min，使试样基本达到室温，在分析天平上称重，记录每一试件的质量。另取同样规格的原纸,在120℃的烘箱中干燥20min,在干燥器中冷却后称重,记录称重结果。试样均精确到0.001g。浸渍纸的上胶量按下式进行计算:

$$G = \frac{G_1 - G_2}{G_2} \times 100 \quad (5\text{-}5)$$

式中:G 为浸渍纸的上胶量,%;G_1 为浸渍纸烘干后的质量,g;G_2 为原纸的绝干质量,g。

(2)浸渍纸的挥发分含量

浸渍纸的挥发分含量,是指浸渍纸中可挥发性物质质量占浸渍纸总质量的百分比。挥发分含量过高时,浸渍纸容易发生相互黏连,板面会出现水渍、斑痕、湿花等现象。挥发分含量过低,胶黏剂流动性差,分布不均匀,板面发白,浸渍纸与基材的胶合强度降低。

浸渍纸挥发分含量的测定和计算方法如下:取浸渍纸试样5件,规格为100mm×100mm,在分析天平上称重,记录试样的质量,放入160℃±2℃的烘箱中烘5min,取出后放入干燥器,冷却至室温后再称其质量,记录称重结果,精确到0.001g。浸渍纸的挥发分含量按下式计算:

$$W = \frac{P_1 - P_2}{P_1} \times 100 \quad (5\text{-}6)$$

式中:W 为浸渍纸中挥发分含量,%;P_1 为浸渍纸烘干前质量,g;P_2 为浸渍纸烘干后质量,g。

(3)浸渍纸中可溶性树脂含量

浸渍纸中可溶性树脂含量,是指浸渍纸中初期树脂质量占树脂总质量的百分比。可溶性树脂含量高,表明浸渍纸中初期树脂含量高,树脂结构转化率低;可溶性树脂含量低,表明浸渍纸中初期树脂含量低,树脂结构转化率高。可溶性树脂含量的测定方法有两种。

①第一种测定方法

取100mm×100mm浸渍纸试样3~6件,在分析天平上称重(精确到0.001g),将其叠合整齐,放在试验压机上加压,温度和压力与实际生产条件相同,3~5min后,不再流胶并硬化时,取下称重,其流动能力按下式进行计算:

$$q = \frac{n_1 - n_2}{n_2} \times 100 \quad (5\text{-}7)$$

式中:q 为树脂的流动能力,%;n_1 为热压前浸渍纸的质量,g;n_2 为热压后除掉边部流出的树脂后浸渍纸的质量,g。

②第二种测定方法

取100mm×100mm浸渍纸试样3件,在分析天平上称重(精确到0.001g),放入1∶1的苯醇溶液中浸泡10min,取出后滴去溶剂,放入160℃±2℃的烘箱中干燥5min,取出后放入干燥器中冷却至室温,称重,可溶性树脂含量按下式计算:

$$q = \frac{m - m_1}{m - m_0} \times 100 \quad (5\text{-}8)$$

式中：q 为可溶性树脂含量，%；m 为浸渍纸的质量，g；m_1 为烘干后浸渍纸的质量，g；m_0 为原纸的质量，g。

5.3.2 浸渍原理

(1) 胶黏剂与原纸中空气的相互置换

原纸内部存在大量的孔隙，这些孔隙一种是纤维本身的孔隙，另一种是纤维之间的孔隙。由细胞腔、细胞壁孔隙和纹孔构成的孔隙系统是纸张的微毛细管系统，由纤维或纤维束之间的空隙构成的孔隙系统是纸张的大毛细管系统，在原纸的微毛细管和大毛细管系统中存在着大量的空气。在浸渍过程中，胶液通过排除原纸内部的空气，占据原纸内部的孔隙，因此可以把浸渍过程看成是胶液与原纸内部空气相互置换的过程，胶液不仅会浸入原纸内部的大毛细管系统，也会浸入原纸内部的微毛细管系统。

原纸内部的空气处于自由状态，胶黏剂与空气发生置换时，一般来说阻力不大，但生产过程往往受多种因素的影响和制约，使这种置换不可能完全，在胶液与原纸中空气置换程度较低时，会出现原纸浸渍不足。胶黏剂与原纸中空气的置换，在原纸表面比较容易进行，在原纸内部，尤其是在原纸的中心部位，由于胶液渗透扩散阻力较大而比较困难，厚度较大的原纸，更是如此。如果原纸浸渍不透，内部还存在一些空气，热压时气体受热膨胀形成气泡，会影响制品的外观质量。

(2) 胶黏剂性能对浸渍纸的影响

① 胶黏剂相对分子质量的影响

对浸渍用胶黏剂来说，其平均相对分子质量越大，分子体积越大，其内聚力就越大，这会降低胶黏剂的浸渍性能，不利于胶黏剂向原纸内部渗透。胶黏剂大多只黏附于原纸表面，难以深入到原纸内部，此外，如果干燥初始温度较高，浸渍纸表面很容易出现气泡。例如用聚乙烯醇缩丁醛改性的酚醛树脂，由于相对分子质量很大，生产的浸渍纸的表面很容易起泡。因此，降低胶黏剂的缩聚程度，控制其分子量，有利于提高胶黏剂的渗透性和在原纸内部分布的均匀性。

② 胶黏剂固体含量的影响

胶液的固体含量较高时，其内聚力和表面张力较大，渗透、扩散能力性降低，表面黏附能力增强。当胶液的固体含量增加到一定程度时，胶液将无法浸入到原纸内部，在原纸内部，尤其是原纸的中心部位就会出现缺胶，这样的浸渍纸在使用时容易出现层间剥离。

胶液固体含量较低时，其内聚力和表面张力变小，胶液的渗透扩散能力增强，容易深入到原纸内部，但其表面黏附能力下降。当胶液的固体含量小到一定程度时，原纸只需短时间浸渍就可达到饱和，再延长浸渍时间，浸渍纸的上胶量也不会增加，其结果是浸渍纸的上胶量较低，这种浸渍纸的耐磨性和机械强度较差。此外，使用固体含量过低的胶液，浸渍纸在干燥过程中，蒸发过多的挥发分会增加热能消耗。

③ 胶黏剂黏度的影响

黏度是液体分子之间内聚力的表现，它反映了液体分子之间摩擦力的大小。胶黏剂的黏度与其相对分子质量、固体含量和温度等因素有密切关系。相对分子质量较大的胶黏剂，分子间相互作用力较强，分子运动阻力较大，其黏度较高。相反当胶黏剂相对分子质量比较小时,分子间的相互作用力较小,胶液的黏度较低。当胶黏剂的固体含量增加时,胶黏剂分子的密度增加,分子间相互作用力增强,其黏度也随之增加。在一定范围内降低胶液温度会使其黏度增加,提高温度会使其黏度下降。

在对原纸浸渍时,黏度大的胶液,难以渗透和扩散到原纸内部,在浸渍纸内部分布也不均匀,但其具有较强的黏附能力,用这种胶黏剂生产的浸渍纸,一般具有较高的上胶量。黏度小的胶液,渗透扩散能力增强,黏附性能下降,胶液容易渗入原纸内部,但在原纸表面的黏附能力较差。在其他浸渍条件相同的情况下,胶液黏度大,浸渍纸上胶量高,胶液黏度小,浸渍纸上胶量低。为了使浸渍过程顺利进行,使浸渍纸达到要求的上胶量,并使胶黏剂在原纸中均匀分布,浸渍时胶液的黏度一般控制在 90~140mPa·s。胶液黏度与浸渍纸上胶量的关系如表 5-4 所示。

表 5-4 胶液黏度与浸渍纸树脂含量的关系

原 纸	胶液黏度(mPa·s)	浸渍纸上胶量(%)
表层纸	92	123
	124	145
装饰纸	92	88
	134	93

(3) 浸渍工艺对浸渍纸的影响

①浸渍时间的影响

浸渍时间是指原纸在胶液中保持的时间。胶液要将原纸完全浸透,就需要一定的时间克服渗透过程中的阻力,因此,一定的浸渍时间是保证原纸被胶液充分浸透的基本条件之一。较薄的原纸所需浸渍时间较短,较厚的原纸则需较长的浸渍时间。

在一定范围内,延长浸渍时间可以提高浸渍纸的上胶量,但原纸对胶液的吸收是有限的,当浸渍时间达到一定限度时,原纸就会饱和,再延长浸渍时间,浸渍纸的上胶量也不会再增高。此外,长时间浸渍会使原纸的湿强度显著降低,浸渍纸在运行过程中容易被拉断。浸渍时间越长,干燥时间也越长,浸渍纸中的挥发分含量就越低。挥发分含量过低的浸渍纸,热压时胶黏剂流动性差,产品表面胶膜厚薄不均匀,板面还会出现发白、塑化不良、与基材结合强度下降等缺陷。

浸渍时间过短,胶液来不及向原纸内部充分渗透,浸渍纸的上胶量往往会偏低,同时因为缩短了干燥时间,使生产出来的浸渍纸具有较高的挥发分含量。这种浸渍纸生产的制品,表面会出现水渍斑痕、光泽晦暗、耐磨性、耐腐蚀性、机械强度都较低。图 5-19 反映了浸渍纸的上胶量与浸渍时间的关系。图中曲线的甲—乙段说明浸渍时间延长时,浸渍纸的上胶量逐渐增加,达到乙—丙阶段后,原纸已经基本达到饱和,再延长浸渍时间,浸渍纸的上胶量也增加很少了。浸渍时间一般控制在 20~60s 较为适宜。

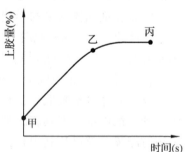

图 5-19 浸渍时间与浸渍纸上胶量的关系

②浸渍速度的影响

一般来说,浸渍速度较快时,原纸在胶液中的浸渍时间较短,浸渍纸的上胶量较低;浸渍速度较慢时,原纸在胶液中浸渍的时间较长,浸渍纸的上胶量较高。同时,浸渍速度较快时，干燥时间较短，浸渍纸挥发分含量较高，适当降低浸渍速度，可以提高浸渍纸上胶量，降低挥发分含量。但是当浸渍速度很慢时，会造成浸渍纸上胶量过高，挥发分含量过低，浸渍纸变脆。

浸渍速度与浸渍纸上胶量的关系如图 5-20 所示。在浸渍初始阶段，浸渍速度低，浸渍时间长，浸渍纸上胶量高。浸渍速度加快时，浸渍纸上胶量降低（曲线甲、乙阶段），浸渍速度继续增加时，黏附于纸上的胶黏剂因受热干燥失去了流动性，而固着在纸面上，使浸渍纸的上胶量增加（曲线乙、丙阶段）。当达到丙点后，原纸的挂胶量与流胶量达到了平衡，这时再提高原纸的浸渍速度，浸渍纸的上胶量也基本不会再增加了（曲线丙、丁阶段）。浸渍速度快，生产效率高，但干燥室的长度也需增加，否则会造成浸渍纸中过高的挥发分含量。

③浸渍温度的影响

胶液温度升高时，胶黏剂分子活性增强，分子间距离拉大，内聚力、黏度降低，渗透性增强。胶液温度降低时，胶黏剂分子之间摩擦力增加，胶液黏度增大，渗透性下降，黏附能力提高。在一定温度范围内，选用三种不同的胶液温度，其中温度 $T_1 < T_2 < T_3$。经浸渍干燥后，对应浸渍温度，浸渍纸的上胶量为 $T_1 > T_2 > T_3$，表明胶液温度越高，浸渍纸的上胶量越低（图 5-21）。

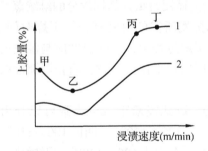

图 5-20　浸渍速度与浸渍纸上胶量的关系
1. 胶液密度 0.94g/cm³　2. 胶液密度 0.93g/cm³

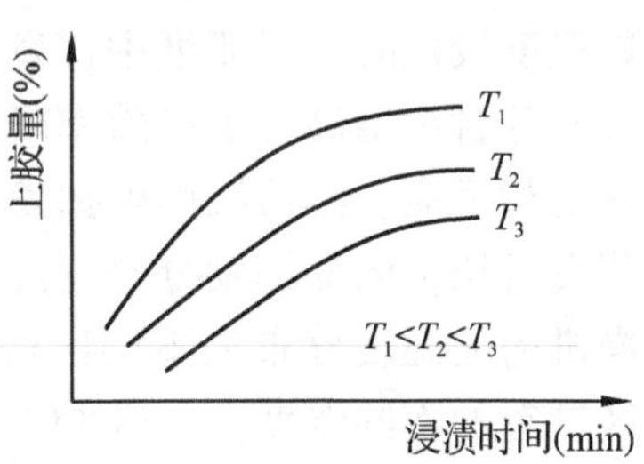

图 5-21　浸渍温度与浸渍纸上胶量的关系

提高胶液温度，虽然会降低浸渍纸的上胶量，但可以提高胶黏剂在浸渍纸内的分布均匀性，但温度过高时，胶液黏度很小，黏附能力很低，胶液容易流掉，浸渍纸的上胶量则会降低。在生产上，浸渍温度一般控制在 20~35℃，最高不超过 40℃。

(4) 设备的影响

用卧式浸渍干燥机生产时，浸渍纸在机内沿水平方向运动，在运动过程中，胶黏剂有一定的时间继续向原纸内部渗透，不会出现顺着纸面流胶的现象。同时，卧式浸渍干燥机具有热空气强制通风系统和排湿装置，干燥室内的温度、湿度、气流速度容易控制，胶液在纸内的渗透比较均匀，浸渍纸质量好。立式浸渍干燥机的干燥室垂直安装，干燥室内的温度不便控制，胶液容易顺着纸面向下流，导致胶黏剂在浸渍纸中分布不均匀。

干燥室内热空气的流动方向与纸面平行时，纸表面形成的气流"临界层"会降低挥发物的蒸发，降低干燥效率；气流方向与纸面垂直时，不会在纸面形成气流"临界层"，可以提高干燥效率。

5.3.3 干燥原理

原纸在通过浸渍装置进行浸渍后，随即进入干燥装置进行干燥，在干燥过程中，浸渍纸中的挥发性物质会气化蒸发，胶黏剂在一定程度上会继续缩聚。挥发性物质的蒸发，降低了浸渍纸的挥发分含量。胶黏剂的缩聚会增加其交联程度，并在一定程度上发生树脂结构的变化。

(1) 干燥条件对浸渍纸挥发分的影响

浸胶用胶黏剂的固体含量一般在35%左右，其中大部分是溶剂和一些低分子组分。原纸在浸渍过程中，在吸收胶黏剂的同时，也吸收了大量的挥发性物质，浸渍纸中多余的挥发性物质需要通过干燥才能去掉。干燥机的干燥介质是热空气，当浸渍纸进入干燥室后，热空气对其加热，使其挥发性物质汽化蒸发，这个过程一直进行到浸渍纸离开干燥室，温度低于蒸发温度时为止。浸渍纸在干燥过程中，热空气的温度和气流速度是影响浸渍纸挥发分含量的主要因素。

①干燥温度及温度分布的影响

干燥温度较高时，浸渍纸中的挥发分温度迅速上升，很快达到汽化温度成为蒸汽，从浸渍纸的表面蒸发出来。提高干燥温度虽然有利于浸渍纸干燥，但干燥温度过高，浸渍纸表面的挥发分蒸发过快，胶黏剂黏度急剧增大，会阻碍浸渍纸内部挥发分的继续蒸发。

干燥温度较低时，浸渍纸中挥发分达到汽化蒸发所需的时间延长，干燥时间增加，浸渍纸挥发分含量增高，生产效率降低。在整个干燥过程中，干燥温度应与浸渍的挥发分蒸发速度相适应，浸渍纸内外挥发分的蒸发速度应基本保持一致，防止浸渍渍纸表面挥发分蒸发过快，内部挥发分蒸发过慢的现象。

干燥机内的温度分布在不同区段是不相同的。卧式浸渍干燥机大致可以分为四个区，各区具有的不同温度，一区110℃、二区、三区130~150℃、四区100~110℃。立式浸渍干燥机进口处70~90℃、中层为90~120℃、上层为120~130℃。干燥机进口端温度过高，会使浸渍纸表面的胶液在干燥初期就失去流动性形成封闭膜，纸内的挥发分难以蒸发排出，浸渍纸外干内湿，表面鼓泡，高低不平，呈波纹状。

②干燥时间的影响

在浸渍干燥机中，浸渍和干燥装置配置在同一台设备上，干燥时间与浸渍时间有密切的关系。浸渍时间延长，干燥时间也相应延长，如果干燥时间延长，不足以排出因浸渍时间延长多吸收的挥发分的话，浸渍纸就具有较高的挥发分含量。相反，如果干燥时间延长，导致浸渍纸中过多的挥发分排出，浸渍纸的挥发分含量就会偏低。浸渍时间较短时，干燥时间相应缩短，在这种情况下，如果干燥室内温度不变，浸渍纸的挥发分含量就会过高。因此生产中要正确控制浸渍时间、干燥时间和干燥温度，防止浸渍纸过干或过湿。干燥时间与浸渍纸挥发分含量之间的关系如表5-5所示。

③气流速度的影响

干燥机内的热空气保持一定的流速和方向，才能对浸渍纸进行有效干燥。在干燥过程中，浸渍纸中的挥发分被加热蒸发进入干燥介质中，当热空气具有一定流速时，能将这些挥发分及时带走，使浸渍纸的挥发分含量不断降低，否则，机内的相对湿度会不断

表 5-5　干燥时间与浸渍纸挥发分含量的关系

技术指标	装饰纸			底层纸		
	1	2	3	1	2	3
干燥温度(℃)	105~131	105~131	105~131	143	145	145
干燥时间(s)	20	30	60	40	56	100
挥发分含量(%)	5.1	4.7	4.1	4.7	4.3~4.5	2.8~3.5

增大，干燥速度越来越慢，直至浸渍纸中的挥发分不能再降低。热空气的流速一般应达到6m/s以上。

气流速度过快时，单位时间内流出干燥机的热空气和流入干燥机的冷空气都会相应增加，要保证机内温度不降低，就需要增加热量消耗；要保证热量消耗不增加，机内的温度就会下降，浸渍纸中挥发分的蒸发速度就会降低。

热空气的流动方向与纸面平行会与纸面产生一定的摩擦力，使热空气的流速下降，越靠近纸面的热空气的流速越慢，紧挨纸面的热空气薄层的流速几乎为零，即所谓"临界层"，"临界层"的存在，降低了挥发分的蒸发速度。热空气的流动方向与纸面垂直，可以破坏"临界层"，使浸渍纸中的挥发分顺利排出，干燥速度得以提高。

(2) 干燥条件对浸渍纸中胶黏剂的影响

生产浸渍纸的胶黏剂是线型结构的初期树脂，浸渍纸进入干燥室后，在热空气作用之下，树脂温度迅速上升，其结构也将发生变化，树脂的变化程度和变化速度，主要取决于干燥室内的温度和干燥时间。

①干燥温度的影响

浸渍纸常用的胶黏剂的温度在100℃以下时，短时间内其结构变化不大，当温度上升到100℃以上时，其变化速度会大大加快。胶黏剂分子结构的变化，一般是从初期树脂变成中期树脂，最后变成末期树脂。但实际上，在加热后，胶黏剂分子结构的变化过程不可能这样清晰和确定，任何阶段的树脂都不可能只有单纯的一种结构。干燥温度很高时，浸渍纸的温度迅速上升，胶黏剂分子之间进一步缩聚，分子量增加，初期树脂在很大程度上转变成了中期树脂，有些甚至转变成了末期树脂，在这种状态下，胶黏剂的流动性已大部分丧失，甚至完全丧失，浸渍纸基本失去作用。干燥温度较低时，热空气提供给浸渍纸的热量减少，这些热量一部分用于浸渍纸中挥发分的汽化，另一部分用于胶黏剂的缩聚，在这种情况下，胶黏剂继续缩聚的可能性较小，分子结构变化不大。

②干燥时间的影响

在浸渍纸进入干燥机的初始阶段，其挥发分含量很高，当机内进口温度较低时，胶黏剂在这一阶段只是温度有了一定升高，黏度有所增加，其分子结构没有发生变化。随着浸渍纸的继续运动，干燥时间的延长，浸渍纸的温度越来越高，一部分初期树脂开始向中期树脂转变，这时的浸渍纸若用乙醇浸泡，虽然其中大部分树脂可以溶解于乙醇中，但有小部分不能溶解而只发生溶胀，可以溶解的树脂仍为初期树脂，发生溶胀的树脂则已转变为中期树脂。当浸渍纸的干燥进行到这一阶段时，干燥过程应基本完成，如果继续干燥，树脂分子之间就会进一步缩聚，分子量急剧增大，中期树脂的比例大大增加，一部分中期树脂还会转变成末期树脂，因此干燥时间不能过长。干燥时间过短，虽然胶黏剂中的初期树脂含量较高，但浸渍纸的挥发分含量也较高。

在浸渍纸干燥过程中，初期树脂向中期树脂的转化率一般控制在10%～20%，保证绝大部分树脂仍然处在初期阶段。浸渍纸在热压时，胶黏剂才具有良好的流动性和较高的胶合强度。虽然浸渍纸中不应出现末期树脂，但由于各种原因，仍有极少部分树脂会变成末期树脂，但末期树脂的转化率不能超过2%～5%，否则浸渍纸的质量会严重下降，生产中浸渍纸的技术质量指标如表5-6所示。

表5-6 浸渍纸技术指标的控制范围

技术指标	透明纸	装饰纸	素色纸
树脂含量(%)	150～180	60～80	38～55
挥发分含量(%)	6～7	6～8	6～8
树脂流动性(%)	8～16	4～12	7～12

5.3.4 三聚氰胺树脂浸渍纸制备

(1) 胶黏剂调制

三聚氰胺树脂胶黏剂是浸渍纸生产最常用的合成树脂胶黏剂，由于三聚氰胺树脂固化后具有脆性较大等缺点，因此必须经过调制改性后才能使用。三聚氰胺树脂的调制是在树脂中加入溶剂、添加剂等物质，使其原有的性能得到改善并具有某些新的性能。添加剂有固化剂、增韧剂、脱膜剂、湿润剂、消泡剂等，在胶黏剂调制时，一般根据需要加入其中的一种或几种。

固化剂的作用是促进树脂的缩聚固化，缩短固化时间，提高固化程度。树脂中加入固化剂后，其活性期至少应达到4h以上，否则胶黏剂有可能出现提前固化。增韧剂的作用是提高胶黏剂的流动性，增加其固化后的韧性，防止饰面板表面出现裂纹等缺陷。湿润剂的作用是增强树脂对原纸的渗透性能，使其在原纸中均匀分布。脱膜剂的作用是使贴面板与垫板顺利脱离，防止黏板现象。消泡剂的作用是防止胶黏剂起泡沫，造成表面浸渍不均匀。溶剂的作用是对树脂进行稀释，调节树脂的黏度。添加剂加入树脂后，要用调胶设备进行充分搅拌，调胶装置的结构如图5-22所示。

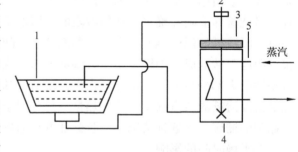

图5-22 调胶装置
1. 浸胶槽 2. 搅拌器 3. 过滤网 4. 贮胶罐 5. 蒸汽管道

(2) 浸渍干燥

在对原纸进行浸渍时，常采用二次浸渍工艺，以减少三聚氰胺树脂的消耗，降低生产成本。其方法是，原纸在第一浸渍槽中先经脲醛树脂胶黏剂浸渍，使胶黏剂进入原纸芯层，经红外干燥器干燥后进入第二浸渍槽，再用改性三聚氰胺树脂胶黏剂进行浸渍，胶黏剂浸入原纸的表层，浸渍完成后进入干燥室进行干燥。采用二次浸渍工艺，可用脲醛树脂胶黏剂代替35%~40%的三聚氰胺树脂胶黏剂，脲醛树脂胶黏剂分布在浸渍纸内层，三聚氰胺树脂胶黏剂分布在浸渍纸表层，既可降低生产成本，又可以保证浸渍纸质量，二次浸渍装置示意图如图5-23所示。

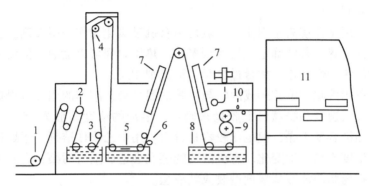

图 5-23 二次浸渍设备
1. 导辊 2. 张紧辊 3. 预浸辊 4. 缓冲辊 5. 第一浸胶槽 6. 刮胶辊
7. 红外干燥器 8. 第二浸胶槽 9. 计量辊 10. 细磨辊 11. 干燥室

在图5-23中，原纸由导辊经张紧辊后，到达预浸辊，预浸辊对原纸进行单面浸涂，经一段时间渗透后进入第一浸渍槽进行浸渍。经第一次浸渍后，经刮胶辊刮去纸张表面多余的胶液，进入第一干燥装置（远红外线干燥器）进行干燥。经过一次干燥后，原纸再进入第二浸渍槽进行第二次浸渍。经二次浸渍后，通过计量辊刮去浸胶纸表面多余的胶液，再经过一对细磨辊使浸渍纸表面的胶液匀化后，便进入干燥机进行干燥。

5.3.5　DAP树脂浸渍纸制备

DAP树脂是邻苯二甲酸二丙烯树脂的简称。DAP树脂浸渍纸的制备方法和使用的设备，与三聚氰胺树脂浸渍纸基本相同。装饰纸原纸一般是80g/m²的钛白纸，装饰纸所用的印刷油墨要求能耐高温，并且不受氧化物和丙酮等溶剂的影响，油墨的黏结剂采用硝化纤维或醋酸纤维素。

DAP树脂浸渍胶液是由聚合物、单体、催化剂、内脱膜剂和溶剂等按一定比例配合调制而成的。以下是两种常用的浸渍胶液的配方（质量百分比）：

配方一：

邻苯二甲酸二丙烯酯预聚体	93.5%	邻苯二甲酸二丙烯酯单体	4.6%~9.2%
引发剂（过氧化苯甲酰）	0.9%~2.7%	溶剂（丙酮或丁酮）	适量
内脱膜剂（月桂酸、蜂蜡等）	1%~3%		

配方二：

邻苯二甲酸二丙烯酯树脂	45.6%	光泽剂（其中甲苯30%）	45.6%
剥离剂（DR-205）	0.8%	引发剂（过氧化苯甲酰）	2.3%
溶剂（丙酮）	5.7%		

在浸渍胶液中加入一定量的邻苯二甲酸二丙烯酯单体,是为了增加树脂的流动性,使浸渍纸比较柔软,容易操作,但加入过量会造成浸渍纸黏连,使干燥操作困难。单体加量过少,容易造成表面缺胶,贴面后胶膜层易与基材发生剥离。在加入单体的同时,一般还需加入一定量的阻聚剂(对氧基苯酚),以延长胶液的活性期,但加量过多会延长树脂的固化时间。

引发剂的作用是促使树脂固化,一般是用有机过氧化物作为引发剂。引发剂的用量可根据浸渍条件和热压条件确定,加量较多时,热压时间可以缩短,但浸渍纸的活性期会缩短,树脂的流动性变差;加量过少时,情况则相反。

溶剂一般可用丙酮、甲乙酮或丙酮与甲苯的混合液,溶剂的用量应根据原纸、浸渍装置的结构、浸渍速度和浸渍纸上胶量来确定。溶剂的浓度一般为35%~50%。用丙酮作溶剂,浸渍纸容易干燥,但也比较容易着火。用甲乙酮作溶剂,干燥稍困难些,但浸渍时,胶液浓度不易发生变化。有机溶剂的蒸发会造成空气污染,有害人体健康,目前发展趋势是把树脂浸渍液从溶剂型改成乳液型。

生产浸渍纸时,首先将添加剂加入到DAP树脂中,再用溶剂将树脂调整到浓度为40%~50%。胶液调制好后,即可开始对原纸进行浸渍干燥。干燥阶段的温度不宜太高,在80~135℃就可以将溶剂除去。以丙酮为溶剂时,干燥过程分为两个阶段,前一阶段的温度为90~100℃,后一阶段的温度为100~140℃,干燥机入口区的温度一般在90℃以内。

浸渍纸的上胶量和挥发分含量,可根据实际情况适当调整,表层浸渍纸的上胶量一般为80%左右;装饰浸渍纸的上胶量一般为55%~65%;挥发分含量为3%~5%,一般不超过6%。浸渍纸生产的工艺条件如表5-7所示。

表 5-7 DAP 树脂浸渍纸生产工艺条件

技术指标	表层纸 (立式干燥机)	装饰纸 (卧式干燥机)		平衡纸 (卧式干燥机)
定量(g/m²)	20~30	95~105	145~150	80~120
胶液浓度(%)	35~50	35~50	35~50	35~50
干燥温度(℃)	90~95	90~120	90~120	90~120
干燥速度(m/min)	1~2	15~20	10~15	20
浸渍纸上胶量(%)	80±2	65±2	55±2	48±2
浸渍纸挥发分(%)	5±2	5±2	5±2	5±2
流动性(%)	10±2	8±2	8±2	8±2

5.3.6 浸渍纸贮存

浸渍纸制成后,一般需要存放3~5天,有时甚至需要存放更长的时间。在贮存过程中,当环境条件发生变化时,浸渍纸的质量也会发生一定的变化,因此应有良好的贮存条件,以保证浸渍纸在贮存过程中质量不会下降。贮存条件主要是指贮存环境的相对湿度、温度和贮存时间等。

浸渍纸具有一定的吸湿性，吸湿量的大小，一方面取决于浸渍纸本身的特性，另一方面取决于贮存的环境条件。当贮存环境相对湿度比较低时，浸渍纸的吸湿量较小，如果环境非常干燥，会造成浸渍纸中挥发分过多挥发，使胶黏剂逐渐变干，流动性下降。贮存环境湿度较大时，浸渍纸吸湿加快，挥发分含量增加，比如，当相对湿度达到80%以上时，装饰浸渍纸的吸湿量可达到10%左右，薄型透明浸渍纸的吸湿速度更快。浸渍纸吸湿量过多后，会造成热压时部分胶黏剂被挤出制品以外，使装饰表面光泽下降，而且吸湿后的浸渍纸叠放在一起容易产生相互黏连，给使用造成困难。即使在相对湿度较低的情况下，如果贮存时间过长，也会造成浸渍纸的吸湿量增高。

贮存温度较高时，会促使浸渍纸中的胶黏剂进一步发生缩聚，挥发分含量进一步降低，浸渍纸变脆，热压时影响树脂的流动性，造成胶黏剂分布不均匀，胶合强度下降，有时还会使制品出现分层、胶接不牢等缺陷。为了保证浸渍纸的质量，浸渍纸应贮存在专用的贮存室中，贮存室相对湿度控制在45%~55%，温度控制在20~25℃。如果用塑料薄膜将浸渍纸包装存放，效果会更好一些，可以贮存1~2个月时间。贮存时浸渍纸的叠放不宜太厚，最好是将浸渍纸存放在格架上，便于通风，也便于存放取用。各种不同的浸渍纸，应划分一定的区域分开存放，使用时按照存放时间顺序，先存先用、后存后用，避免浸渍纸长期存放出现老化。

5.4 浸渍纸贴面工艺

最初的浸渍纸贴面，是以热固型酚醛树脂作胶黏剂，通过对原纸进行浸渍干燥后制成浸渍纸，再用热压的方法胶贴在人造板基材的表面上。这种贴面方法虽然在很大程度上提高和改善了人造板本身的性能，但由于酚醛树脂本身的颜色较深，贴面人造板的表面装饰性较差，使其应用范围受到了一定的限制。此后，随着三聚氰胺甲醛树脂（以下简称三聚氰胺树脂）的发展和应用，给浸渍纸贴面带来了良好的发展机遇。三聚氰胺树脂色浅，不会产生浸渍纸颜色深的问题，它的胶合强度、耐磨性能等也非常优良，因此以三聚氰胺树脂为胶黏剂的浸渍纸贴面技术得以迅速发展起来，直到今天，三聚氰胺树脂浸渍纸贴面仍然是人造板表面装饰的一种重要方法。

继三聚氰胺树脂浸渍纸贴面之后，随着合成树脂工业的发展，各种新型树脂胶黏剂也相继问世。20世纪60年代初出现了用聚酯树脂浸渍纸贴面的人造板表面装饰方法，接着环氧树脂也被应用到了这一领域。到60年代中期，邻苯二甲酸二丙烯酯树脂、鸟粪胺树脂相继被开发，它们成了三聚氰胺树脂最好的代用材料，进入70年代后，低压三聚氰胺树脂浸渍纸贴面技术的出现，开创了浸渍纸贴面一个新的发展时期。传统的三聚氰胺树脂，需要在较高的压力下才具有较好的流动性，但过高的压力会造成人造板基材的损失，低压三聚氰胺树脂在较低的压力下具有较好的流动性，这给用浸渍纸直接贴面提供了极大的方便。而后，又通过对三聚氰胺树脂的改性，使三聚氰胺树脂不仅具有良好的流动性，而且可以实现快速固化，于是又出现了低压短周期、不冷却卸压的浸渍纸贴面新工艺。新胶种、新工艺和新设备的不断出现，大大推动了人造板表面装饰技术的发展。

5.4.1 三聚氰胺树脂浸渍纸贴面工艺

三聚氰胺树脂浸渍纸贴面有多种形式，在实际生产中，既要考虑贴面板的使用要求，又要考虑不能过多地增加生产成本。常见的三聚氰胺树脂浸渍纸贴面形式如图 5-24 所示。

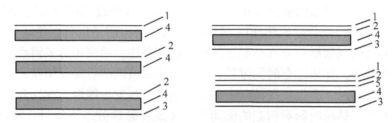

图 5-24 三聚氰胺树脂浸渍纸贴面形式
1. 表层纸　2. 装饰纸　3. 底层纸　4. 基材　5. 覆盖纸

最常用的贴面形式是在基材表面贴一张彩色或带图案的三聚氰胺树脂浸渍纸，背面贴一张平衡纸。平衡纸的作用是保证贴面制品结构对称、形状尺寸稳定，平衡纸可以是脲醛树脂或酚醛树脂胶黏剂浸渍纸，原纸一般是素色原纸。

在对贴面制品的表面耐磨性、耐热性、耐水性和耐化学药品腐蚀性要求较高的情况下，表面可以增加一层三聚氰胺树脂表层浸渍纸。如果在三聚氰胺树脂浸渍纸下面增加一张用酚醛树脂浸渍的底层纸，可以提高贴面制品表面的抗冲击性能，增加表面的平滑度，减小基材表面粗糙度的影响，缓冲装饰层与基材之间的收缩不平衡，防止装饰层与基材剥离。

5.4.1.1 "冷—热—冷"贴面工艺

三聚氰胺树脂浸渍纸"冷—热—冷"贴面工艺，适用于密度为 0.7~0.75g/cm³、厚度为 3~40mm 的人造板贴面装饰。装饰制品表面光亮、坚硬、耐磨、耐热、耐腐蚀，但热压周期长、压力高、热压机结构复杂、耗热耗水量大、生产效率低。

（1）基本要求
① 对胶黏剂的要求
传统三聚氰胺树脂胶黏剂需要在较高的压力下才具有较好的流动性，因此必须对三聚氰胺树脂进行改性，使之在较低的压力下就能充分流展。

② 对原纸的要求
要求透明纸的透明度高，定量一般为 20~30g/m²；装饰纸具有良好的覆盖性、吸收性、湿强度，质地平滑均匀、图案清晰、色彩鲜艳，定量规格一般为 80~150g/m²，吸水高度为 30~45mm/10min，湿状抗拉强度为 0.3~0.5N/15mm。作平衡和隔离用的原纸一般为定量 60~120g/m² 的素色纸。

③ 对基材的要求
要求基材板面平整光滑、具有足够的强度，结构对称、没有翘曲、厚度公差不大于 0.15mm，含水率控制在 6%~10%。热压力较高时，浸渍纸的上胶量为 60%~80%；

热压力较低时,上胶量为80%~120%,挥发分含量控制在6%~8%。

④对辅助材料的要求

垫板采用不锈钢板,厚度一般为2.5~5.0mm。高光制品表面采用镜面不锈钢垫板,柔光制品表面采用柔光垫板。为保证浸渍纸和基材热压时受压均匀,组坯时必须使用衬垫材料,常用的衬垫材料有衬垫纸、耐高温橡胶、丁腈橡胶与石棉的复合材料、金属与石棉编织的弹性材料等。热压时,为防止浸渍纸与金属垫板发生黏连,必须使用脱膜剂,常用的脱膜剂有油酸、月桂酸、硅酮、硬脂酸等。

(2)组坯方式

用于贴面的热压机分为单层热压机和多层热压机。采用"冷—热—冷"贴面工艺,热压周期长,一般采用多层热压机,在热压机的每个间隔内放置1~2块板坯,组坯方式如图5-25所示。

如果基材只有一面进行装饰,与装饰纸接触的一面用不锈钢垫板,另一面可以用铝板或铝合金板作垫板,如果基材的两面都需进行装饰,则上、下两面都需要用不锈钢垫板。为操作方便,衬垫材料和不锈钢垫板(或铝垫板)固定在热压板上。

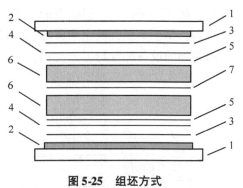

图5-25 组坯方式

1.热压板 2.衬垫材料 3.不锈钢垫板 4.表层纸 5.装饰纸 6.基材 7.铝垫板

(3)热压工艺

①热压温度

热压温度主要取决于树脂固化所需要的温度、人造板基材的耐热性能和加热时间。热压温度应保证胶黏剂能够充分熔融和固化,同时保证不降低基材的物理力学性能。纤维板基材的贴面热压温度可以高一些,刨花板和胶合板的温度可稍低一些。一般贴面装饰的温度为135~150℃。加压时间由每个热压板间隔中板坯的数量决定,板坯的数量越多,所需的热压时间越长。

②热压压力

三聚氰胺树脂胶黏剂的流动性较差,经改性后,其流动性可以有较大改善,但仍需一定的压力,树脂才能均匀流展,形成光亮平整的胶膜。在热压贴面过程中,如果基材长时间处于高压状态,基材会被压缩,甚至胶层也会受到破坏,使基材的强度下降。因此,一般采用分段降压工艺,其热压曲线如图5-26所示。

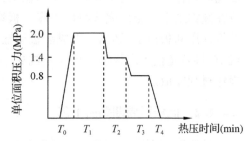

图5-26 冷—热—冷热压曲线

热压机闭合后,升压至最大压力(2.0MPa),同时将热压板的温度上升到135~150℃,并在此阶段保持一段时间。此阶段初期的1~3min,饰面层还未达到树脂的熔融温度,在而后的几分钟内,饰面层的温度逐渐升高至树脂的软化点,树脂在压力作用下均匀流展,相互渗透,同时与基材形成紧密结合。此阶段结束后，压力首先从 2.0MPa 降低到 1.4MPa，然后再降至 0.8MPa，以减小基材的压缩，同时往热压板内注入冷水，使热压板温度下降，当热压板温度降低到 50℃ 以下时卸压出板。

(4) 贴面装饰工艺流程

贴面装饰有机械化、半机械化和手工操作三种方式。手工操作劳动强度大，生产效率低，但所需设备简单，生产方式灵活，对一些小规模生产单位来说，也是一种被广泛采用的方法。机械化和自动化的生产效率高，产品质量好，工人劳动强度低，但设备投资大，占地面积大，主要为大规模生产企业采用。"冷—热—冷"工艺的热压操作比较麻烦，热压周期较长，但板表面光亮，垫板不需另设冷却设备，可多工位组坯，节省组坯时间，易于实现机械化和自动化。图 5-27 是以刨花板为基材的三聚氰胺树脂浸渍纸贴面装饰的设备配置与工艺流程。

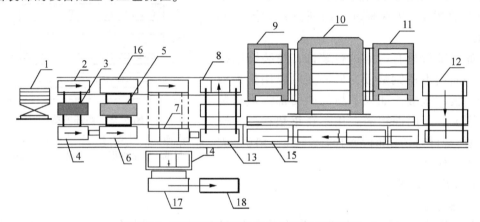

图 5-27　浸渍纸贴面装饰的设备配置工艺流程
1. 基材　2. 装饰纸　3. 进板装置　4. 底层纸　5、6、8、16. 组坯位　7、13. 真空吸板器　9. 装板机
10. 热压机　11. 卸板机　12. 成品板坯　14、15. 运输机　17. 裁边机　18. 成品板堆

刨花板基材堆放在 1 位，装饰纸和底层纸分别置于 2 位和 4 位，底层纸铺放在 5 位的底垫板上，然后前进至 6 位，由进板装置 3 将刨花板放在底层纸上运至 7 位，将装饰纸铺放在板坯上前进至 8 位，由运输机 15 运至装板机 9 的抛光垫板，用真空吸板机 13 放在装饰纸上，至此完成组坯工序。板坯由装板机 9 送入热压机 10 进行热压，热压后的板坯用卸板机 11 卸出，由成品板运输装置运至真空吸板机 16 之前的工位。真空吸板机 16 将抛光板吸离板坯运至装板机 9，成品板运往裁边机 17 裁边后运往板堆 18，整个操作过程完成。

5.4.1.2　低压短周期贴面工艺

低压短周期贴面工艺适合密度为 $0.65 \sim 0.68 \mathrm{g/cm^3}$，厚度为 8~40mm 的人造板贴面装饰。制品表面光泽柔和、物理性能好、热压周期短（仅 50s 左右）、生产效率高、热压压力小、压机结构简单、耗水耗热量小。

(1) 基本要求

①对胶黏剂的要求

低压短周期贴面工艺,要求浸渍纸的上胶量比较高,在生产中为了使浸渍纸既具有较高的上胶量,又不致使生产成本过高,一般是采用改性三聚氰胺树脂和脲醛树脂两种树脂作为胶黏剂。浸渍纸先经脲醛树脂胶黏剂浸渍,再用三聚氰胺树脂胶黏剂进行浸渍。三聚氰胺树脂胶黏剂必须经过高度改性,使其在150℃、2MPa左右的压力下能迅速均匀流展,在40~60s内能完全固化,在160~200℃条件下卸压板面不会开裂,装饰表面理化性能良好,并具有足够的贮存期。

②对基材的要求

基材主要是刨花板和中密度纤维板,基材应该结构均匀,板面经80~100#砂纸砂光,表面无气孔,颜色均匀,没有污染,厚度偏差小于±0.15mm,横向绕曲度不超过2mm,含水率为6.0%~8.5%,平均密度为0.65~0.68g/cm^3,厚度大于8mm。

③浸渍纸的技术指标

装饰浸渍纸上胶量为56%~58%,挥发分含量为6%~7%;底层浸渍纸上胶量为52%~55%,挥发分含量为6%~7%。

(2) 热压贴面

低压短周期热压贴面采用单层平压机,这种热压机可以实现快速闭合,防止浸渍纸发生预固化,避免制品表面产生裂纹。

①热压温度

三聚氰胺和脲醛树脂胶黏剂合适的固化温度是130~150℃,由于热压板与垫板之间有一层压力缓冲垫,阻碍了热传导,在短时间内要使浸渍纸温度达到130~150℃,热压板的温度应达到180~200℃,但热压板温度过高,会缩短树脂熔融后的流动时间,妨碍饰面板形成连续均匀的胶膜。

②热压压力

压力不仅可以使浸渍纸中的树脂在熔化后能均匀流展,形成连续封闭的表面胶膜,同时可以减小基材表面的不平度和厚度公差,提高饰面制品的表面质量。压力过低浸渍纸与基材的接触不良,甚至难以胶合,同时也不利于胶黏剂的流动。压力过高会使基材受到过多压缩,严重时还会使基材内部结构受到破坏,单位面积压力一般为2MPa左右。

③热压时间

热压时间是指压机从达到最大压力开始,到压机解除压力开启之前的时间。加压时间取决于胶黏剂的固化速度,在胶黏剂一定的情况下,固化速度主要取决于热压温度,温度越高胶黏剂的固化速度越快,所需的热压时间越短。低压短周期贴面工艺的树脂固化时间一般为40~60s,热压温度与树脂固化时间的关系如表5-8所示。

④低压短周期贴面生产线

以刨花板为基材的低压短周期贴面生产线工艺流程如图5-28所示,图5-29是三聚氰胺树脂浸渍纸低压短周期生产线平面布置图。

表 5-8 热压温度与树脂固化时间的关系

热压温度(℃)	树脂固化时间(s)	热压温度(℃)	树脂固化时间(s)
165	28	150	48
160	36	148	53
155	43	140	60

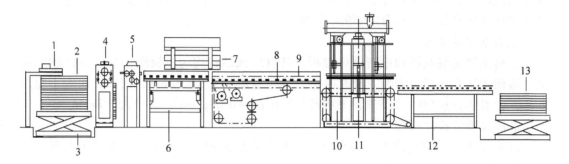

图 5-28 低压短周期贴面生产线

1. 自动推板器 2. 人造板基材 3. 液压升降台 4、5. 双面清扫机 6. 辊筒运输机 7. 双层贮纸架
8. 蝶式运输机 9. 进板机 10. 热压机液压系统 11. 短周期贴面热压机 12. 出板辊筒运输机
13. 浸渍纸贴面板

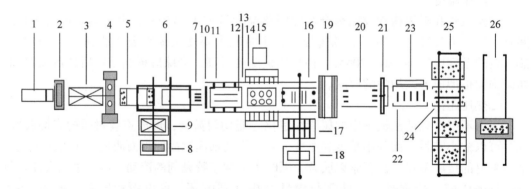

图 5-29 三聚氰胺树脂浸渍纸低压短周期生产线平面布置图

1. 辊筒运输机 2. 推板机 3. 升降机 4. 刷板机 5. 运输机 6. 吸盘 7. 运输带 8、9. 配纸站
10. 静电负荷站 11. 夹持器 12. 配板站 13. 进出板装置 14. 热压机 15. 液压系统 16. 运输带
17、18. 吸架、压板架 19. 齐边机 20. 运输带 21. 清理站 22. 检验站 23. 检验摆动装置
24. 吸盘吊车 25. 板堆 26. 推车

在图 5-29 中，基材通过辊筒运输机运送至推板机，推板机将基材推送至升降机堆放，升降机的最大升降高度为 800mm。基材经刷板机刷掉表面灰尘杂质后送至运输机上，并在运输机上定中。配纸站上放有两垛浸渍纸，一垛浸渍纸正面朝上，另一垛浸渍纸正面朝下。吸纸架上的吸盘从两个纸垛中各吸取一张浸渍纸，并与运输机上的基材同步运行至运输带处，将基材与浸渍纸放置在运输带上，基材与纸再同时被运至静电负荷

站，浸渍纸带静电后黏附于基材上，继续向前运行至配板站，进出板装置的夹板器将基材和纸夹住送入热压机，放置在热压机的下压板上。与此同时，进出板装置的活动臂摆进压机开档，将基材送入热压机，热压机迅速闭合升压。热压时，单位面积压力 2~3MPa、热压温度 190~200℃、加压时间 30~50s。出板装置的真空吸盘将成品板放于运输带上，将成品板定中后，进入齐边机，将多余的纸从板的四边切掉，随后经运输带将板送至清理站进行清理，再送入检验站进行检验。检验完后送至吸盘吊车处进行纵横对中。吸盘吊车将定过中的成品板吸起，送到板堆堆放，然后由推车将板垛运进成品仓库。

低压短周期贴面工艺的热压温度较高，热压周期很短，必须实现自动进出板和自动配板。自动进出板和自动配板装置是低压短周期生产线非常重要的配套设备，图 5-30 是一种夹板式自动进板装置的工作原理图。浸渍纸和基材在配板台上被夹板装置夹住，配板台下降，夹板将浸渍纸和基材送进开启的热压机后，右边的夹子摆出压机，将浸渍纸和基材的一侧放在热压机的下压板上，之后左边夹子摆出，浸渍纸和基材完全落在热压机的下压板上。紧接着热压机的上压板下降，压机闭合并开始加压。从浸渍纸接触下压板到热压机升压到单位压力 $150N/cm^2$，所需时间最多为 5s。

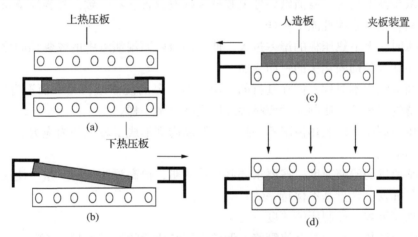

图 5-30 夹板式自动进板装置

图 5-31 所示是一种自动配板装置。浸渍纸垛经翻转后，使正面朝下，叉车将浸渍纸垛放在辊筒运输机 5 上，运至升降机 6 的一层中，下浸渍纸在升降机的最上层，上浸渍纸在升降机的最下层。如果每面贴两张纸时，底层纸放在升降机中间。升降机上层的下浸渍纸下降至吸纸器 7 的同一高度时，吸纸器 7 将下浸渍纸运送至配板站 4，基材从基材架上被送至辊筒运输机 2，辊筒运输机 2 将基材运送至放板装置 3，放板装置 3 将板放在下浸渍纸上，升降机 6 升起，使最上一层浸渍纸升至吸纸器的同一高度，吸纸器将上浸渍纸吸起送至配板站 4，放在基材的上表面。在基材每一面贴两张纸时，配板顺序为：下浸渍纸→底层纸→基材→底层纸→上浸渍纸。基材每面贴一张浸渍纸时，该配板机构每小时可完成 80~90 个周期；每面贴两张浸渍纸，可完成 40~45 个周期。

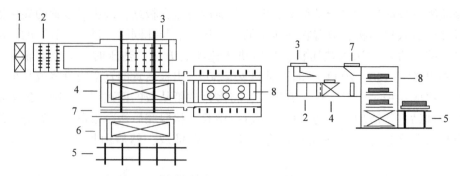

图 5-31　升降配板机构
1. 基材架　2、5. 辊筒运输机　3. 放板装置　4. 配板站　6. 升降机　7. 吸纸器　8. 热压机

5.4.1.3　影响浸渍纸贴面质量的因素和解决措施

(1) 板面翘曲

主要原因：

①原纸浸渍不均匀，浸渍纸各处上胶量和挥发分含量不一致，外界环境条件发生变化时，制品各处的胀缩性能不一样。

②热压时，上下热压板的温差过大，使贴面板两面浸渍纸中的胶黏剂固化速度不一致，使制品朝胶黏剂固化快的一面弯曲。

③贴面板结构不对称，如在基材的一面贴有较厚的浸渍纸，另一面没有贴浸渍纸，或只有很薄的浸渍纸，使制品两面吸潮或解吸状态不一样。

④卸压后制品两面散热情况不一致，在制品内部形成了较大的内应力。

解决的措施：

①调整原纸的浸渍速度，按要求调制浸渍树脂，提高浸渍纸的质量，使浸渍纸各处的上胶量与挥发分含量基本保持一致。

②增加厚度规，控制压缩厚度。

③清洗疏通热压板内的蒸汽管路，调整上下热压板的温差不超过4℃。

④保持制品结构对称，当基材的一面贴有较厚的浸渍纸时，另一面应贴有相应的平衡纸。

⑤卸压后使制品两面同时散热，均匀冷却。

(2) 垫板黏板

主要原因：

①热压时间太短或热压温度太低。

②胶黏剂中没有加脱膜剂或没有采取其他脱膜措施。

③垫板质量下降，表面有沟槽、纹路、凹陷或污染。

上述问题可以通过调整热压温度、调胶时增加脱膜剂、采用质量好的抛光衬板或及时对衬板进行抛光打磨解决。

(3) 分层与鼓泡

分层的主要原因：

①防水物质石蜡或其他疏水物质浮于板面，阻碍了浸渍纸与基材的胶合。

②浸渍纸中树脂含量低，流动性差，造成基材表面局部缺胶。

③基材含水率或浸渍纸挥发分含量太低。

鼓泡的原因是基材太薄或含水率太高。

(4) 板面湿花(水渍)

主要原因：

①基材含水率太高。

②浸渍纸中的挥发分含量过高。

③热压温度过低，浸渍纸中过多的挥发分不能排出。

④浸渍纸贮存时间过长、贮存环境湿度太大，浸渍纸回潮。

采取的措施：

①降低基材的含水率。

②调整浸渍纸干燥工艺，降低浸渍纸挥发分含量。

③提高热压板温度，并控制在合适的范围内。

④做好浸渍纸保管，改善贮存条件。

(5) 板面光泽不足

主要原因：

①浸渍纸挥发分含量过高，浸渍纸中树脂含量不足。

②热压单位面积压力太大。

③不锈钢垫板表面污染。

④贴面热压工艺为"热—热"工艺。

解决的措施：

①调整浸渍纸的干燥条件，降低其挥发分含量。

②增加浸渍纸中的树脂含量。

③调整热压压力，将压力控制在适当范围内。

④清除垫板表面的污染，对垫板进行抛光打磨。

⑤对表面光泽要求高的贴面制品，改用"冷—热—冷"工艺。

5.4.2 DAP 树脂浸渍纸贴面工艺

(1) DAP 树脂浸渍纸贴面的特点

①兼有热固型树脂的坚牢性和热塑性树脂的易加工性，胶合强度高，柔韧性、流动性好，可在低温低压下进行贴面处理，贴面制品表面不产生龟裂。

②生产的浸渍纸柔软可卷，加工使用方便，贮存时间长，采用"热—热"加压工艺，制品也具有良好的表面光泽和良好的装饰效果。

③浸渍纸树脂固化后机械强度高、耐磨性、抗冲击性好，可进行各种机械和曲面加工。

④贴面制品的电绝缘性优于酚醛树脂和三聚氰胺树脂浸渍纸的贴面制品。

⑤制品耐水、耐热、耐老化性好,吸湿性小,耐化学药品污染,耐酸、碱和有机溶剂性好。

DAP树脂胶黏剂浸渍纸贴面制品的性能如表5-9所示。

表5-9 DAP树脂饰面胶合板的性能

性能指标	检测方法	效果
耐热性	180℃油锅在试件上保持20min	表面无变化
耐沸水蒸气	饰面向下覆盖在沸水杯上,保持10min	表面无变化
干湿试验	两个试件背面胶合,四周封边,放入40℃±2℃热水中1h,再在40℃±2℃下烘2h	表面无开裂、无分层、无鼓泡、无褪光现象
吸水性	试件浸入60℃±3℃的水中2h后	增重小于2g
耐老化性	温度60℃,相对湿度70%,光照216h	表面无裂纹
耐化学药品性	耐一般的化学药品,如碘酒、红药水、蓝墨水3h后用水或乙醇擦拭	表面无痕迹

(2) DAP树脂浸渍纸贴面

用DAP树脂浸渍纸对人造板基材进行贴面时,贴面工艺可以采用"热—热"工艺,也可采用"冷—热—冷"工艺,热压贴面时对基材含水率的要求如表5-10所示,采用"热—热"工艺时,取表中较低的数值,采用"冷—热—冷"贴面工艺,取表中较高的数值。

表5-10 DAP树脂浸渍纸贴面对基材含水率的要求

基材	厚度(mm)	最大含水率(%)
胶合板	3~8	6.0~8.0
纤维板	3~8	2.0~4.0
刨花板	10~20	3.0~5.0

DAP树脂浸渍纸贴面通常采用"热—热"加压工艺,在贴面制品表面光泽要求特别高时,可以采用"冷—热—冷"加压工艺。热压时垫板和热压板之间要放置压力缓冲材料,垫板一般是经抛光的不锈钢板,脱膜剂采用硅酮树脂,将硅酮树脂涂于垫板上,经过180~200℃温度烘干后即可使用。各种基材贴面的热压条件如表5-11所示。

表5-11 各种人造板基材贴面的热压工艺条件

热压条件	基材		
	胶合板(3~5mm)	纤维板(3~8mm)	厚胶合板、刨花板(10~20mm)
压力(MPa)	0.8~1.2	1.0~1.5	0.8~1.2
热压温度120℃下的热压时间(s)	6~8	7~8	11~15
热压温度130℃下的热压时间(s)	5~6	6~8	8~11
热压板闭合时间(s)	20以下	20以下	20以下

5.4.3 鸟粪胺树脂浸渍纸贴面装饰工艺

鸟粪胺树脂是甲基鸟粪胺或苯基鸟粪胺与甲醛反应的产物。鸟粪胺树脂与三聚氰胺树脂有类似的反应，树脂的特征、性质也很相似。与三聚氰胺相比，其分子中少了一个官能基，交联密度变小，树脂具有一定的可塑性。作为浸渍纸生产用树脂，鸟粪胺树脂具有以下特点：

①浸渍纸稳定性好、贮存期长，在密封包装的情况下可以贮存 6 个月以上。
②浸渍纸柔韧性、挠曲性好，可以卷成筒状，贮存方便，适合连续化生产。
③树脂固化后耐热、耐水、耐气候、耐化学药品污染性好。
④贴面装饰范围广泛，可采用低压"热—热"工艺进行贴面，不需使用脱膜剂。
⑤机械加工性能好，可以进行曲面加工，装饰表面有良好的光泽。
⑥浸渍纸中树脂流动性好，含量稍低也具有较好的胶合强度。
⑦贴面制品尺寸稳定性好，收缩率低，不产生翘曲开裂，贴面板背面不需贴平衡纸。

甲基鸟粪胺树脂亲水性强，是水溶性树脂，其浸渍纸与三聚氰胺树脂浸渍纸一样，需采用"冷—热—冷"加压工艺，制品才能获得光亮的表面。苯基鸟粪胺树脂不溶于水而溶于有机溶剂，其初期产物在经过脱水后，有两种处理方法，一种是用有机溶剂直接对树脂进行稀释，另一种是树脂在甲醇共存的条件下与甲醛反应，成为改性鸟粪胺树脂。用苯基鸟粪胺树脂浸渍纸贴面，采用"热—热"工艺，也可使制品获得良好的表面光泽。

鸟粪胺树脂属于低压型树脂，对原纸的要求与低压三聚氰胺树脂相同。用鸟粪胺树脂作为浸渍胶黏剂时，表层纸上胶量一般为 60% 左右，装饰纸上胶量为 45%~55%，挥发分含量为 4%~5%。采用"热—热"工艺贴面时，热压单位面积压力 1.0~1.5MPa，温度 135~140℃；加压时间 8~10min。在制品表面要求特别高时，也可以采用"冷—热—冷"加压工艺。

思考题

1. 原纸有哪几种类型，在生产浸渍纸时它们各自有什么作用？
2. 原纸的一般特性主要包括哪些方面，它们对浸渍纸生产和质量有什么影响？
3. 浸渍干燥设备有哪两种主要类型，它们各自具有哪些主要特点？
4. 胶黏剂性能对浸渍纸生产过程和浸渍纸质量有哪些影响？
5. 对原纸的浸渍与干燥有哪些基本要求？
6. 影响浸渍纸干燥的主要因素有哪些，它们对浸渍纸干燥有什么影响？
7. 浸渍纸的质量指标有哪些，它们反映了浸渍纸的什么特性，如何进行检测？
8. 浸渍纸贴面热压工艺有哪两种主要类型，它们各有什么特点？
9. 三聚氰胺树脂浸渍纸低压短周期贴面热压工艺有哪些主要特点？
10. DAP 树脂浸渍纸有哪些主要特点？

第 6 章 装饰层压板制造及贴面工艺

[**本章提要**] 装饰层压板是由表层浸渍纸、装饰浸渍纸、隔离纸、底层浸渍纸、脱膜纸等浸渍纸经组坯和高压制成的一种人造板表面装饰材料。本章介绍了装饰层压板的结构类型、特点和质量评价指标；装饰板的组坯方式、要求和特点；生产中常见的组坯、热压工艺；装饰板热压过程各阶段的特点及相关影响；常用热压设备与生产线的工作原理；影响装饰板生产和产品质量的主要因素，装饰板常见的质量缺陷以及解决措施；用装饰板对人造板基材进行贴面处理时，常用胶黏剂的种类与贴面工艺。

装饰层压板又称为"装饰板"或"塑料贴面板"（以下均简称装饰板），它是在合成树脂中加入某些添加剂，制成浸渍纸，并经过高温高压得到的一种具有高度交联的弹塑性材料，一般是由数层或十几层三聚氰胺树脂浸渍纸和酚醛树脂浸渍纸层积压制而成。装饰板可以仿制各种人造材料和天然材料的花纹、图案，或者人为设计出各种优美的花纹、图案，使装饰板具有良好的装饰性。装饰板色泽光亮、耐磨、耐热、耐水，并具有质轻高强的特点，其密度一般为 $1.0\sim1.04\text{g/cm}^3$，比铝轻 1/2，比钢铁轻 3/4 以上，其静曲强度可超过 80MPa，同时还具有柔韧性好的特点，可以弯曲成一定的弧度用于曲面装饰，与其他材料也具有良好的黏贴性能。装饰板主要用于家具制造、建筑的室内装修、车辆船舶的内部装修等。

6.1 装饰板的结构和特点

6.1.1 装饰板的结构

浸渍纸是生产装饰板的原料，浸渍纸包括：表层浸渍纸、装饰浸渍纸、底层浸渍纸、覆盖浸渍纸、隔离浸渍纸、脱膜浸渍纸等。生产浸渍纸的原纸、浸渍纸生产工艺及各类浸渍纸的特点可参阅第 5 章（浸渍纸贴面）的相关内容。各种类型装饰板的结构如图 6-1 所示。

(1) 单面结构装饰板

单面结构装饰板是一种常用的装饰板，由表层纸、装饰纸、覆盖纸、底层纸、脱膜纸等组成。覆盖纸依情况而定，可以用也可以不用，如果装饰纸本身具有良好的覆盖性，可以不用覆盖纸，否则不能省去覆盖纸。如果垫板包有聚丙烯薄膜或涂有脱膜剂，不会造成贴面材料黏板，可以不用脱膜纸。单面结构装饰板具有以下特点：

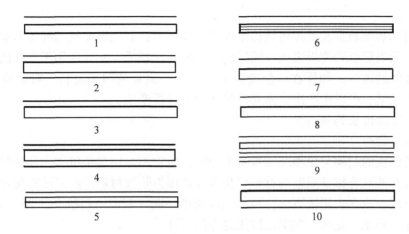

图 6-1 装饰板的结构
1. 单面装饰板 2. 双面装饰板 3. 单面浮雕装饰板 4. 双面浮雕装饰板 5. 增强装饰板 6. 玻璃纤维布增强装饰板 7. 铝板基材装饰板 8. 铝箔基材装饰板 9. 单板混合结构装饰板 10. 人造板基材装饰板

①厚度1mm 的装饰板一般由7~10张不同的浸渍纸组成，正面有装饰图案。
②物理性能、机械性能和耐化学药品腐蚀性能都比较好。
③表面光亮美观，装饰性强，主要用于胶贴各种人造板基材。
④厚度较薄，承重能力较差。
⑤结构不对称，会发生轻微翘曲。
单面结构装饰板主要用于仅需在单面进行贴面装饰的人造板基材或其他产品。

（2）双面结构装饰板
双面结构装饰板的两面所用的浸渍纸相互对称，各种浸渍纸在装饰板中的结构顺序为：表层纸→装饰纸→覆盖纸→底层纸→覆盖纸→装饰纸→表层纸。
双面结构装饰板具有以下特点：
①板的结构对称，在板的各对称层采用相同的浸渍纸，并取消了脱膜纸。
②热压时板坯两面均需使用不锈钢垫板，装饰板的两面都具有装饰效果。
③板上下表面使用的表层纸和装饰纸都浸以三聚氰胺树脂，底层纸浸以酚醛树脂。
④制品表面平整性好，没有明显的翘曲现象。
双面结构装饰板多用于汽车、家具、隔墙板等需要两面进行装饰的地方。

（3）浮雕结构装饰板
浮雕结构装饰板是表面具有立体感的一种装饰材料，它的结构和采用的原料与单面结构板和双面结构板基本相同，不同之处是在板坯的表面铺放刻有不同花纹的模板，通过一定的工艺，使装饰板表面形成浮雕花纹图案，如木纹鬃眼、橘皮纹、布纹、网纹、岩石纹等。根据装饰对象的要求不同，这种装饰板可以制成单面或双面浮雕装饰板。浮雕装饰板装饰性强，主要适用于室内、船舶、车辆内部以及装饰要求较高的地方。

（4）柔光装饰板与无表层纸装饰板
柔光装饰板的结构与单面装饰板相同，其反光率为30%~50%。生产中采用的垫板是反光率为30%~50%的柔光不锈钢衬板，这种装饰板的表面光泽和花纹图案更接近天然材料。

无表层纸装饰板是在其板坯结构中取消了表层纸，其他浸渍纸的配置与单面结构装饰板一样。无表层纸装饰板表面胶膜层较薄，耐磨性较低，主要应用于立面的装饰及耐磨性要求较低的地方。如果在树脂胶黏剂中加入一定量的耐磨材料，对装饰纸进行浸渍，不用表层纸也可以生产出表面光亮耐磨的装饰板产品。

(5) 特殊结构装饰板

① 美术装饰板

这种装饰板的结构与单面装饰板基本相同，但它不是用装饰纸作为装饰材料，而是用纺织物或某些具有特殊图案的材料代替装饰纸作为装饰材料。经浸渍三聚氰胺树脂胶黏剂后，组坯时放在表层纸下面，与其他浸渍纸一起，制成有特殊美术图案的装饰板，其板面尺寸、形状、花纹、图案可按用途专门设计。

② 后成型装饰板

这种装饰板的结构与单面结构装饰板基本相同，不同之处在于底层纸采用的是具有弹性的皱纹纸，使用的浸渍胶黏剂中含有增韧剂或热塑型树脂，通过一定的压力和较低的温度压制而成。这种装饰板在加热到 150~160℃ 时，胶黏剂可以进一步缩聚固化，产品弯曲性能好，最小弯曲半径可以达到 15mm。后成型装饰板主要用于曲面和圆柱体的表面装饰。

③ 滞燃装饰板

这种板的结构与单面、双面结构装饰板基本相同，但在胶黏剂中加入了一定量的阻燃剂，使浸渍纸具有了一定的滞燃效果。根据加入阻燃剂的种类和剂量不同，滞燃装饰板可以分为高滞燃性和低滞燃性装饰板。

④ 增强装饰板与高耐磨性装饰板

增强装饰板是在底层纸中加入一层至几层高强度的铝箔板或玻璃纤维，经热压制成的，这种板具有质量轻强度高的特点。高耐磨性装饰板是在板坯中配置两层或多层表层浸渍纸，或提高表层纸的树脂含量，使装饰制品具有很高的耐磨性，这种板可用作地板材料。

⑤ 金属饰面装饰板

金属饰面装饰板是表面或内部含有金属片(板)的一类装饰板。当金属片作为表层材料时，一般采用铝箔片或铜箔片，将它们与其他基质材料一起组坯热压而成，可以制成单面结构，也可以制成双面结构。当金属片作为芯层材料时，一般是用 0.2~3.0mm 的金属片作为基材，与底层纸、装饰纸、表层纸等组成板坯，在高温、高压下压制成板。这种装饰板要求金属板具有良好的热稳定性，树脂与金属板能很好黏接。这种装饰板的强度很高，具有良好的抗震和耐磨性，主要用于地铁车厢、冰箱、柜台等的装修。

⑥ 薄木混合结构装饰板

薄木混合结构装饰板所用的薄木可以是天然薄木，也可以是人工薄木，但都要求它们具有美丽的花纹和颜色，具有良好的装饰性。薄木的厚度一般为 0.3~0.6mm，用薄木代替普通装饰板中的装饰纸，经浸渍三聚氰胺树脂胶黏剂并干燥到一定的含水率后，与表层纸、底层纸、隔离纸等浸渍纸一起组坯，经热压压制而成。组坯时不用表层纸，制成的板呈柔光状态,这种装饰板可用于高、中档家具制造及壁面、车厢等的内部装修。

6.1.2 装饰板的物理力学性能与检测

(1) 耐沸水性

装饰板的耐沸水性按以下方法进行检测:随机抽取一块装饰板,切割成50mm×50mm的试件,放置于沸水中煮2h,试件表面不起泡、不开裂、不分层,制品的外观及内部没有质的变化,吸水增重在3%~9%范围内,吸水膨胀率在2%~9%范围内。

(2) 耐干热性

装饰板的耐干热性按以下方法进行检测:在一铜制或铝制油锅内加入热油,热油升温到180℃±1℃(注意搅拌,使底部和上部的温度相同),将油锅置于装饰板试件表面,锅口盖上盖板,并压上5kg重物,20min后移开油锅,取出试件,此时热油温度不得低于105℃,试件表面不开裂、不鼓泡、表面光泽没有明显消退,仍保持在不低于60Gs的水平上。

(3) 耐冲击性

装饰板的耐冲击性按以下方法进行检测:将试件的装饰面向上,放置于已经调整好水平的冲击试验仪的支承台上,然后使钢球从一定高度自由落下,冲击试件表面,每个试件只做一次试验,钢球落点应在支承台中心点2.5mm以内,试件无碎裂现象。

(4) 滞燃性

装饰板的滞燃性按以下方法进行检测:将试验件放入按一定体积、流量、浓度配比的氧气和氮气中,氧气和氮气的体积流量之和为10 000cm^3/min,用点火器点燃试验件后立即移去火焰,记录试件从点燃到熄灭之间的时间及试件被燃部分的长度,以氧指数值衡量该板的滞燃性能,国家标准规定氧指数不低于37。

(5) 表面耐磨性

装饰板的表面耐磨性按以下方法进行检测:将试件装饰面向上安放在调整好的磨耗试验机上,用一对装有一定粒度砂布的研磨轮与旋转着的试件表面进行相对摩擦,其接触面在受力为5000N±200N的条件下磨规定的转数,测定该板的耐磨性。试件装饰表面的花纹图案要求能保留下来,磨耗值小于0.08g/100r。

(6) 耐污染性

装饰板的耐污染性按以下方法进行检测:以日常的饮料(茶水、咖啡、牛奶等)、调料(米醋、柠檬酸等)及化学试剂(乙醇丙酮、红墨水等)分别滴两滴于试件表面上,茶、咖啡、牛奶约为80℃,其余为环境温度,并将试件上的溶液分别用载玻片压住,减缓溶液的蒸发,各种溶液不能相混,一块载玻片压一种溶液,试件在室温中放置16~24h后用清水冲洗,再用蘸有洗涤剂的脱脂纱布轻轻擦拭板面,板表面无污染。

(7) 抗拉强度

装饰板的抗拉强度按以下方法进行检测:将试件夹紧在拉力试验机上,以5mm/min的速度均匀加荷,对试件施加拉力,直到试件被破坏为止,记录下最大破坏载荷,国家标准要求装饰板的横向抗拉强度不低于49.0~58.5MPa。

(8) 耐香烟灼烧性

装饰板的耐香烟灼烧性按以下方法进行检测：点燃香烟并吸去 5~10mm 后，置于经过干燥处理的试件表面，2min 后移去香烟，将香烟再吸去 5~10mm 后，再置于试件表面的另一点，经 2min 后再移去香烟，香烟在与试件接触过程中不能自熄，然后除去试验件表面的烟灰，用脱脂纱布蘸少许乙醇，轻轻擦板面被灼烧的部位，然后晾干，试验件表面要求无黄斑、黑斑、鼓泡、开裂等现象，允许有轻微退光。

(9) 耐开裂性

装饰板的耐开裂性按以下方法进行检测：将试件固定在金属夹具上，使装饰面在受轻微张力的条件下，在 80℃±2℃ 的温度环境内处理 20h±1h，检验板面的质量变化。在自然光下，用肉眼和 6 倍放大镜观察试件表面，表面的开裂等级不低于 1，开裂等级与开裂程度见表 6-1。

表 6-1 装饰板的开裂等级

开裂等级	开裂程度
0	用 6 倍放大镜观察装饰表面无细微裂纹
1	仅在 6 倍放大镜下发现装饰表面有细微不规则裂纹
2	用肉眼可以观察到装饰表面有细微不规则裂纹
3	装饰表面布满大裂纹
4	试件破碎

(10) 尺寸稳定性

装饰板的尺寸稳定性按以下方法进行检测：将试件置于不同温度和湿度的环境条件下进行处理，测量试件尺寸的变化情况。国家标准要求纵向尺寸变化率小于 0.45%（平面类）或小于 0.7%（立面类）；横向尺寸变化率小于 0.9%（平面类）或小于 1.2%（立面类）。

(11) 耐老化性

装饰板的耐老化性按以下方法进行检测：将试件安置在老化试验箱内，调节箱内温度为 45℃±5℃，相对湿度为 65%~90%，每小时喷水一次，喷水时间持续 3min，试件在老化箱内处理 72h，取出试件用清洁脱脂纱布蘸少许乙醇擦净表面，然后晾干，在原测量位置测量试件表面的光泽值不低于 60，表面无开裂现象。

在以上 11 项指标中，1~4 项为常规检验项目；5~8 项为定期检验项目；9~11 项为不定期检验项目。

6.2 装饰板生产工艺

装饰板的生产工艺流程如下：

第6章 装饰层压板制造及贴面工艺

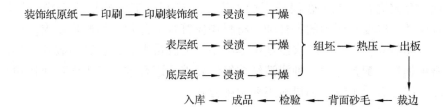

6.2.1 组坯工艺

装饰板的组坯是根据不同用途、不同规格产品所要求的厚度，将各种浸渍纸按一定配置方式组成板坯，板坯可以是单面装饰结构，也可以是双面装饰结构。板坯通常由表层纸、装饰纸、覆盖纸、底层纸、脱膜纸等浸渍纸组成，装饰板的组坯方式如图6-2所示。

装饰板厚度不同，要求的浸渍纸的层数不同，如生产厚度为0.8mm的单面结构装饰板，一般需要原纸定量为$130g/m^2$的浸渍纸6~7张；生产厚度为1.2mm的双面结构装饰板，需要同类浸渍纸9~10张。生产单面结构装饰板时，组坯按产品的厚度要求，表层纸、装饰纸、覆盖纸、脱膜纸分别为一张，底层纸的张数根据装饰板厚度确定。

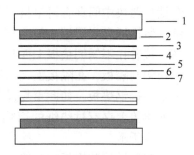

图6-2 装饰板的组坯方式
1. 热压板 2. 缓冲材料 3. 铝垫板
4. 底层纸 5. 装饰纸 6. 表层纸
7. 抛光垫板

生产红色、白色、黑色等特殊颜色的装饰板时，一般采用白色的覆盖纸，为保持装饰板表面颜色不发生变化，也可采用与装饰纸颜色相同的纸作为覆盖纸。装饰纸本身具有良好的覆盖性时，可以不需要覆盖纸。各种花纹装饰板的组坯方式如表6-2所示。

组坯之前，要根据装饰板的要求，将各种浸渍纸按一定比例配置好，配置工作一般

表6-2 各种花纹装饰板的组坯方式

品种	浸渍纸层数					合计层数
	表层纸	装饰纸	覆盖纸	底层纸	隔离纸	
黄木纹	1	1	1	3	1	7
红褐木纹	1	1	—	4	1	7
棕大理石	1	1	—	4	1	7
绿大理石	1	1	—	4	1	7
浅灰碎磁	1	1	1	3	1	7
浅棕碎磁	1	1	—	4	1	7
红色	1	2	—	3	1	7
特白色	1	1	1	3	1	7
浅米黄色	1	1	1	3	1	7
红木纹	1	1	—	4	1	7

在浸渍纸贮存室进行，也可在浸渍干燥工序之后进行。工作环境应干净、整洁、无污染，组合层数、厚度和所用的各种辅助材料均应符合工艺和产品质量要求。浸渍纸一般比较脆，容易破碎，尤其是表层浸渍纸厚度小、上胶量大的，更容易破碎，操作时要轻拿轻放避免损坏。配置好的各种浸渍纸按组坯要求，逐叠堆放于工作台或运输车上送往组坯工序，组坯有手工组坯和机械组坯两种方式。

(1) 手工组坯

手工组坯在工作平台上或运输辊台上进行。组坯时，首先在平台上用手工或真空吸盘铺放两块中间夹有衬垫材料的铝垫板，再在铝垫板上铺放底层纸，然后依次铺放覆盖纸、装饰纸和表层纸，最后把不锈钢垫板放置在表层纸上面，即完成第一块板坯的组坯。接着在不锈钢垫板上面与第一块板坯对称地铺放第二块板坯，第二块板坯上面放置一块铝制隔板，在隔板上又与第二张板坯对称地铺放三块板坯，在第三块板坯上再放置一块不锈钢垫板，如此重复操作，直到组成每个热压板间隔所能压制的装饰板张数，最上面再盖上夹有衬垫纸的铝垫板，这样就可获得单面结构的装饰板，该组坯方式如图6-3(a)所示。

双面结构装饰板的制造方法与单面结构装饰板基本相同，不同之处是除了盖板外，在板垛之间均需放置不锈钢垫板，并且不再铺放覆盖纸和隔板，其组坯方式如图6-3(b)所示。

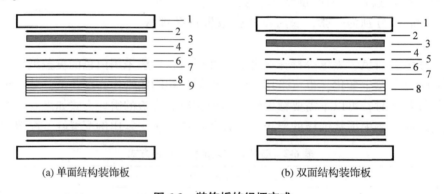

图6-3 装饰板的组坯方式

1. 热压板 2. 盖板 3. 缓冲材料 4. 不锈钢垫板 5. 表层纸
6. 装饰纸 7. 覆盖纸 8. 底层纸 9. 铝隔板

(2) 机械组坯

在装饰板的组坯过程中，由于各种浸渍纸都比较脆，尤其是表层浸渍纸，因其厚度小，上胶量高，脆性更大，组坯时稍有不慎，就有可能使其破坏。为了适应机械化、连续化组坯的工艺要求，应去掉极易破碎的表层浸渍纸。去掉表层浸渍纸后，装饰板的表面耐磨性会有所下降，因此必须使位于表层浸渍纸下方的装饰浸渍纸兼有表层浸渍纸所具有的功能，通常是通过提高装饰浸渍纸的上胶量、在浸渍胶黏剂中添加耐磨材料等措施实现。

为了提高装饰浸渍纸的耐磨性，一般选用氧化铝、二氧化硅、二氧化钛、硫酸铝、碳化硅等耐磨材料，在这些耐磨材料中，碳化硅的耐磨性能较好，而且比重较小，与胶黏剂的混合性好，在胶黏剂中沉淀较慢。耐磨材料的添加量一般为胶黏剂固体含量的 0.2%~0.4%。浸渍原纸时，为了使耐磨材料能悬浮在胶液中，不产生沉淀，在胶黏剂中需加入一定量的海藻酸钠或羟甲基纤维素作为悬浮剂，使耐磨材料在胶黏剂中呈悬浮状态。以下是某企业添加耐磨材料调制三聚氰胺树脂胶黏剂的配方(质量百分比)：

配方一：

三聚氰胺树脂	96%	海藻酸钠(工业品)	0.05%~0.1%
碳化硅(500目)	0.2%~0.4%	微晶纤维素(80目)	3.8%~5.8%
溶剂(乙醇:水=1:2)	适量		

配方二：

三聚氰胺树脂	95%	羟甲基纤维素	0.15%
水	4.6%	碳化硅	0.4%
潜伏性固化剂(单三乙醇胺邻苯二甲酸酯)	0.25%		

采用机械铺装时，在取消表层浸渍纸后，装饰纸的上胶量要求达到100%~150%。胶黏剂中加入了耐磨材料及悬浮剂后，胶黏剂的黏度加大，一次浸渍胶液不易渗入到纸张内部，有可能导致浸渍纸的上胶量不足，因此应采用二次浸渍。第一次浸渍采用不加耐磨材料的三聚氰胺树脂胶黏剂，以便于胶液向原纸内部渗透，经过一次浸渍的浸渍纸上胶量约为浸渍纸总上胶量的30%左右。第二次浸渍的胶黏剂为加有耐磨材料的胶黏剂，经过第二次浸渍后，浸渍纸可达到工艺要求的上胶量。第一次浸渍后，对浸渍纸通常需经过一次干燥处理再进行第二次浸渍，但是如果第一次浸渍为单面浸涂，则浸渍纸可以不经过干燥而直接进行第二次浸渍。在无表层浸渍纸的情况下，如果采用以上配方一，浸渍纸的浸渍干燥工艺可按以下参数控制：

装饰纸原纸	120g/m²	浸渍速度	0.9~1.2 mm/min
干燥温度	110~130℃	一次浸渍胶液密度	1.145~1.157g/cm³
一次浸渍上胶量	28%左右(单面浸涂)	二次浸渍胶液密度	1.150~1.165 g/cm³
二次浸渍胶液黏度	75~85mPa·s	浸渍纸总上胶量	90%~110%
挥发分含量	3.5%~5.0%		

为适应机械化组坯的要求，把装饰浸渍纸、底层浸渍纸预先组成板坯，板坯中不加隔板，而采用特制的隔离纸(定量为25g/m²)代替隔板一起组坯，可以减少隔板铺装程序。

生产脱膜浸渍纸时，一般是在酚醛树脂胶黏剂中加入一定量的油酸作为脱膜剂，这种浸渍纸需消耗较多的油酸、酚醛树脂和纸张。如果用0.04~0.05mm厚的聚丙烯薄膜包覆在铝垫板上，或用聚丙烯液涂布在铝垫板上，可以不用脱膜纸，同样具有很好的脱膜效果。

机械组坯的一般程序是：先将不锈钢垫板经横向链式运输机送至组坯平台上，再用真空吸盘机将预先组配好的板坯放置在垫板上，真空吸盘器再将另一块不锈钢垫板吸起放在板坯的表面，接着真空吸盘机再把一块板坯放在不锈钢垫板上(板坯的正面朝不锈钢垫板），接着铺放铝隔板，如此循环进行，直至达到所需的层数。生产中常见的组坯和热压工艺布置有以下几种形式：

①一端装板一端分板生产线

一端装板一端分板生产线的工艺布置如图6-4所示。在这种工艺布置中，热压机10两端设有真空吸盘4进行组坯和分板操作。进口处由人工组坯，板坯由进料运输机8和装板机9送入热压机10，热压完成后，卸板机11将装饰板和垫板卸出热压机10，真空吸4盘顺次将盖板、垫板吸起放置在横向运输机6上，盖板、垫板再通过纵向运输机5、7运往组坯台重复使用。压制好的装饰板由人工取下，码放在分板台12或运输车上，准备送往下一道工序。分板工作完成后，垫板经横向运输机6和纵向运输机7运送至组坯工作台3备用。

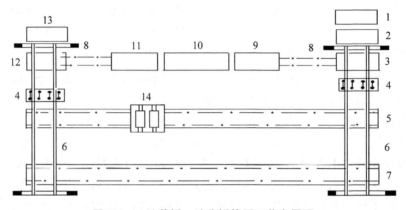

图6-4　一端装板一端分板热压工艺布置图
1. 表层纸、装饰纸存放台　2. 配好的底层纸、隔离纸存放台　3. 组坯台
4. 真空吸盘　5. 纵向运输机　6. 横向运输机　7. 纵向运输机　8. 进料运输机
9. 装板机　10. 热压机　11. 卸板机　12. 分板台　13. 制品堆放台　14. 除尘器

②一端装板、分板生产线

一端装板、分板生产线是一种手工和机械相结合的组坯热压方法，这种组坯方法与热压工艺布置如图6-5所示。

生产线一端设有真空吸盘4供分板和组坯之用，板坯组配由真空吸盘4与人工结合进行。装饰浸渍纸放置于存放台6上，将装饰纸与表层纸在组坯台3上组配好后放置于存放台1上，底层纸和隔离纸放置于存放台2上，真空吸盘4可按顺序依次将盖板、不锈钢垫板、隔板吸起。根据装饰板的结构要求和每个热压板间隔所压装饰板的张数，由真空吸盘与人工顺次将盖板、浸渍纸、不锈钢垫板、隔板等放置于组坯台3上进行组坯。组坯完成后由链式运输机7运送至装板机8，装板机8再将板坯送入热压机9进行热压。热压完成后由卸板机10将盖板、垫板、隔板和毛边装饰板卸出热压机9，通过横、纵向运输机11、12运送至分板台5进行分板，真空吸盘4按顺序把盖板、不锈钢垫板、隔板依次吸起，操作人员同时取出毛边装饰板，码放在运输车或工作台上。

③横向装卸板生产线

横向装卸板生产线是一种连续生产线，如图6-6所示，该生产线可以进行组坯、热

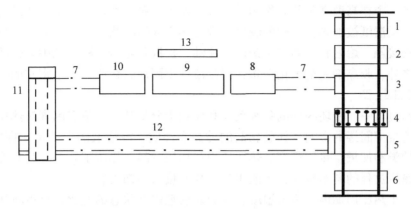

图 6-5 一端装板、分板组坯热压生产线
1. 组配好的表层纸和装饰纸存放台 2. 底层纸和隔离纸存放台 3. 组坯台
4. 真空吸盘 5. 分板台 6. 装饰纸存放台 7. 运输链 8. 装板机 9. 热压机
10. 卸板机 11. 横向运输链 12. 纵向运输链 13. 操作台

压、分板等多项作业，生产线由横向装板机、卸板机、热压机、两台纵向运输机、横向运输机、除尘机等机构组成。该生产线工作时，首先把坯料放在组坯台上进行组坯，经运输链送入多层升降机，升降机的推板臂把装在其上的板坯送入装板机，装板机再将板坯一次推入热压机中进行热压。热压完成后由取板臂经过卸板机将装饰板叠运到卸板台上，由往复式真空吸盘机将盖板、垫板等吸放至放置台上。盖板、垫板再由真空吸盘吸放至横向运输机上，经除尘器对其进行表面清洁除尘后送至组坯台进行下一轮组坯操作。压制好的毛边装饰板由真空吸盘机吸取并码放在装饰板搁置平台上或直接堆放于推车上，待进入下一道工序。

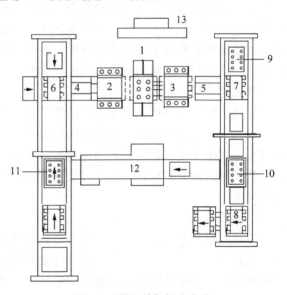

图 6-6 横向装卸板生产线
1. 热压机 2. 装板机 3. 卸板机 4. 升降机 5. 取板臂
6. 组坯台 7. 卸板台 8. 盖板、垫板放置台 9. 吸板机
10、11. 往复式真空吸板机 12. 除尘器 13. 操作台

6.2.2 热压工艺

为了保证装饰板成品的尺寸、形状稳定，减少和消除翘曲变形并使板面光亮，装饰板的热压工艺采用"冷进冷出"工艺，即板坯进入热压机时，热压板的温度保持在室温状态，当热压机完全闭合并达到最大工艺压力时，再对热压板加热升温到工艺要求的温度，在高温高压状态下保持一段时间。热压完成后，先对热压板进行冷却，当热压板温度降低到室温时再卸压出板。

热压是一个在高温高压共同作用下，板坯发生一系列物理、化学变化的过程。在高温作用下，浸渍纸被加热，其中的胶黏剂因受热变成熔融状态。在压力的作用下，各层浸渍纸紧密接触，熔融状态的胶黏剂产生流动、扩散和渗透。浸渍纸中多余的挥发分被排除板坯之外，胶黏剂完全固化后将各层浸渍纸牢固地胶合成为一个密实的整体。

(1) 热压过程

在热压过程中，板坯内部的各种反应和变化十分复杂，有很多因素对热压过程和产品质量有直接或间接的影响，如胶黏剂的种类和性质、浸渍纸的上胶量、挥发分含量、添加剂的种类和加量、热压温度、热压压力和加压时间、热压工艺等。只有充分认识和正确掌握热压过程的基本规律，才能生产出高质量的装饰板。

根据一个热压周期内，热压温度、压力及板坯内部状态的变化，可以将热压过程分为升温预热、固化成型和冷却定型三个阶段。

①升温预热阶段

升温预热阶段是指从板坯进入热压机到热压板全部闭合并达到规定的最高工艺压力和温度的这一段时间。在这段时间里，浸渍纸中的胶黏剂受热后重新成为熔融状态，在浸渍纸之间进行流展、扩散；胶黏剂发生缩聚反应，胶黏剂分子的交联程度增加，体积增大；浸渍纸中的部分挥发物汽化蒸发并被排除到板坯之外；低分子树脂继续往纸张深层渗透，使树脂在纸内的分布进一步均匀化。

②固化成型阶段

固化成型阶段是指从升温预热阶段结束到热压板通入冷水进行冷却之前这段时间，这是板坯成型的主要阶段。在此阶段胶黏剂进一步缩聚，并最终成为具有网状结构的末期树脂，树脂基本固化；除板坯内部的挥发分以外，基本达到了装饰板要求的含水率；各层浸渍纸之间紧密接触，并通过胶黏剂结合成为一个整体；板坯被压缩到了规定的厚度和密度。

③冷却定型阶段

冷却定型阶段是指从往热压板内通入冷水开始到热压板冷却到规定的最低温度，卸压出板这段时间。这一阶段的主要作用是对制品进行冷却，阻止胶黏剂继续缩聚和挥发分继续蒸发，消除装饰板的热膨胀和热应力，使其定型稳定，同时减小卸压后装饰板与外界的温差，保证装饰板的表面平整、光亮，减少翘曲变形、避免鼓泡等缺陷，也便于脱膜。

(2) 压力及其作用

在热压过程中，压力大小和升压速度主要取决于浸渍纸中树脂胶黏剂的性质、热压温度及板坯的组坯情况等因素，压力大小和升压速度需满足下列要求：

①使板坯中的各层胶膜纸能紧密接触。
②使树脂在固化之前可以均匀流展，并进一步渗透到纸张的深层中去。
③能克服热压过程中板坯内部水蒸气和挥发分的压力，并使水蒸气和挥发分能排出板坯之外，避免在板坯中形成气泡。
④使制品被压缩到规定的厚度和密度。

压力过大过小都将对生产过程和产品质量带来不利影响，就一般情况而言，热压时采用较高的压力，可以使制品获得较好的密实性和优良的物理力学性能。在较高的压力作用下，熔融状态的树脂具有良好的流动性和渗透性，即使浸渍纸的挥发分含量较低，也可以制得板面质量好、收缩率小、性能稳定及耐磨性能好的装饰板。但是压力过大会出现如下一些问题：

①会过多挤出浸渍纸中的胶液，造成装饰板局部缺胶或胶量不足，装饰板的内结合力下降。

②有可能造成透胶，使装饰板表面受到污染。

③有可能造成装饰板被压裂。

④装饰板的硬度、脆性增加，容易产生破裂。

⑤不利于板坯内部水分和其他挥发分排出，影响浸渍纸之间的胶合强度，卸压时还有可能出现鼓泡。

压力过小会产生如下问题：

①浸渍纸各层之间不能紧密接触，造成装饰板内胶合强度下降或分层。

②胶液的流动性降低，难以渗透到纸张内部的深层中去，装饰板各部位的上胶量不均匀。

③装饰板表面颜色不均匀、光亮度不一样、装饰效果下降。

④装饰板的物理力学性能和机械性能不好。

生产中热压力一般控制在 6~8MPa，对于某些厚型底层浸渍纸或上胶量较低的浸渍纸，压力可选择较高值。

升压速度是指从热压板完全闭合开始到压力达到工艺规定的最大值这一时间阶段，这一段时间，短则仅有几秒钟，长则有十几秒钟。如果升压速度太慢，会使熔融状态的树脂来不及充分流展、扩散，其黏度就急剧增加，流动性下降甚至完全丧失，使装饰板内胶黏剂分布不均匀，表面有可能产生麻孔和开裂。升压速度过快，则容易造成装饰板表面缺胶和跑胶，因此升压速度应根据实际生产情况合理确定。例如，当浸渍纸中的胶黏剂缩聚交联程度较高，挥发分含量较低时，升压速度应快些；当浸渍纸中的胶黏剂聚合度较低，胶黏剂的流动性较好，挥发分含量较高时，升压速度则应慢些。热压时热压压力的计算如下：

$$P_{总} = P \times F \tag{6-1}$$

$$P = \frac{P_{表} \times \frac{\pi D^2}{4} \times n}{F} \tag{6-2}$$

$$P_{表} = \frac{P \times F}{\frac{\pi D^2}{4} \times n} \tag{6-3}$$

式中：$P_{总}$ 为热压时热压机的总压力，N；P 为板坯单位面积上的压力，N/mm²；$P_{表}$ 为热压机上压力表所显示的压力，N；F 为板坯的面积，mm²；D 为油缸柱塞直径，mm；n 为柱塞个数。

(3)热压温度

热压温度是指热压过程中热压工艺要求的最高温度,它是由通往热压板中的饱和蒸汽压力决定的。蒸汽将热量传递给热压板,热压板再将热量传递给板坯,使板坯的温度上升,由于在传递过程中热量有一定的损失,热压板的温度比饱和蒸汽的温度一般低3~6℃。在热压过程中温度的作用主要有以下几方面:

①使浸渍纸中的胶黏剂熔融、缩聚、固化

浸渍纸中的胶黏剂在热量的作用之下,会重新熔融并继续缩聚和固化,由最初的线型结构分子最终变成体型结构的网状大分子。

②蒸发板坯内部的水分和挥发分

板坯内部的水分和挥发分在受热并达到一定温度之后,会继续蒸发,使制品的含水率达到规定的要求。

③使浸渍纸塑化变软

在热量的作用之下,浸渍纸会塑化变软,加上压力的作用,各层浸渍纸之间便可以达到紧密接触,形成一个具有一定密度的整体。

确定热压温度时要考虑下列因素:

①胶种

不同种类的胶黏剂要求的热压温度不同,如酚醛树脂胶黏剂一般为130~150℃;三聚氰胺树脂为135~155℃;脲醛树脂为120~130℃,生产装饰板的热压温度一般为140~150℃。

②升温速度

提高升温速度可以缩短热压周期,但在热压初期,如果升温速度过快,热压力尚未达到规定的数值,板坯内部的胶黏剂就已经开始出现固化,这必然导致产品质量下降,这种情况对多层热压机和在采用较高热压温度时显得尤为突出。为了保证胶黏剂在装饰板表面和内部充分、均匀熔融流展,板坯应逐步加热至热压温度,加热时间一般不小于15~20min。热压过程中热压温度的变化如图6-7所示。

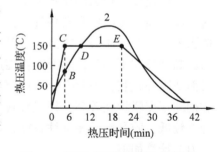

图6-7 热压过程热压温度的变化
1. 热压板温度变化曲线
2. 板坯中心温度变化曲线

由图6-7可知,在装饰板热压过程中,板坯的温度滞后于热压板的温度,当热压板加热到C点时(150℃左右),板坯的温度在B点(80℃左右)。但在BD段,由于板坯中胶黏剂的缩聚放热反应产生的热量和热压板提供给板坯的热量叠加,使板坯的温度继续上升,并且在DE阶段板坯的温度反而高于热压板的温度,这种现象在生产厚装饰板或多张装饰板层叠热压时很明显。

热压温度过高过低都将对产品质量产生不良影响,热压温度过高会产生以下一些问题:

①胶黏剂固化速度加快,胶黏剂没有时间充分流动和向纸张内部渗透,来不及填充纸张内部的空隙,达不到要求的密实程度,造成装饰板性能下降。

②板坯内部挥发分来不及逸出，表面胶黏剂已经固化，造成板面白花、气边、湿花等现象。

③容易造成加热不均匀，使板面和周边出现缺胶现象，板面出现无光的斑点。

热压温度过低会产生以下一些问题：

①延长热压周期，降低生产效率。

②胶黏剂缩聚不完全，装饰板的胶合性能和耐水性能明显下降。

③卸压时容易造成黏板、不易脱膜等现象。

④装饰板在使用一段时间后出现板面灰暗、龟裂、退光等现象。

⑤装饰板的耐热、耐磨性差。

卸压温度对装饰板质量也有较大的影响，在固化成型阶段结束后，装饰板内部的挥发分温度仍然很高，具有很大的压力，一旦减压高压蒸汽就会急剧膨胀，造成产品鼓泡，使装饰板已经形成的胶合又重新破坏。如果在固化成型阶段结束后，虽然对热压板进行了冷却，但冷却不够，由于板坯内部的蒸汽仍然具有较高的温度和较大的压力，卸压时也有可能发生鼓泡，同时还会使板面形成"雾面"和使产品翘曲变形。

(4) 热压时间

热压时间是指各层浸渍纸在热压温度和压力的作用下，完成物理化学反应过程所需要的时间。热压时间过短容易造成装饰板分层，产品的物理力学性能和机械性能降低；热压时间过长装饰板的脆性较大，性能也会下降，热压时间与温度之间的关系如图6-8所示。

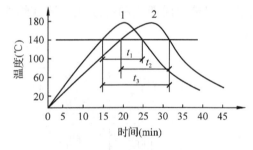

图 6-8　热压时间与温度的关系

1. 第1张板的热压温度曲线　2. 第4张板的热压温度曲线
t_1. 第1张板的加压时间　t_2. 第8张板的加压时间
t_3. 压9张板所需的加压时间表

确定热压时间应考虑下列因素：

①热压板中的蒸汽压力。蒸汽压力越大，温度上升速度越快，所需的热压时间越短。

②板坯厚度。装饰板的板坯厚度越大，所需的热压时间越长。

③胶黏剂的种类。不同种类胶黏剂的固化速度不一样，热压时间应保证胶黏剂充分固化。

④板坯温度的分布。在板坯的厚度方向上，离热压板越远的地方温度越低；板坯周边比中心部位的温度低，计算热压时间应以板坯中温度最低的部位为准。

(5) 热压工艺参数的确定

在热压过程中，热压所需的最高压力和最高温度在一般情况下是不变的，但热压时间则应根据装饰板的厚度、每个热压板间隔装入板坯的层数等因素确定。热压时间的确定有以下两种方法：一是用热电偶温度计测定板材内部的温度，当内部达到某一温度后开始计时，并保持到工艺规定的时间为止，也有的是在热压板温度达到120～130℃时，开始计时；二是根据所压板材的总厚度，以每毫米压12min来计算热压时间。后一种方法因热压时蒸汽温度和冷却水温度的变化，存在较大的误差。生产上常以热压板温度达到130℃,作为计算热压时间的开始,并以每毫米板厚保压70~80s确定总的热压时间。几种不同规格、不同叠压层数的装饰板采用"冷—热—冷"热压工艺时的工艺参数如表6-3所示。

表6-3 "冷—热—冷"热压工艺参数

规　格	压力(MPa)	温度(℃)	时间(min)	冷却温度(℃)
3′×7′(每隔4张)	6~8	135~150	25~30	50以下
3′×7′(每隔6张)	6~8	135~150	30~35	50以下
4′×8′(每隔2张)	6~8	135~150	20~25	50以下

6.2.3　热压设备

6.2.3.1　热压设备的结构与特点

(1) 周期式热压设备的结构与特点

热压机是装饰板生产中的主要的热压设备。热压机的种类很多,按热压机的工作方式不同可以分为周期式和连续式;按其结构不同可以分为立柱式和框架式,如图6-9所示。

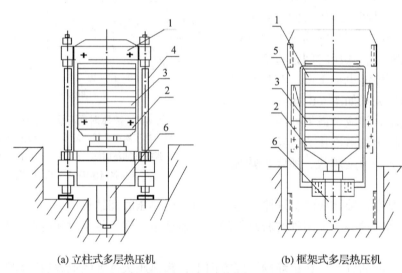

(a) 立柱式多层热压机　　　　(b) 框架式多层热压机

图6-9　热压机结构示意图
1. 上横梁　2. 下横梁　3. 热压板　4. 金属立柱　5. 金属框架　6. 油缸

按热压机的热压板幅面规格不同可以分为3′×6′、4′×8′等多种规格;按其进板方式不同可以分为纵向进板和横向进板;按热压板的层数不同可以分为单层热压机和多层热压机。7层以下的热压机一般由主机、油泵、液压系统、升降台等部分组成,由人工进出板;7层以上的热压机除主机和主机的配套系统以外,还配备有装板机、卸板机等,如图6-10所示。在热压流水线的配套设备中还有真空吸盘、除尘机、组坯台、纵(横)向运输机等配套机构。常用热压机的技术性能见表6-4。

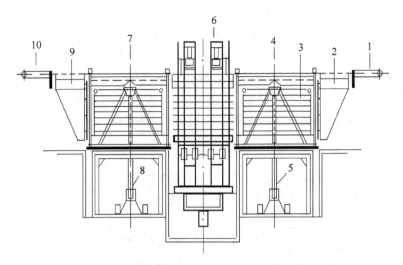

图 6-10　带纵向装、卸板机的热压机
1. 推板横向油缸　2. 推板器　3. 板坯搁置架　4. 装板机　5. 装板机升降油缸
6. 热压机　7. 卸板机　8. 卸板机升降油缸　9. 拉板器　10. 拉板横向油缸

表 6-4　常用热压机的技术性能

技术性能	日产 4320m²	日产 54 800m²	日产 4320m²
热压机形式	框架式	框架式	立柱式
总吨位(t)	2000	2500	2500
单位面积压力(MPa)	8.0	7.0	8.0
热压板幅面(mm×mm)	1150×2200	1370×2500	1370×2500
热压板厚度(mm)	65	65	60
热压板间距(mm)	80	100	134
层数	15	15	10
柱塞行程(mm)	1200	1500	1500

热压机的总压力一般是随热压板的幅面增大而增加，生产装饰板所需的单位面积压力较大，热压机的总压力一般为 2000~4000t。在高压工作条件下，热压机的油路系统必须具有良好的密封性，在长期冷—热循环变化的条件下，热压板必须具有良好的稳定性，不变形、不断裂。

(2) 连续式加压设备的结构与特点

装饰层压板的连续加压设备主要有两种类型，一种是双钢带连续式热压机，如图 6-11 所示；一种是热辊式连续热压机，如图 6-12 所示。生产中用得较多的是双钢带连续式热压机。双钢带连续式热压机主要由上钢带 1、下钢带 2、上加热板 3、下加热板 5、压缩空气垫 4 和钢辊 6 组成。

① 钢带

双钢带压机中有两条厚度 1.2mm 的无端不锈钢带 1 和 2，它们分别套在直径 1200mm 呈水平排列的上下两对辊筒 6 上，前端的两个辊筒为主动辊筒，后端的两个辊筒为被动辊筒，上下辊筒均配有张紧装置，上、下钢带的背面均装有一块幅面为 13 400mm×2800mm 的加热板 3 和 5。钢带背面和压板之间有一个框形特种塑料密封垫 4，密封垫包围的密封空间内充有压缩空气，压缩空气的最大压力为 5MPa，热压机通过导热油对加热板加热。在上、下钢带背面与加热板之间，密封圈内的压缩空气构成气垫，对钢带加压、加热。在两条钢带的正面之间是板坯，钢带将压力和热量传给板坯，柔性的钢带可以使板坯在加压区各点承受相同的压力和热量。

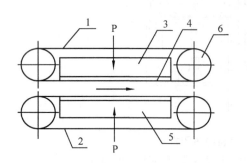 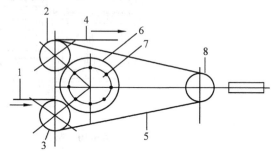

图 6-11　双钢带连续式热压机结构示意图
1. 上钢带　2. 下钢带　3. 上加热板
4. 压缩空气垫　5. 下加热板　6. 钢辊

图 6-12　热辊式连续热压机结构示意图
1. 浸渍纸坯料　2、3. 进给辊　4. 装饰板
5. 橡胶带　6. 不锈钢套　7. 加热辊　8. 张紧辊

②加压系统

双钢带热压机的加压系统采用高压空压机提供压缩空气，压缩空气的压力由加压要求而定，最大极限压力为 5MPa，一般为 3MPa。压缩空气被送入加压区的密闭空间内，其压力是均匀分布的，空气压力就是板坯承受的压力。

③加热系统

双钢带压机的加热系统主要由夹套式加热辊筒组成，辊筒的夹套内有循环的热油给辊筒加热，加热辊筒再对钢带进行加热。热油的热量由加热器提供，加热器的加热方式可以是烧燃油、煤气等燃料或电加热。热油通过离心式热油泵在加热器与循环管路之间循环流动，此为第一循环系统，出油与回油的温差小于 30℃。另外，在加热辊筒与加热板以及另一条循环管路处，由另一台离心式热油泵传导热油构成第二循环系统，第二循环系统与第一循环系统由一个电动三通阀和一个单向阀联通，第二循环系统温度低时，三通阀加大开口量将第一循环系统的热油补充给第二循环系统，第二循环系统可将多余的热油通过单向阀流入第一循环系统中。

热辊式连续热压机，由一个直径为 1300mm 的大加热辊 7、两个进给辊 2、3 和一个张紧辊 8 组成，加热辊外面套有厚度为 30mm 的不锈钢套 6，钢套表面为柔光或亚光。热辊式连续热压机的四个辊由一个无端的加压橡胶带 5（内有碳素纤维作为加强材料）包围。

连续式热压机具有以下特点：

①产品在运输的同时进行热压，可生产连续卷材或任意长度的板材，产品规格可充分满足用户的需要。

②采用液体（或气体）加压，产品表面受压均匀一致，板坯升温速度快而且均匀。

③无齐头损失，齐边量可以减少，原材料消耗低。
④不需在加压过程中进行冷却，设备密封性好，节省能源。
⑤设备简单、操作方便、占地面积小，容易安装、投资少。
⑥能生产薄型装饰板，最薄可以达到 0.2mm。
⑦设备连续运转，加热加压时间短，加热温度高，对普通树脂需进行改性。

由于加热、加压时间短，压力比多层压机低，因此浸渍纸需要有较高的上胶量。连续式单层加压与周期式多层加压的产品性能和经济效益对比见表 6-5。

表 6-5 两种加压方式的比较

项目	连续加压	多层加压	项目	连续加压	多层加压
纸消耗量	低	高	厚度	0.2~1.5mm	0.6~4.0mm
胶黏剂消耗	高	低	长度	不限	有限
能源消耗	低	高	产品形状	卷材或板材	板材
人力消耗	少	多	表面性能	中	高
占地面积	小	大	表面轧花	浅	深
自动化程度	高	低	产品范围	普通板	普通板
投资	小	大	产品种类	后成型板	后成型板

6.2.3.2 双钢带连续热压生产线

双钢带连续式热压机是一种生产效率很高的热压设备，也是组成装饰板连续热压生产线的核心设备，适合于大规模、连续化生产。双钢带连续热压生产线主要由开卷机构、连续式热压机、轧花机、冷却装置、齐边机、砂光机、卷取或裁切装置、码垛装置等机构组成，如图 6-13 所示。

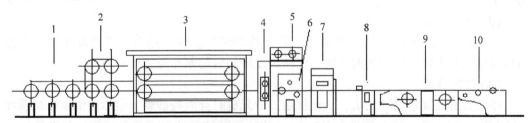

图 6-13 双钢带连续热压生产线流程图
1. 浸渍纸开卷装置　2. 轧花纸开卷装置　3. 双钢带连续式热压机　4. 轧花装置
5. 轧花纸收卷装置　6. 冷却装置　7. 砂光机　8. 齐边机　9. 卷取装置　10. 侧切装置

(1) 浸渍纸开卷装置

浸渍纸的开卷装置用以松开浸渍纸纸卷，并使浸渍纸进入双钢带压机的速度与双钢带压机的进给速度保持同步。各个纸卷架上安放着不同的浸渍纸，每个纸卷都由可无级调速的直流电机驱动，装置上还设有气动式张力控制器和张力读数显示器，通过手动或自动控制使纸幅张力保持恒定，并可根据纸幅张力大小，自动调整纸卷的松卷速度。

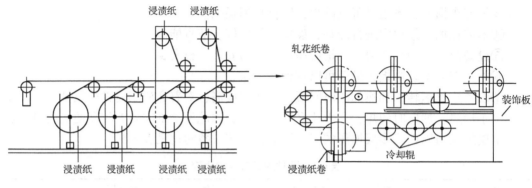

图 6-14　浸渍纸卷开卷装置　　　　图 6-15　冷却装置

浸渍纸开卷装置如图 6-15 所示。开卷装置由上下两部分组成，上面部分一般设置 2 个承纸辊，分别承放表层浸渍纸卷和装饰浸渍纸卷，下面部分根据需要可设置 2~4 个承纸辊，分别承放底层浸渍纸卷、隔离浸渍纸卷和脱膜纸卷。上层纸卷的中心高度为 1600mm 和 1650mm。通常上层纸卷为 2 个，下层纸卷为 4 个，也有的是上层纸卷为 4 个，下层纸卷为 8 个，共 12 个纸卷。

(2) 轧花装置

轧花装置用于在装饰板表面形成浮雕花纹，花纹的形成有以下三种方法：第一种方法是用带有浮雕模的钢带轧花，当设备运行时，在加压区使板坯表面轧上与装饰纸印刷图案相匹配的浮雕花纹；第二种方法是用轧花纸轧花，轧花纸是一种强度较高的纸，轧上花纹后双面再经有机硅处理，这种纸可耐 200~220℃ 的温度，耐压且不黏钢带和板坯，一般可以使用五次以上；第三种方法是用轧花辊轧花，轧花辊安装在加压区与冷却区之间，上辊有与装饰纸图案相匹配的浮雕花纹，下辊是无花纹的纸辊，轧花时的总压力为 15t。

(3) 冷却装置

如图 6-15 所示的这种冷却装置为三辊式冷却装置，辊内通有循环冷却水，中央冷却辊可以上升下降。冷却区的长短，应使经过冷却后的制品温度低于室温。

(4) 砂光装置

砂光装置是宽带式砂光机，装饰板通过砂光机时背面被砂磨，经砂磨的装饰板背面由清扫辊清扫干净。对于厚度小于 0.4mm 的薄型装饰板背面不进行砂光，只在热压时在背面垫一层不浸胶黏剂的底层原纸。

不同型号双钢带连续式热压设备的技术参数如表 6-6 所示。

表 6-6　双钢带连续式热压设备技术参数

项　目	连续加压设备型号		
	HTL1300	HDL50-1370/2800	E166
最大加工宽度 (mm)	1320	1300	1300
最大工作压力 (MPa)	5	5	5
钢带温度 (℃)	200	200	200

(续)

项 目	连续加压设备型号		
	HTL1300	HDL50-1370/2800	E166
进给速度(m/min)	1~16	1~20	1~30
一般工作速度(m/min)	6~12	—	—
导热油加热器容量(kJ/h)	$(8.36~33.4)\times10^5$	—	—
压力传递介质	气	油	油
加工工件厚度(mm)	0.2~1.2	0.2~1.2	0.2~1.2
加压区长度(mm)	2800	2800	1420
钢带厚度(mm)	1.2	1.2	1.2
热辊直径(mm)	1200	—	—
装机容量(kW)	396	—	—

双钢带连续加压生产线生产时，首先将制备好的成卷浸渍纸分别安放在浸渍纸开卷机构上，浸渍纸按要求的种类和层数进行开卷、层叠、组合成坯料，坯料通过皮带运输机运送至压花纸开卷机构处，在坯料表面配置轧花纸，然后送入双钢带连续式热压机的上下钢带之间。上下钢带绕在热压机两端的钢辊上，钢辊由电机带动，钢带再由辊筒带动运行。热压机的加压、加热装置通过上、下钢带对板坯进行加热、加压，使浸渍纸之间相互黏接，胶黏剂实现固化。在板坯进行加热、加压的同时，热压机进行连续输送，将压制好的连续装饰板带送出热压机。装饰板带从热压机中输送出来后，先经轧花装置在表面进行轧花处理，压花纸经轧花纸收卷装置收卷重复利用，装饰板经冷却装置进行冷却定型，最后经砂光机砂光、齐边机齐边，由卷取装置收卷成连续成卷的装饰板。

6.2.3.3 热辊式连续热压机的工作原理

热辊式连续压机，主要由加热辊、进给辊、张紧辊和橡胶带等部分组成。浸渍纸由入口处的进给辊和加热辊之间引入，然后进入橡胶带与热辊之间。在张紧油缸的作用下，张紧辊朝背离热辊的方向移动，从而使橡胶带对热辊的表面加压，使浸渍纸板坯受热、受压。热辊内有热油循环，可以使加热辊的外表面温度达到180℃以上，板坯从靠热辊的一面加热，并使热量传递到整个板坯，压制成型的装饰板从连续式辊压机的出口端处送出，装饰板经过冷却装置进行冷却后，进行裁剪或卷取。这种设备由于只能对板坯进行单面加热，热量只能从一个方向向板坯内部传递，导致热量在板坯内部的传递和分布不够均匀，产品质量较差。热辊式连续热压机的橡胶带对板坯的压力为500N/cm。

装饰板经热压、冷却后，在纵横锯边机上进行裁边，装饰板硬而脆，在锯切过程中容易崩裂，切割时必须采用高速细齿圆锯片。圆锯片用高碳钢或高速切削钢制造，锯片转速2800r/min。裁边后的装饰板背面需经砂毛，才能与基材进行胶合，砂毛一般选用60#砂带，砂毛设备可采用宽带式砂光机，也可采用辊筒式砂光机。

6.2.4 生产因素对装饰板性能的影响

6.2.4.1 影响装饰板性能的因素

(1) 浸渍纸上胶量的影响

在浸渍纸上胶量较低的范围内,装饰板的静曲强度随浸渍纸上胶量的增加而增加,当浸渍纸的上胶量达到一定数值时,装饰板的强度达到最大值;浸渍纸的上胶量继续增加,装饰板的力学性能也不会发生明显的变化,甚至还会略有下降如图6-16所示,但装饰板的耐磨性、耐水性以及尺寸稳定性等性能则会有所提高。

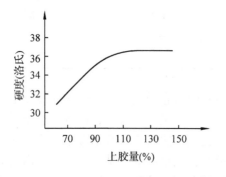 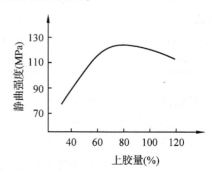

图6-16 浸渍纸上胶量与制品性能的关系

(2) 浸渍纸挥发分含量的影响

浸渍纸的挥发分含量对装饰板质量的影响虽较浸渍纸上胶量的影响小,但如果浸渍纸的挥发分含量控制不当,也会对装饰板的质量产生较大的影响。浸渍纸中挥发分含量与装饰板相关性能之间的关系如图6-17所示。

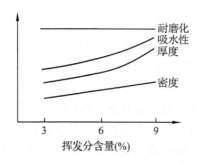 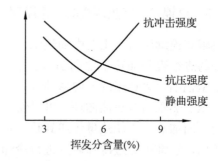

图6-17 浸渍纸挥发分含量与其性能之间的关系

当浸渍纸的挥发分含量增加时,装饰板的抗拉强度、静曲强度都会随之降低,但冲击强度则随浸渍纸挥发分含量增加而提高。当浸渍纸中的挥发分含量较低时,热压过程中胶黏剂重新熔化后的流动性较差,在装饰板的表面和内部胶黏剂分布不均匀,导致装饰板内部浸渍纸之间胶合强度下降,甚至出现分层、开裂等缺陷,同时还会使装饰板的机械性能下降,表面出现白花,吸水性增加,尺寸稳定性下降。

(3) 热压压力的影响

一定的压力是保证各层浸渍纸之间紧密结合，成为一个有机整体的基本条件。压力较低时，各层浸渍纸之间的结合较差，甚至会出现胶合不良和没有胶合的现象，这时的装饰板密度较低，力学性能下降，吸水率和厚度膨胀率增加。压力较高时，各层浸渍纸之间结合紧密，制品密度增加，力学性能提高，吸水厚度膨胀率降低，如图6-19所示。但是当压力过高时，热压时浸渍纸容易流胶、透胶，板坯内部的挥发分排出困难，容易出现鼓泡现象，而且当压力超过某一范围时，随着压力增加，装饰板密度的增加就很小

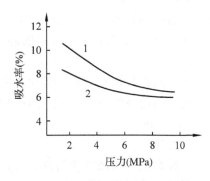

图 6-18 压力对装饰板吸水率的影响
1. 底层纸上胶量38%　2. 底层纸上胶量55%

了，此时原纸中的纤维密度达到了最大值，在不改变其他工艺条件的情况下难以被再压缩，装饰板的物理力学性能也达到了一个相对稳定的状态。

(4) 其他因素的影响

原纸的吸收性、添料的覆盖性以及装饰纸的印刷质量等因素都会对装饰板的表面质量产生影响。当底层纸中含有浆疙瘩时，由于浆疙瘩难以被胶液浸透，热压时容易造成装饰板鼓泡。浸渍表层纸的胶黏剂中加入了固化剂时，如固化剂用量不当，热压时容易造成表层浸渍纸中胶黏剂发生预固化，固化了的胶黏剂对板坯表层产生了封闭作用，使板坯内部的挥发分难以排除，导致各层浸渍纸之间胶合不牢，有时还会造成装饰板鼓泡。胶黏剂中不同的溶剂会产生不同的浸渍效果，如常用的溶剂水、乙醇、丙酮等，其浸渍效果依次为 水 < 乙醇 < 丙酮 。选择溶剂时，既要考虑溶剂的浸渍效果，又要考虑溶剂的经济性。

6.2.4.2 装饰板的缺陷及纠正方法

(1) 板面翘曲

主要原因：

①原纸浸渍不均匀，浸渍干燥后浸渍纸中仍有较高的挥发分含量，表层纸的上胶量过高。

②热压时升温、冷却速度过快，压力太高，卸压出板时温度过高。

③板坯配置不合理，造成装饰板结构不对称。

造成装饰板翘曲的根本原因在于板内应力的作用，因此在生产中工艺条件应比较温和，采用缓慢升温和降温，有足够的冷却时间。组坯时应保证板坯结构对称，尽量减小和消除板内应力。

(2) 板面开裂

主要原因：

①在热压过程中当浸渍纸中的胶黏剂受热熔融流动时，升压速度太快，压力过大，温度太高，冷却过急，将装饰板压坏。

②浸渍纸上胶量过高，热压时出现流胶、透胶、黏结不锈钢板或铝板边缘，急速冷却时板材剧烈收缩产生很大的应力，造成开裂。

③严重老化的浸渍纸夹在板坯中间，胶黏剂已基本固化，失去了流动性和胶合性能。

为了防止装饰板破裂，必须选用合格的浸渍纸，上胶量过大、陈放太久、胶黏剂已经老化了的浸渍纸不能使用。热压时升温、升压速度应比较缓和，降温速度不宜过快。

(3) 黏板

主要原因：

①胶黏剂中未加脱膜剂或加入太少，或脱膜剂与胶黏剂搅拌不均匀，导致浸渍纸中缺少脱膜剂或脱膜剂分布不均匀。

②当热压温度过高、压力过大时，用于脱膜的聚丙烯薄膜破裂或胶黏剂透过铝板。

③热压温度太低、时间太短，固化剂用量不足，浸渍纸中可溶性树脂含量过高，胶黏剂固化不完全、不锈钢表面粗糙等。

④如果以硬脂酸为脱膜剂，由于它既有脱膜作用又有黏结作用，如果用量不当会造成黏板。

⑤组坯时将浸渍纸的顺序搞乱，靠不锈钢垫板表面的不是加了脱膜剂的浸渍纸。

(4) 板面干、湿花

板面干花的主要原因：

①表层浸渍纸和装饰浸渍纸在浸胶后的干燥过程中，温度过高或时间过长，使部分胶黏剂出现了预固化失去了流动性和黏结作用。

②表层浸渍纸中的挥发分含量过低。

③不锈钢垫板不平整，衬垫缓冲材料使用太久失去了弹性，使热压时板坯受压不均匀。

④浸渍纸中胶黏剂的缩聚程度太高。

板面湿花的主要原因：

①浸渍纸中的挥发分含量太高，浸渍纸的贮存环境湿度太大造成浸渍纸回潮。

②热压时压力过大使板坯内部的挥发分难以排出，积于装饰板的表面。

③印刷装饰纸的油墨或染料所用的溶剂不合适。

为防止装饰板表面产生干、湿花现象，生产中应正确掌握浸渍干燥工艺，使浸渍纸的上胶量和挥发分含量符合质量要求。热压时采用合理的热压工艺参数，并使设备处于完好状态，保证板坯受压均匀。妥善保存浸渍纸，防止其挥发分过分蒸发或吸湿回潮。

(5) 鼓泡与分层

造成装饰板鼓泡的主要原因：

①浸渍纸中挥发分含量过高，热压时板坯内部形成了大量的高压蒸汽。

②热压时压力太大，致使板坯内部的蒸汽不能被排出。

③卸压前冷却不够，板坯内部的温度仍然很高，挥发分仍以蒸汽形式存在于板内。

④卸压速度太快，致使板坯内蒸气大量冲出。

造成装饰板分层的主要原因：

①浸渍纸上胶量不足，胶黏剂在纸内分布不均匀，浸渍纸的某些局部缺胶或少胶。

②浸渍干燥不当或贮存时间过长，造成浸渍纸挥发分含量过低或树脂局部固化失去流动性。

③板坯进入热压机时热压板的温度太高，升温、加压时间太长，使浸渍纸中的可溶性树脂及挥发分含量降低，树脂出现了预固化。

④热压时压力、温度偏低，时间太短，致使浸渍纸中的胶黏剂未能充分固化。

避免装饰板鼓泡、分层首先应选用符合质量的浸渍纸，严格控制浸渍纸的上胶量和挥发分含量，使浸渍纸中的绝大部分胶黏剂保持在初期树脂阶段，同时制定正确的热压工艺，严格按照热压工艺规程进行操作。

(6) 厚度偏差

造成装饰板厚度偏差的主要原因：

①钢板不平、钢板本身厚度偏差大，热压时热压板中部受力大，周围受力小。

②浸渍纸厚度不均匀，或组坯时浸渍纸出现折叠等缺陷。

③浸渍纸干燥不均匀。

④热压板温度分布不均匀。

⑤热压板相互之间不平行，使板坯受压不均匀。

减小装饰板的厚度偏差应提高浸渍纸浸渍、干燥的均匀性，保持热压板之间良好的平行度，使热压机处于完好的状态，选用符合质量的原纸，提高组坯的精度，定期检查各种垫板，对不合格者不予使用。

6.2.5 装饰板贴面工艺

用装饰板对人造板基材进行贴面时，要求基材表面光滑平整。贴面的方式一般是采用冷压胶合，使用的胶黏剂为脲醛树脂或脲醛树脂与聚醋酸乙烯酯乳液胶的混合胶。涂胶量一般为 $110\sim120g/m^2$，加压时间为 $6\sim8h$。用刨花板做基材时，应先将装饰板的背面涂胶，并干燥到一定程度，除去胶液中的部分水分，然后采用热压的方法粘贴到基材上去。后成型装饰板与基材贴合时，可以采用热压工艺也可以采用冷压工艺，胶种为脲醛胶或聚醋酸乙烯酯乳胶等，涂胶量为 $100\sim200g/m^2$，温度为 $90\sim110℃$，用电加热，时间为 $20\sim30s$。冷压时涂胶量 $100\sim120g/m^2$，时间 $8\sim10h$。

思考题

1. 装饰板的结构有哪些类型，它们各有什么特点？
2. 通常采用哪些指标评价装饰板的质量？
3. 对装饰板的组坯有哪些要求？
4. 装饰板的组坯方式有哪几种形式，它们各有什么特点？
5. 生产中常见的组坯和热压工艺布置有哪几种形式，它们是如何工作的？
6. 装饰板的热压过程可以分为哪几个阶段，各阶段有什么特点？
7. 热压过程中热压温度与压力有什么作用？
8. 不当的热压温度与压力对装饰板会有什么影响，生产中如何正确控制热压温度和压力？

9. 常用的热压设备有哪几种类型，它们各有什么特点？
10. 影响装饰板生产和产品质量的因素主要有哪些？它们的影响是如何产生的？
11. 装饰板常见的质量缺陷有哪些？如何避免这些缺陷？
12. 用装饰板对人造板基材进行贴面时，常用的胶黏剂有哪些？对应采用什么样的贴面工艺？

第 7 章　印刷装饰纸与塑料薄膜贴面

[本章提要]　印刷装饰纸是一类表面印有各种花纹、图案，具有装饰效果的纸张，各种彩色纸张也属于装饰纸范围。塑料薄膜是一类由高分子材料制成的薄型透明或不透明的材料。本章介绍了印刷装饰纸、热塑性塑料薄膜和用这两种材料进行贴面的人造板的特性；印刷装饰纸、热塑性塑料薄膜对人造板基材进行贴面的生产工艺，相关因素对这两种表面装饰工艺和效果的影响以及贴面人造板的质量检测与评价方法。

印刷装饰纸(以下简称装饰纸)贴面是将表面具有印刷花纹、图案的纸张胶贴于人造板基材表面，并对装饰纸表面涂布涂料的一种装饰方法。装饰纸贴面工艺在我国起源于 20 世纪 70 年代，80 年代后得到了快速发展，特别是随着印刷技术、仿真技术、电脑合成技术的迅速发展，纸张的印刷质量和效果得到了极大提高，如模仿木材纹理和颜色的木纹纸的印刷效果，就达到了惟妙惟肖十分逼真的程度，同时这种方法工艺简单，操作方便，成本低廉，产品具有广泛的用途，因此今天仍然是一种重要的人造板表面装饰方法。

热塑性塑料薄膜(简称塑料薄膜)贴面装饰，是将塑料薄膜用胶黏剂胶贴到人造板基材表面，对人造板基材起到保护和美化作用的一种装饰方法。热塑性塑料薄膜是一种由热塑性树脂加工而成的薄膜状材料，塑料薄膜制造方便、价格低廉、适合于连续化和自动化生产，经过印刷图案、花纹，并经模压处理后，具有很好的装饰效果，已逐渐发展成为一种重要的人造板表面装饰材料。

本章将分别对印刷装饰纸贴面工艺和塑料薄膜贴面工艺进行介绍。

7.1　印刷装饰纸贴面的种类和特点

7.1.1　印刷装饰纸贴面的种类

将印刷有木纹或图案的装饰纸贴在人造板基材的表面，在装饰纸表面再涂上一层涂料的装饰方法称为印刷装饰纸贴面装饰(以下简称装饰纸贴面)。这种方法起源于人造板的木纹直接印刷，根据装饰纸涂布涂料的工艺和所用涂料种类不同，印刷装饰纸贴面板可以分为宝丽板、华丽板等品种。

宝丽板的生产方式是首先将胶黏剂涂布于人造板基材上，装饰纸与人造板经热压贴合后，再在装饰纸表面涂以不饱和聚酯树脂，树脂固化后即成为宝丽板。因这种贴面板的表面涂有不饱和聚酯树脂，又称为不饱和聚酯树脂装饰人造板。

华丽板又称印花板，其制造方法可以是将装饰纸贴在人造板基材后，再在其表面涂以氨基树脂，也可以将先涂有氨基树脂的装饰纸直接胶贴于人造板基材上。先涂有氨基树脂的装饰纸称为预油漆纸，预油漆纸上的树脂采用"涂布法"施加；或采用"浸渍法"施加。原纸的定量在 $40g/m^2$ 或以下时，一般采用"涂布法"施加；原纸定量在 $40g/m^2$ 以上时，一般采用"浸渍法"施加。具体操作是将原纸先浸渍氨基树脂，经干燥和树脂固化后，再在其表面涂以少量树脂。

7.1.2 印刷装饰纸贴面的特点

用装饰纸对人造板基材进行贴面装饰处理，具有以下一些优点：
①宝丽板表面光亮艳丽，色泽丰富花色繁多，华丽板表面呈亚光状态，光泽自然。
②在某些场合可以代替薄木贴面，如中低档家具制造，墙面、天花板的装饰等。
③装饰表面不会产生裂纹。
④涂有树脂的印刷装饰纸表面具有一定的耐磨、耐热、耐化学药品污染的能力。
⑤装饰产品表面具有柔软感和温暖感，没有装饰层压板贴面的硬冷感。
⑥制造及胶贴工艺简单，能实现连续化和自动化生产。

装饰纸贴面除具有上述优点外，也存在一些不足之处，主要有以下方面：
①贴在基材上的装饰纸仅在表面涂一次或两次树脂，树脂不能充分渗入纸张内部，形成的树脂膜比较薄，制品的耐磨性、光泽度等低于装饰浸渍纸贴面人造板。
②装饰纸较薄，在表面粗糙度较大的人造板基材上贴面时，难以遮盖板面的不平整，以致装饰板的表面不够平滑。
③如果木纹装饰纸印刷质量不高，贴面后的人造板表面缺乏薄木贴面的真实感。

7.2 印刷装饰纸贴面工艺

7.2.1 印刷装饰纸贴面生产工艺流程

装饰纸贴面生产工艺可以是周期式的，也可以是连续式的。周期式生产工艺所用的贴面设备是周期式平压机，连续式生产工艺所用的贴面设备是连续式辊压机。贴面胶合使用的胶黏剂可以是热固性树脂，也可以是热塑性树脂。用热固性树脂作胶黏剂时，贴面方法称之为"湿法"；用热塑性树脂作胶黏剂时，贴面方法称之为"干法"。湿法生产是将装饰纸贴在涂有热固性树脂胶黏剂的基材上，然后经热压贴合；干法生产是将正面涂有涂料，背面涂有热熔性树脂胶黏剂的装饰纸，贴在经预热过的基材上，再经热压胶合。

湿法生产的工艺流程：

人造板基材 → 砂光 → 刷光 → 涂胶 → 干燥(半干状)
原纸 → 底涂 → 干燥 → 印刷 → 干燥
⎱ 辊压贴合 → 面涂 → 干燥 → 成品

干法生产的工艺流程：

```
                人造板基材 → 砂光 → 刷光 → 预热 ┐
                                                    ├ 辊压贴合 → 面涂 → 干燥 → 成品
原纸 → 底涂 → 干燥 → 印刷 → 涂胶 → 干燥 ┘
```

采用干法生产工艺，胶合贴面速度快，涂胶量较少，生产工艺比较简单。用于干法生产的预油漆纸一般由专业生产企业制造，生产装饰纸贴面人造板的企业购买预油漆纸后，只需直接胶贴于经过处理的人造板基材表面，就可以得到印刷装饰纸贴面人造板。

采用湿法生产工艺，胶合贴面速度较慢，涂胶量多，基材涂胶后表面容易吸收胶液中的水分，使基材表面发生膨胀，造成表面不平整，而且基材吸收的水分也不容易蒸发，使胶合强度受到影响。如果基材在涂胶后经过红外线干燥，虽然基材吸收的水分可以被部分蒸发掉，但在实际生产中，由于胶黏剂涂布不均匀，胶黏剂分布较少的地方会造成干燥过度，胶黏剂分布较多的地方则干燥不足，这样会使装饰纸产生皱褶而影响装饰效果。

7.2.2 生产准备

(1) 基材准备

各种人造板均可作为装饰纸贴面板的基材，其中胶合板、中密度纤维板应用较多。刨花板在其涂胶后因吸收胶液中的水分会造成表面粗糙不平，加上装饰纸的厚度较薄，刨花板基材上的缺陷容易反映到贴面板的表面上来，这使刨花板作为基材使用受到了一定限制，如果对刨花板表面、胶黏剂和贴面方法等进行一些特殊处理，减少或消除不利因素，刨花板仍然可以作为装饰纸贴面的基材，事实上目前刨花板作为装饰纸贴面的基材已得到了广泛应用。总之，无论使用哪种人造板作基材，都必须经过严格挑选，在贴面前都要经过砂光和其他相应的表面处理。胶合板基材的芯板最好是整板，如果芯板是拼接单板，则要求没有叠芯、离缝现象，含水率必须小于12%，厚度偏差小于±0.1mm，纤维板必须去掉表面预固化层，刨花板应保证表面光滑、细腻、平整。

(2) 对装饰纸的要求

装饰纸包括表面具有花纹、图案的纸张，也包括具有单一或多种颜色的纸张。装饰纸要求用加入了一定量的颜料和填料的精制化学木浆或棉木混合浆生产，定量在80~200g/m^{2}之间，渗透性不宜太强，吸水高度在30mm/10min左右。表面印刷花纹图案的纸张平滑度要求达到50~70s，不印刷花纹图案的一般为35~50s，干状抗拉强度应达到25N/15mm以上，湿状抗拉强度应达到4N/15mm以上。单色装饰纸有白色、米色、茶色、棕褐色、灰色、大红、豆绿、银灰色、天蓝色、橘红色等，图案装饰纸有木纹、条纹、风景、商标等。

(3) 胶黏剂

装饰纸贴面板的一个突出优点是能够实现连续化生产，为了适应连续化生产速度的要求，胶黏剂应是能够在短时间内快速固化的胶黏剂，目前生产中使用较多的胶黏剂是聚醋酸乙烯酯乳液与脲醛树脂混合的胶黏剂。为了提高胶黏剂的耐水性和胶合强度，在脲醛树脂制备过程中可加入一定量的三聚氰胺。胶黏剂使用之前，在胶液中加入一定量的面粉，以提高胶黏剂的初黏性，减小其渗透性。在综合考虑胶黏剂的耐热性、耐水性和挠曲性等各种因素的基础上，调制胶黏剂时，一般常采用以下的配比：

聚醋酸乙烯酯乳液:脲醛树脂胶:面粉 = (5~6):4:2

有时为了防止基材的颜色透过装饰纸，可在胶液中加入3%~10%的二氧化钛，以提高胶黏剂的遮盖能力。

7.2.3 装饰纸与基材的胶贴

(1) 胶黏剂涂布

胶黏剂在基材表面的涂布采用辊筒式涂胶机，涂胶量由装饰纸的定量决定，薄型装饰纸的涂胶量为 40~50g/m^2，厚型装饰纸的涂胶量为 60~80g/m^2。根据涂胶辊筒转动方向与基材进给方向是否相同，辊筒涂胶可分为顺转涂胶和逆转涂胶两种方式。顺转涂胶时，涂胶辊筒的回转方向与基材的进给方向一致；逆转涂胶时，辊筒的回转方向与基材进给方向相反。这两种涂胶方式各有特点，二者结合起来可以达到较好的涂胶效果，如图7-1所示。

基材涂胶后需经红外线干燥装置进行干燥，使胶黏剂中的溶剂蒸发，黏度增加，达到半干状态，干燥温度一般为 40~50℃，胶黏剂内部和表面应干燥均匀。胶黏剂涂层的均匀性对红外线干燥的效果有很大影响，胶层厚度不均匀，干燥程度也不均匀。此外用红外线进行干燥时，基材的颜色会影响到胶层的干燥速度，深色基材容易吸收红外线，浅色基材不易吸收，在更换基材时要注意调整胶黏剂的干燥时间。

(2) 装饰纸胶贴

将装饰纸胶贴于人造板基材表面的方法主要有"平压法"和"辊压法"两种。

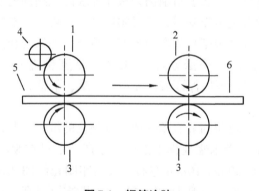

图 7-1 辊筒涂胶
1. 顺转涂胶辊 2. 逆转涂胶辊 3. 进料辊
4. 限料辊 5. 人造板基材 6. 胶黏剂涂层

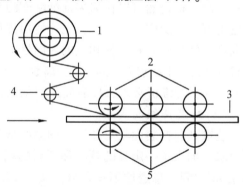

图 7-2 装饰纸与基材辊压胶合
1. 装饰纸卷 2. 压辊 3. 贴面基材
4. 张紧辊 5. 进料辊

①平压法

平压法是一种周期式的生产方法，一般适合于生产量较小的情况。贴面时把按尺寸裁剪好的装饰纸平铺在已涂胶的基材上，装饰纸必须平整舒展，不能皱褶卷曲，然后送入周期式平板热压机中进行热压胶合。热压工艺参数为压力 0.14~0.15MPa，温度 100~110℃，加压时间 40~60s。

②辊压法

辊压法是一种连续式的生产方法，适合于较大规模的生产。辊压贴面压机上配置有一个对或多个压辊，贴面时，在基材表面涂布胶黏剂后，压辊对装饰纸施加一定的压力，连续地将装饰纸辊压胶贴到基材表面，然后再将装饰纸截断，其工作原理如图 7-2 所示。

对装饰纸进行辊压贴面时，压辊的线压力一般为 100～300N/cm，压辊加压方式可以采用弹簧、液压或气压。如果采用多个压辊加压时，压力的大小是逐渐增大的。贴面热压温度一般为 80～120℃，加热方式可以是远红外线加热，也可以用饱和蒸汽加热。

7.3 装饰纸表面涂饰

7.3.1 面涂涂料

人造板基材经装饰纸贴面后表面需进行涂饰处理，涂饰处理不仅可以使贴面板表面的花纹、图案得到有效保护，而且可以使花纹图案更加清晰生动，具有更好的装饰效果。可用于装饰纸贴面板表面涂饰的涂料种类较多，一般有氨基醇酸树脂漆、聚酯树脂漆或水性涂料等。氨基醇酸树脂漆耐磨、耐酸碱、附着力好，但干燥时间较长，价格较高。聚酯树脂漆的涂层有厚重感，物理性能良好，但在固化时必须与空气隔绝。水性涂料也具有耐磨、耐热等性能，并且能用水做分散剂，是一种无公害涂料。

(1) 宝丽板的面涂涂料

宝丽板的面涂涂料为不饱和聚酯树脂、多元醇与多元酸反应生成的树脂，多元醇与不饱和多元酸反应生成的不饱和聚酯树脂等。不饱和聚酯树脂由乙二醇或丙二醇(R1)、顺丁烯二酸酐(R2)、邻苯二甲酸酐(R3)等组分组成，上述组分按一定配比，在 200～210℃下，经熔融缩聚而成，在加入交联剂、阻聚剂并在 60～80℃条件下混熔后，即可得到具有一定黏度的树脂，树脂的结构式为：

$$H{+}O-R1-O-\overset{O}{\overset{\|}{C}}-R2-\overset{O}{\overset{\|}{C}}{+}_x O-R1-O-\overset{O}{\overset{\|}{C}}-R2-\overset{O}{\overset{\|}{C}}{+}_y OH$$

不饱和聚酯树脂是一种淡黄色或琥珀色的透明液体，在引发剂和促进剂的作用下，能在室温下固化，最终形成具有体型结构的末期树脂。引发剂和促进剂需配合使用，常用的引发剂和促进剂有过氧化环己酮或过氧化甲乙酮/环烷酸钴，过氧化苯甲酰/二甲基苯胺等。

宝丽板的面涂涂料按其涂布工艺不同，分别采用非蜡型不饱和聚酯树脂与浮蜡型不饱和聚酯树脂，其配方如表 7-1 所示。

表 7-1 浮蜡型和非蜡型不饱和聚酯树脂配方

浮蜡型不饱和聚酯树脂		非蜡型不饱和聚酯树脂	
原料	质量比	原料	质量比
不饱和聚酯	100	不饱和聚酯	100
引发剂(过氧化环己酮)	4～6	引发剂(过氧化甲酰)	1～1.5
苯乙烯	2～3	促进剂(二甲基苯胺)	0.4～0.5
促进剂(环烷酸钴)	2～3		
蜡液(4%)	1		

(2) 华丽板的面涂涂料

华丽板的面涂涂料一般为氨基醇酸树脂漆或水性涂料,如乙醇醚化尿素三聚氰胺甲醛树脂等,乙醇醚化尿素三聚氰胺甲醛树脂的配方如表7-2所示。

表7-2 乙醇醚化尿素三聚氰胺甲醛树脂的配方

原料	质量比	原料	质量比
尿素(98%)	100	乙二醇(工业级)	27.2
三聚氰胺(100%)	22.8	六次甲基四胺(工业级)	0.943
甲醛(37%)	308.4	硫酸(工业级)	适量
乙醇(95%)	154	氢氧化钠(30%)	适量

乙醇醚化尿素三聚氰胺甲醛树脂质量指标:

黏度　　　　190~380 mPa·s　　　　pH值　　　　8±0.5
固体含量　　50%±3%　　　　　　　游离甲醛　　≤3%

7.3.2 面涂涂布工艺

华丽板的面涂一般采用"辊涂法",也可以采用"淋涂法",涂料的涂布量为25~30g/m²。涂膜通过干燥机用热空气进行干燥。涂膜在干燥过程中,不同的干燥阶段干燥机内具有不同的干燥温度。一般情况下,干燥机入口端至出口端的温度大致呈如下分布:30℃→60℃→90℃→110℃→60℃。干燥机的运行速度一般为0.4m/min。

以不饱和聚酯树脂作为宝丽板的面涂涂料时,涂料需要在隔氧条件下才能固化,生产中采用的隔氧方法有"薄膜法"和"加蜡隔泡法"。

(1) 薄膜法

宝丽板薄膜法生产工艺流程:

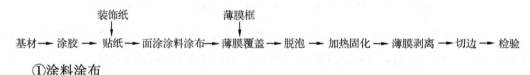

①涂料涂布

采用薄膜法生产时,不饱和聚酯树脂的涂布可采用手工涂布或涂布机涂布。手工涂布是将定量的促进剂和引发剂等组分加入树脂中,经充分搅拌后均匀地倒在贴面板的装饰纸上,然后盖上塑料薄膜,用橡胶辊将树脂均匀推展开并赶去涂层中的气泡。

用涂布机涂布时,由于不饱和聚酯树脂在加入引发剂和促进剂后会快速固化,树脂的活性期很短,为了防止树脂提前固化,可以采用双层涂布技术,即将加有促进剂的树脂和加有引发剂的树脂各自配好后,分别用两台不同的涂布机进行涂布,然后树脂在装饰纸上自行反应固化。涂布机可以是辊涂机也可以是淋涂机,涂布量一般为150g/m²。

②薄膜覆盖

用于隔离空气的塑料薄膜不溶于苯乙烯等有机成分,并具有一定耐热性,常用的是维尼纶薄膜。薄膜被固定在铁制或木制的框架上,覆盖时连框一起盖在倒有树脂的装饰纸上，然后用橡胶辊将树脂均匀推平，使薄膜与树脂紧密接触，并排出树脂中的空气。

③加热固化

不饱和聚酯树脂需经加热才能完全固化，树脂的固化可以通过热空气加热，也可以通过远红外线辐射加热。用热空气加热时，以饱和蒸汽为热源，热空气使装饰板表面均匀加热到50℃左右，加热时间为10~15min，用远红外线辐射加热时，可采用碘钨灯加热装置。

④薄膜剥离

树脂涂料固化以后，将薄膜连同框架一起取下，薄膜经处理干净后可重复使用。有时根据需要，将薄膜顺基材边沿割开，只把框架取下，薄膜留在树脂表面可以对漆膜起保护作用，避免在后续加工中损伤漆膜。

(2) 加蜡隔泡法

加蜡隔泡法采用的树脂为加蜡型不饱和聚酯树脂，涂布方法和薄膜法相同。在加蜡型不饱和聚酯树脂中，加入了树脂固体含量1%~3%的蜡液，树脂涂布在装饰纸上后，蜡液会浮到树脂表面，在表面形成一个蜡封闭层使树脂与空气隔离。

用作封闭层的蜡液为石蜡，石蜡的熔点一般为54℃，熔点过高的石蜡会溶于苯乙烯，熔点低的石蜡比重大，与树脂搅拌后会沉积在树脂下面，不能浮在树脂表面形成封闭的保护层。聚酯树脂经加热固化后，还要对其表面进行砂光和抛光，除去表面的石蜡层。砂光使用宽带式砂光机，砂带粒度为240#~320#~400#，抛光使用抛光机。

(3) 面涂涂层的缺陷、原因与对策

在涂布涂料的过程中，由于涂料本身以及涂布工艺和环境因素的影响，涂层或多或少会产生一些缺陷，这些缺陷对装饰纸贴面的装饰效果会产生一定影响，有些甚至会产生较严重的影响，因此需要对涂层产生这些缺陷的原因进行分析，并采取相应的技术措施加以解决。装饰纸贴面板面涂涂层的缺陷、原因及对策见表7-3。

表7-3 面涂涂层的缺陷、原因及对策

缺陷	原因	对策
针孔	涂饰温度太低 树脂黏度过大，固化太快 涂层太厚	涂饰温度应在10℃以上 用苯乙烯稀释，调节引发剂、促进剂用量 减少涂料的涂布量
橘皮	涂层太厚 固化太快 涂饰温度太高 饰面涂层遭受风吹	减少涂料的涂布量 调节好引发剂、促进剂用量 温度控制在20~25℃ 避风操作
固化不良	涂膜层厚度太薄 引发剂、促进剂调制不均匀 引发剂用量不足 涂饰层温度不合适	涂层一般应在0.2~0.3mm 将引发剂、促进剂调制均匀 引发剂用量一般应大于树脂用量的0.5% 将温度控制在10~40℃之间
变色	涂饰温度太低 引发剂用量过多 促进剂选择不合适	涂饰温度应在10℃以上 引发剂用量不超过4% 选择合适的促进剂

(续)

缺陷	原因	对策
白化	涂饰温度太低 引发剂、促进剂用量不足 装饰纸太薄 树脂黏度太小 表面砂光、抛光过早	涂饰温度应在10℃以上 将凝胶化时间调整到20～30min 增加装饰纸的厚度 选择合适的树脂 检查涂层固化状态
剥离	树脂收缩过大 装饰纸质量不好 印刷油墨质量不好	涂膜层厚度不大于0.5mm 选择渗透性好的原纸 检查油墨与树脂的相容性

7.4 塑料薄膜的种类及其性质

用于人造板基材表面装饰的塑料薄膜是一种由热塑性树脂加工而成的薄膜状材料（简称塑料薄膜）。塑料薄膜贴面装饰是将塑料薄膜用胶黏剂胶贴于人造板基材的表面，对人造板基材起保护和美化作用的一种装饰方法。塑料薄膜制造方便、价格低廉、适合于连续化和自动化生产，经过印刷图案、花纹，并经模压处理后具有很好的装饰效果。

用作人造板表面装饰材料的塑料薄膜种类较多，如聚乙烯薄膜、聚氯乙烯薄膜、聚丙烯薄膜、聚苯乙烯薄膜、聚酯薄膜、尼龙薄膜等。用于人造板基材贴面装饰的塑料薄膜厚度一般在0.08～0.1mm，几种主要装饰用塑料薄膜的特性如表7-4所示。

表7-4 几种主要装饰塑料薄膜的特性

塑料薄膜种类	技术特性				
	耐热性能/软化点（℃）	耐寒性	透明度	印刷性	异味
高压聚乙烯	85～95	优	稍差	差	差
中压聚乙烯	115～120	良	差	差	稍差
低压聚乙烯	115～125	良	良	差	稍差
聚氯乙烯	60～100	一般	一般	优	一般
聚丙烯	96～105	一般	良－优	良－优	良
聚酯	150	良	良－优	差－良	一般
聚碳酸酯	130～150	良	一般	—	优
聚酰胺	110～190	良	—	—	一般

胶贴塑料薄膜常用的胶黏剂有：聚醋酸乙烯酯乳液、聚酯树脂、脲醛树脂、聚氨酯树脂、氯丁橡胶、丁腈橡胶及乙烯醋酸乙烯共聚热熔胶等。

7.4.1 聚氯乙烯薄膜

塑料薄膜的基本成分是合成树脂，通过在其中加入某些增塑剂、稳定剂、润滑剂、着色剂、填料等物质加工制作而成。塑料薄膜虽然种类较多，但它们的共同特点是加热会变软，冷却后又会重新恢复成固体状态和所具有的机械强度。塑料薄膜的这种变化可逆性特点，为其作为人造板表面装饰材料提供了良好的条件。在用于人造板表面装饰的塑料薄膜中，聚氯乙烯薄膜是使用最普遍的一种，它具有以下特点：

①表面平滑，印刷涂饰性能好，可以制成透明或不透明的，印刷前不需作任何处理。

②印刷的图案花纹色泽鲜艳美观，质地柔软，压花加工性好，便于模压图案。

③具有良好的遮盖能力，透气性小，可以减少空气湿度对人造板基材的影响。

④适应性能与胶合性能好，贴面人造板表面光洁度、光泽度高，适合于连续化生产。

其缺点是耐热性较差，表面硬度较低，对胶黏剂的要求较高。

(1) 生产聚氯乙烯塑料的原料

①聚氯乙烯树脂

聚氯乙烯树脂是由氯乙烯单体($H_2C=CHCl$)经聚合而成的一种高分子物质。根据聚合工艺和状态不同，聚氯乙烯树脂的聚合方法可以分为：悬浮聚合、乳液聚合、本体聚合和溶液聚合等，在实际生产中，以悬浮聚合方法用得最多。悬浮聚合是在水相中含有少量的亲水性保护胶体分散剂，通过剧烈搅拌，使氯乙烯单体分散成微小的液滴，悬浮于水相中，用可溶性有机过氧化物单体作催化剂，使氯乙烯单体液滴内的游离基进行聚合。聚合过程完成后，再将其过滤、洗涤、干燥，最后分离出树脂。聚氯乙烯树脂的分子结构式如下：

$$-\overset{H}{\underset{H}{C}}-\overset{H}{\underset{Cl}{C}}-\left[\overset{H}{\underset{H}{C}}-\overset{H}{\underset{Cl}{C}}-\overset{H}{\underset{H}{C}}-\overset{H}{\underset{Cl}{C}}\right]_n-\overset{H}{\underset{H}{C}}-\overset{H}{\underset{Cl}{C}}-$$

聚氯乙烯薄膜是在聚氯乙烯树脂中按一定比例加入增塑剂、稳定剂、润滑剂、着色剂、填充剂等添加剂后，经混炼机混炼，再经压延或吹塑等方法制成的。

②增塑剂

增塑剂在塑料薄膜中是仅次于聚氯乙烯树脂的主要辅助成分，它对聚氯乙烯树脂的物理化学性能有很大的影响。树脂中加入的增塑剂数量不同，得到的塑料薄膜的软硬程度有很大差异，增塑剂加量多时，塑料薄膜较软；增塑剂加量少时，塑料薄膜较硬。

在氯乙烯单体聚合过程中，氯乙烯单体之间的结合力由于加热会有所减弱，增塑剂可以渗透到松弛的氯乙烯分子间隙中，使分子间隙扩大，分子间内聚力减小，这样聚氯乙烯塑料加热时塑性增加，冷却后弹性恢复，聚氯乙烯和增塑剂的关系如图7-3所示。

以下是实际生产中常用的几种增塑剂：

苯二甲酸酯类　用得较多的是邻苯二甲酸二丁酯(DBP)、邻苯二甲酸二辛酯(DOP)、邻苯二甲酸二苄酯(BBP)等，其中以邻苯二甲酸二辛酯最为常用，邻苯二甲酸二丁酯次之。

直链二元酸酯类　主要有己二酸二辛酯(DOA)，壬二酸二辛酯(DOZ)和癸二酸二辛酯(DOS)，其中以己二酸二辛酯用得较多。

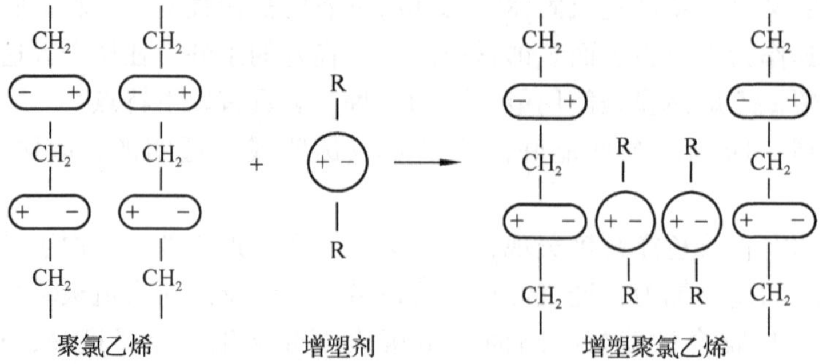

聚氯乙烯　　　　　增塑剂　　　　　增塑聚氯乙烯

图 7-3　增塑聚氯乙烯模式图

磷酸酯类　具有代表性的是磷酸三甲苯酯(TCP)、磷酸三—二甲苯酯。

蓖麻油衍生物　作为增塑剂的蓖麻油衍生物有甲基乙酰蓖麻油等。

环氧化植物油　环氧化植物油是大豆油等油类中的不饱和脂肪酸环氧化后得到的物质。

聚酯系增塑剂　它们是平均相对分子质量为 1000～3000 的黏稠状低级聚酯。

氯化物　氯化烷烃和五氯丁基硬脂酸酯等。

增塑剂应具备相容性、增塑性、挥发性、对热和光的稳定性、抗蠕变性、耐寒性和化学稳定性，其中抗蠕变性对树脂薄膜和基材人造板的黏接性影响最大。在聚氯乙烯塑料薄膜使用过程中，增塑剂会发生向胶黏剂的缓慢转移，使胶黏剂的黏结性能降低，同时还会向薄膜表面渗透，使表面质量下降。为了消除增塑剂的不利影响，出现了一种无增塑剂的新型聚氯乙烯薄膜，这种新型聚氯乙烯薄膜透明性好，可进行多色印刷，印刷图案清晰，具有良好的装饰效果，也可以制成不透明制品，表面可压制各种花纹，与涂料黏合性好，透气性小，不会给胶层、基材等带来不良影响，而且难燃、无毒，具有良好的耐寒、耐油、耐冲击和耐化学药品性能。无增塑剂聚氯乙烯树脂和普通聚氯乙烯树脂的性能对比如表 7-5 所示。

表 7-5　两种聚氯乙烯树脂的性能

性　能	普通聚氯乙烯树脂	无增塑剂聚氯乙烯树脂
拉伸强度(MPa)	48	57
耐冲击性(20℃，N/mm)	350	650
耐冲击性(0℃，N/mm)	250	550
软化温度(℃)	45	65
脆化温度(℃)	10	-10

③稳定剂

聚氯乙烯树脂在热和光的长期作用下，会脱出氯化氢而产生分解裂化，在树脂加工过程中，也会因发热而使其发生分解。稳定剂的作用是使聚氯乙烯塑料薄膜在生产和使用过程中，保持其性能稳定。常用的稳定剂如下：

铅盐类　铅白($PbO \cdot H_2O \cdot 2PbCO_3$)、三价碱式硫酸铅($3Pb \cdot PbSO_4 \cdot H_2O$)、二

价碱性亚磷酸铅(2Pb·PbHPO₃·1/2H₂O)等。

金属皂类 硬脂酸、月桂酸等与铅、钙等的金属皂化物，如正铅盐[Pb(C₁₈H₃₅-O₂)₂]及二价碱式盐[2PbO·Pb(C₁₈H₃₃O₂)₂]等。

有机锡化合物 这类化合物有二丁基锡二月桂酸酯、二丁基马来酸酯等。

④润滑剂

润滑剂的作用是增加树脂的流动性，防止物料黏结，在对树脂加工时，可以减小它们对机械金属表面的摩擦力。润滑剂一般是由非极性基和少数极性基组成的长链化合物，常用的润滑剂有以下几类：

高级脂肪酸及其衍生物 如硬脂酸、棕榈精酸的饱和脂肪酸以及它的酯类化合物。

金属皂化物 前面介绍的稳定剂可兼作润滑剂用。

石蜡类 如天然石蜡和由高级脂肪酸与高级醇衍生的合成石蜡。

石油系润滑剂 如精制的高熔点烷烃石蜡，白矿物油等。

润滑剂的相容性和润滑性对树脂加工有较大影响，润滑性过大，其相容性会减小，润滑剂容易渗出树脂表面，阻碍树脂薄膜与人造板基材的黏结；润滑性不足，则树脂的加工性能不稳定，与加工机械的金属表面会产生较大的摩擦力。

⑤填充剂

填充剂的作用主要是降低树脂的生产成本，其加量必须适当，加量过多会降低树脂薄膜的物理力学性能。常用的填充剂有碳酸钙、白土(黏土、陶土、白垩)和二氧化硅等。用于人造板表面装饰的聚氯乙烯薄膜一般不加填充剂，作地板用的聚氯乙烯薄膜需加入一定量的填充剂。

⑥着色剂

着色剂的作用是使聚氯乙烯薄膜具有颜色。用于人造板表面装饰的氯乙烯薄膜，其颜色一般为模仿珍贵木材的颜色。聚氯乙烯薄膜的着色剂主要是颜料，颜料有无机颜料和有机颜料两大类，无机颜料包括铬黄、氧化铁黄、钼红、镉红、二氧化钛、氧化铬绿等，有机颜料有酞菁蓝、酞菁绿等。

着色的聚氯乙烯薄膜可以是透明的，也可是不透明的，颜料加入量，主要根据薄膜要求的色调、遮盖力、鲜艳程度和薄膜的厚度确定。颜料加量通常为总量的 0.5%~3.0%，透明薄膜的颜料加量一般为 0.05%~0.5%。表 7-6 为几种常用无机颜料的理化性质。

表7-6 常用无机颜料的理化性质

颜料种类	主要成分	密度（g/cm³）	每百克吸收增塑剂(mL)	酸稳定性	耐碱性
钛白	二氧化钛	4.0~4.5	100	不溶	耐碱
镉红	硫化镉、硒化镉	2.9~3.3	60	不溶	耐碱
铬黄	铬酸铅	5.9~6.4	64	溶	变色
镉黄	硫化镉	4.5~5.9	—	微溶	耐碱
铬绿	二氧化二铬	4.95	60	不溶	耐碱
炭黑	碳	1.7	300	不溶	耐碱

(2)聚氯乙烯塑料的分类

①按厚度分类

聚氯乙烯塑料按厚度可分为薄膜、薄板和平板。薄膜的厚度在 0.2mm 以下，薄板的厚度在 0.2~0.3mm，平板的厚度在 0.3mm 以上。

聚氯乙烯薄膜的厚度随其用途不同而不同。用于普通人造板贴面，厚度为 0.08~0.4mm；用作建筑材料贴面，厚度一般为 0.1mm；用于地板的表面装饰，厚度为 0.8~1.0mm。

②按增塑剂分

不同的聚氯乙烯薄膜中增塑剂用量如下：

硬质薄膜　100kg 树脂中加入 5kg 增塑剂。

半硬质薄膜　100kg 树脂中加入 5~20kg 增塑剂。

软质薄膜　100kg 树脂中加入 50kg 增塑剂。

7.4.2 聚乙烯塑料薄膜

聚乙烯塑料是由乙烯单体聚合而成的一种高分子化合物，其分子式为($-CH_2-CH_2-$)$_n$。根据相对分子质量大小，聚乙烯塑料可以分为低相对分子质量和高相对分子质量两种，低相对分子质量的聚乙烯塑料是一种无色、无味、无毒的物质，高相对分子质量的聚乙烯塑料一般为乳白色蜡状固体粉末，在加入稳定剂后可以加工成颗粒状。聚乙烯在生产过程中由于加工方法不同，其密度、物理、机械性能也不相同，高密度产品的机械强度、熔点、硬度等性能指标比低密度产品高。

一般情况下，低密度的聚乙烯是用高压方法生产的，高密度的聚乙烯是用低压方法生产的。根据聚乙烯密度的大小，可以将其分为三类：低密度聚乙烯，密度为 0.910~0.925 g/cm^3；中密度聚乙烯，密度为 0.926~0.940 g/cm^3；高密度聚乙烯，密度为 0.941~0.965 g/cm^3。

低密度聚乙烯制成的薄膜呈乳白半透明状，质地较柔软，与纸张、铝箔、玻璃纸等材料复合后，可以制成防水、防潮材料。这种薄膜的抗冲击强度比中、高密度聚乙烯薄膜大，而且耐寒、耐低温性好，但其印刷效果较差，印刷前必须进行表面处理。

中密度聚乙烯比低密度聚乙烯硬，其颜色接近乳白色，不透明，其薄膜呈半透明状，用途和低密度聚乙烯相似。这种薄膜的特点是横向强度大，纵向强度低，容易撕裂，与低密度聚乙烯相比，抗冲击强度小，但具有较好的耐热、耐煮沸和耐寒性。

高密度聚乙烯呈乳白色半透明状，比中密度聚乙烯硬，耐寒、耐热性好，防潮性好，气密性与中密度聚乙烯相似，防止氧气透过性和防紫外线穿透性一般，其缺点是表面光泽差、印刷效果不理想。人造板表面装饰用的聚乙烯塑料薄膜一般是低密度聚乙烯。

7.4.3 聚丙烯薄膜

聚丙烯分子结构的通式为：

$$\text{\textlbrackdbl} CH-CH=CH \text{\textrbrackdbl}_n$$

聚丙烯是由丙烯单体(CH_2=$CHCH_3$)在有机铝化合物的催化作用下聚合而成的。根据分子结构不同，聚丙烯可以分为无规聚丙烯、等规聚丙烯和间规聚丙烯三种类型。等规聚丙烯是白色、无臭、无味、无毒的固体，密度为 $0.90～0.91g/cm^3$，其主要特性如下：

① 可在 $-30～140℃$ 条件下使用，在 $100～110℃$ 条件下持续使用，其性能不变。

② 拉伸强度为 $33.7～42.2MPa$，弯曲强度 $42.2～56.2MPa$，抗冲击强度为 $10.7～43.0MPa$。

③ 硬度高、耐磨性好，洛氏硬度为 $R85～110$。

④ 韧性和耐化学药品腐蚀性好，介电常数为 $(2.0～2.25)×10^6F/m$。

⑤ 透明度较高，具有良好的耐寒、耐酸碱、耐溶剂性和加工性、印刷装饰性。

用于人造板表面装饰的聚丙烯薄膜，分为有色薄膜和透明薄膜两种，可适应各种人造板基材的贴面。本身具有美丽木纹的胶合板可用透明薄膜贴面，刨花板和纤维板则可用有色聚丙烯薄膜贴面。经聚丙烯薄膜装饰的人造板，可广泛用于家具制造、车辆、船舶和建筑物的内部装修，电器设备外壳和操作台面的制造。

7.4.4 饱和聚酯树脂薄膜

饱和聚酯树脂是含酯键的分子作为主链的高分子化合物的总称。按它们的结构、性能可以分为线型结构和体型结构两种形式。线型结构聚酯树脂是一种可溶、可熔的物质；体型结构聚酯树脂是一种不溶、不熔的物质。用于人造板表面装饰的聚酯树脂薄膜，是一种非结晶性的线型饱和聚酯树脂，多数是对苯二甲酸和间苯二甲酸与乙二醇的混合物制成的聚乙烯对苯二甲酸酯、间苯二酸酯的三聚体，聚乙烯对苯二甲酸酯与聚乙烯间苯二甲酸酯的比例一般为 7:3 左右。人造板表面装饰用的饱和聚酯树脂薄膜一般为透明状，其厚度为 $0.037～0.125mm$，背面印刷图案。薄膜厚度与定量之间的关系如表 7-7 所示，其中定量为 $53g/m^2$ 和 $70g/m^2$ 的薄膜用得最多。

表 7-7 饱和聚酯树脂薄膜厚度与定量的关系

序 号	厚度(mm)	定量(g/m^2)	序 号	厚度(mm)	定量(g/m^2)
1	0.037	53	4	0.100	140
2	0.050	70	5	0.125	175
3	0.075	105			

饱和聚酯薄膜具有优良的耐寒性，在 $-40℃$ 的条件下就可以使用，其耐磨性、耐气候性、尺寸稳定性和耐化学药品性都很好，与人造板胶合之后不会产生收缩等问题。

7.4.5 聚碳酸酯薄膜

聚碳酸酯学名为 2,2-双(-4-羟基苯基)-丙烷聚碳酸酯，一般是用双酚 A 和碳酰氯进行聚合反应而成，也有用碳酸二苯酯和双酚 A 经酯交换和缩聚而成。聚碳酸酯是一种无色或浅黄色透明的固体，密度 $1.2g/cm^3$，软化点较高、熔点高于

220℃。这种树脂具有优良的物理力学性能,冲击强度为25.7~35.7MPa,抗拉强度56.2~66.8MPa,弯曲强度77.3~91.3MPa,压缩强度87.5MPa。聚碳酸酯薄膜能耐低温,同时有优良的耐热性、耐候性和耐化学药品性能,但其价格较高。在人造板表面装饰中采用的聚碳酸酯薄膜,厚度在0.1mm以下,其背面印刷木纹或其他图案,也可以进行压花加工。

7.5 塑料薄膜成型及印刷

7.5.1 成型工艺

(1)压延成型

塑料薄膜压延成型是在多辊筒压延机上进行的,压延机上配置有多个辊筒,工作时辊筒被加热,常用的热源有电、饱和蒸汽、热油等,各辊筒之间的间隙可以根据所需要的薄膜厚度进行调节。压延成型机工作时,热塑性树脂通过加热辊筒被加热软化,压延成具有一定厚度的带状薄膜或片状材料,经压延成型后的薄膜再经冷却后即可得到塑料薄膜成品。"压延成型法"主要用于加工聚氯乙烯塑料薄膜,压延成型机的工作原理如图7-4所示。

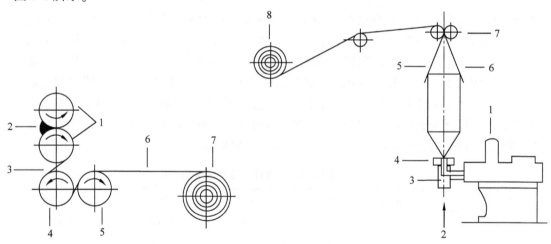

图7-4 压延成型机工作示意图
1. 热辊 2. 塑料入口 3. 可调间隙 4. 加热辊 5. 冷却辊 6. 塑料薄膜 7. 拉出辊

图7-5 薄膜吹塑机结构示意图
1. 料斗 2. 压缩空气入口 3. 芯棒 4. 模体 5、6. 人字板 7. 牵引辊 8. 吹塑薄膜

(2)吹塑成型

吹塑成型生产塑料薄膜的主机是塑料挤出机,原料加入到挤出机内加热到熔融状态,然后由转动螺杆输送到机头,机头挤出的塑料是熔融状态的管状坯料,在管状坯料内吹入0.147~0.176MPa的压缩空气,熔融的管状坯料即被吹成薄膜,其厚度由机头模口的尺寸和吹胀比例来确定。

用"吹塑成型法"生产塑料薄膜,设备简单、投资少、操作容易、生产过程稳定、生产效率高，而且生产灵活，既可生产窄幅薄膜，也可生产宽度 10m 以上的宽幅薄膜。吹塑薄膜呈一种连续不断的圆筒状，生产中可以根据实际需要裁取成任意长度。用于吹塑成型的塑料主要是高压聚乙烯，其次是聚氯乙烯和聚丙烯，图 7-5 为薄膜吹塑机的结构示意图。

(3) 浇注成型

热塑性树脂溶液通过浇注可以获得最薄的薄膜，用浇注法生产的薄膜，尺寸稳定性好，具有光滑明亮的表面，但生产成本较高。

7.5.2 薄膜印刷

用于对人造板进行表面装饰的塑料薄膜，一般需要在其表面印刷花纹或图案，以增强其装饰效果。印刷工艺是根据设计图案、薄膜种类、产品用途等因素确定的。塑料薄膜的印刷，采用的主要方式是凹版套色辊筒印刷，小批量生产或印刷特殊专用图案时，可采用丝网印刷方式。

7.5.2.1 印刷油墨

早期用于塑料薄膜印刷的油墨是橡胶型油墨，这种油墨适应性差，对有些塑料薄膜的印刷难以满足要求，各类油墨也不能混用，在 15℃ 以下就会出现冻结现象。新型油墨克服了传统油墨的缺陷，性能有了很大改善，聚酰胺色片油墨是其中有代表性的一种。

(1) 聚酰胺色片型油墨

这种油墨由 70% 左右的聚酰胺树脂与相应的颜料和附加成分混合而成。聚酰胺树脂主要由二元酸和二元胺或氨基酸经缩聚而成，是一种分子结构中具有许多重复酰胺基团的树脂，其分子结构为 NH—R—CO。这种树脂具有优良的光泽，良好的耐油、耐水性，很强的柔韧性和附着力，根据生产工艺不同，可分别制成醇溶性和混合溶剂溶解的树脂。此外这种树脂还可以制成无毒、味小的油墨，使用时先将树脂与颜料的混合物碾成碎片，再与溶剂混合搅拌均匀即可。

与聚酰胺树脂混合常用的颜料有大红、粉红、钛白粉、酞蓝粉、青莲粉、联苯胺黄等，可分别轧制成红色、白色、蓝色、黄色、黑色聚酰胺色片。溶解色片的溶剂有甲苯、二甲苯、异丙醇、200#焦化油、94%的乙醇及混合溶剂等，表 7-8 所示为聚酰胺油墨的配方。

表 7-8　聚酰胺油墨配方　　　　　　　　　　　　　　　　　　　　质量份

原　料	颜　色											
	中黄	橘红	大红	深红	玫红	青莲	深蓝	淡蓝	天蓝	翠绿	黑墨	白墨
二甲苯	14	14	13	14	11	9.5	13	13	15	14	14.5	3
异丙醇	13	10	9	11	8	7	8	9	12	11	11	2
树脂液	58	57	57	57	58	60	58	58	57	57	59.5	57
胶质钙	7	8.5	8	6	7	8	7	4	7.5	7	6.5	8

(续)

原料	颜色											
	中黄	橘红	大红	深红	玫红	青莲	深蓝	淡蓝	天蓝	翠绿	黑墨	白墨
钛白粉	3	1.5	2	1	3		12.5	1	2	30		
联苯胺黄	5											
永久橘黄		6.5										
金光红		2.5										
耐晒大红			11									
艳红				8								
桃红				3								
玫瑰红					13	0.5						
青莲蓝(3502)						15						
华蓝							12					
青莲蓝(3501)							2					1
酞菁蓝(433)							3.5	7.5		1.5		
酞菁绿										6.5		
烟子											6	

注：树脂液配比：二甲苯30%，异丙醇20%，聚酰胺树脂50%。

(2) 硝基型油墨

硝基型油墨由硝基型基料、醇酸树脂、颜料和稀释剂等混合研磨而成，使用前须充分搅拌，以防止油墨分层和保证其附着力，硝基型油墨中的几种组分配方如下(质量比)：

① 33%、1/2s 硝化棉溶液配比

| 1/2s 硝化棉花 | 33% | 醋酸乙酯 | 25% |
| 醋酸丁酯 | 25% | 丙酮 | 17% |

② 60%、3136-3 醇酸树脂液配比

| 3136-3 醇酸树脂 | 60% | 醋酸丁酮 | 40% |

③ 稀释剂配比

| 乙醇 | 33% | 乙酸乙酮 | 33% |
| 丙酮 | 17% | 乙酸丁酯 | 17% |

硝基型油墨配方如表 7-9 所示。

表 7-9 硝基型油墨配方　　　　　　　　　　质量份

原料	颜色					
	红墨	白墨	橘红	青莲	黄墨	黑墨
永固红	10.5					2.5
1/2s 硝化棉液	44	33	45.5	42	54	43
3136-3 醇酸树脂液	45.5	35	44	44	35	45.6

(续)

原料	颜色					
	红墨	白墨	橘红	青莲	黄墨	黑墨
钛白粉	32				3	
橘黄			5.3			
钼铬红			2.6			
金光红			2.6			
青莲				11		
玫瑰红				3		
联苯胺黄					5	
铬黄					3	
炭黑						6.4
普蓝						2.5

(3) 丝网印刷油墨

塑料薄膜用丝网印刷时，油墨是以氯乙烯、醋酸乙烯二元共聚树脂为基料，以环己酮、二甲苯、醋酸丁酯、二丁酯等作混合溶剂，制成清漆后加入着色剂等配制而成，其配方如下(质量比)：

氯乙烯、醋酸乙烯二元共聚树脂　7%　　二甲苯　　44.7%
环己酮　　　　　　　　　　　10.2%　　醋酸丁酯　28.5%
二丁酯　　　　　　　　　　　1.6%　　 苯甲酸乙酯　8%

在上述混合物组成的清漆中加入 0.4% 的油溶性颜料和 20%~30% 钛白粉，混合均匀后即可用于丝网印刷。

7.5.2.2 花纹图案印刷

(1) 印刷前的准备

用于人造板表面装饰的塑料薄膜的分子结构中不含极性基团，化学稳定性高，可以耐受一般溶剂和化学药品的腐蚀。但是在塑料薄膜的制造过程中，由于加入了一定量的增塑剂、稳定剂等助剂，这些助剂在薄膜制成后会部分渗透出来，在薄膜表面形成肉眼看不见的薄层，从而影响到油墨、涂料、胶黏剂涂布后的牢度。为了解决这个问题，在印刷前需对塑料薄膜进行一定的处理，常用的处理方法是对薄膜表面进行放电。放电可以在塑料薄膜表面形成极性基团，有利于与其他物质的黏合，同时塑料薄膜因受到脉冲电弧的冲击作用，其光滑的表面会形成一些微小的疵点，也可以增加油墨印刷的牢度。

(2) 印刷工艺

在塑料薄膜的印刷方法中，使用最普遍的是凹版印刷(见本书第8章)，其他印刷方法使用较少。常用的凹版印刷设备是四色凹版转轮印刷机，它适用于成卷塑料薄膜的印刷。这种设备主要由薄膜的放卷装置、套色印刷系统和收膜装置三大部分组成。这种设备可以套印两种以上色调，还可以进行双面印刷，劳动生产率高、印刷质量好、生产成本低。

用于人造板表面装饰的塑料薄膜,一般是印刷珍贵木材的纹理或新颖美观的图案,花纹图案可以印刷在薄膜的表面,也可以印刷在薄膜的背面。印刷在表面时,油墨暴露在产品表面,其使用寿命会受到一定影响。为了提高印刷在塑料薄膜表面花纹图案的耐久性,可以在塑料薄膜上再覆盖一层极薄的透明保护层,用作保护层的薄膜一般是聚乙烯薄膜。不经常受摩擦的制品也可以不覆盖保护层。

花纹图案印刷在薄膜的背面,可以保护印刷木纹不受磨损,提高制品的耐久性。背面印刷主要用于经常会产生摩擦的制品。这种印刷技术要求较高,对薄膜本身透明度的要求也较高。在背面印刷后,涂一层涂料或底色,可以掩盖人造板基材表面的缺陷。

7.6 塑料薄膜压花和复合

对塑料薄膜进行压花处理是为了进一步提高装饰制品的真实感,如在印有珍贵木材纹理的塑料薄膜上,再压上导管孔眼痕迹,表面就会变得更加美丽逼真,并具有立体感。

7.6.1 塑料薄膜压花工艺

塑料薄膜压花时,必须重新加热至热弹性或热塑性状态,其温度一般为 120~160℃,然后用压花辊筒在薄膜表面进行压花。塑料薄膜经压花后要立即进行冷却定型,冷却到室温后薄膜表面压出的花纹便可固定下来。根据加压方式不同,压花工艺可以分为平板压花、连续压花和真空压花三种方式。

(1) 平板压花工艺

平板压花工艺所用的设备是多层平板压花机,塑料薄膜用这种压花机进行压花得到的花纹很均匀、热定型性也很好。塑料薄膜在多层平板压花机上进行压花,不仅可以压得更光滑和压出美丽的花纹,而且还可以消除薄膜本身的一些缺陷。在薄膜制造过程中,压延和挤压会在塑料薄膜的表面产生一些压痕、鱼眼、辊纹等缺陷,同时薄膜还存在一定的厚度误差和内应力,通过平压后可减少和消除这些缺陷,提高薄膜的透明性,并可得到亮度很高的表面。这种设备的缺点是生产周期长、对薄膜的热作用强,而且是周期式生产,效率较低。

(2) 连续压花工艺

连续压花是压花过程可以连续进行的一种压花工艺,这种工艺可以实现生产过程的流水作业,具有较高的生产效率,连续式压花设备的结构如图 7-6 所示。

连续式薄膜压花装置主要由放卷装置、加热器、压花辊、冷却箱和薄膜收卷装置等部分组成。薄膜离开放卷轴后,经加热辊加热,再用红外光辐射加热器补充加热,使塑料薄膜塑化变软,在压花辊压力的作用下,薄膜表面便被轧上了花纹,经过冷却辊后,被轧上的花纹即可定型,最后再由薄膜收卷装置重新成卷,这种设备生产效率高,适合于大规模生产。

(3) 真空压花工艺

真空压花工艺是压花辊筒在真空状态下,借助大气压力的作用,在塑料薄膜表面形

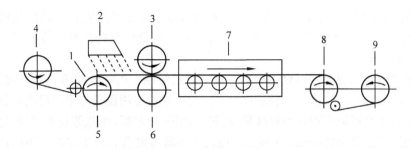

图 7-6　塑料薄膜连续压花加工设备
1. 塑料薄膜　2. 加热器　3. 压花辊　4. 放卷装置　5. 加热辊
6. 橡胶辊　7. 冷却箱　8. 冷却辊　9. 薄膜收卷装置

成花纹的一种塑料薄膜压花工艺。图 7-7 所示是一种回转式真空压花设备。

这种压花设备由放卷装置、辐射加热器、带有压花阴模的真空压花辊筒、冷却系统和再卷装置等部分组成。压花阴模固定在真空压花辊筒上，压花阴模可以用针棉织品、金属网或有吸孔的金属制成。真空压花机工作时，塑料薄膜首先经加热塑化变软并被包覆在抽成真空的压花辊筒外面的阴模上，薄膜包覆在真空压花辊筒五分之四的圆周上，在大气压力的作用下被压到压花阴模

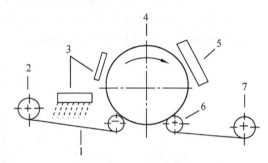

图 7-7　回转式真空压花设备示意图
1. 塑料薄膜　2. 放卷装置　3. 加热器
4. 压花阴模　5. 冷却系统
6. 真空压花辊筒　7. 再卷装置

上，薄膜的表面便被压上了花纹，经过冷却使花纹定型，最后再重新卷绕成卷。

回转式真空压花机是一种连续式的压花设备，适合大规模的流水线生产。除这种回转式的真空压花机外，还有平板式真空压花机，压花阴模固定在平面上，其工作方式是周期式的，生产效率较低，适合小规模生产。

7.6.2　塑料薄膜的复合

塑料薄膜的复合是将两种或两种以上的塑料薄膜通过一定的加工方法，使它们结合成一个整体，复合塑料薄膜有以下特点：

①克服了单一薄膜的缺点，使塑料薄膜对人造板的装饰效果更好。

②扩大了塑料薄膜的应用范围。某些塑料薄膜不能单独使用，但与其他塑料薄膜复合后，可以成为很好的贴面材料。

③各种塑料薄膜可以取长补短。即使是某些性能较好的塑料薄膜，在单独使用时也会产生一些缺陷，不同特性的塑料薄膜通过复合可以做到扬长避短。

④复合薄膜透气性小、耐水性强、强度高，能满足某些高档贴面产品的要求。

⑤花纹图案夹在薄膜之间，可以避免摩擦，起到保护印刷效果的作用。

例如用聚乙烯薄膜与玻璃纸复合的薄膜具有透气性小、耐水、强度大等优点；又如用聚乙烯薄膜—纸—铝箔—聚乙烯薄膜四层复合的薄膜，既具有聚乙烯薄膜的透明、耐

水、耐腐蚀、强度高、韧性好的优点，又兼有纸张的印刷性能好，铝箔的气密性好的特点。薄膜的复合方法有湿式复合、干式复合、热熔复合以及挤出复合等方式。

(1) 湿式复合

塑料薄膜的湿式复合是以聚乙烯醇、聚醋酸乙烯酯、丙烯酸酯等树脂乳液为胶黏剂，先将胶黏剂均匀地涂布于第一薄膜基材上，然后再通过专用设备与第二薄膜基材贴合成一个整体。湿式复合可以实现对塑料薄膜/纸张、铝箔/玻璃纸/纸张等材料多种形式的复合。塑料薄膜的湿式复合装置如图7-8所示。湿式塑料薄膜复合装置工作时，不同性能的两种薄膜材料分别安放在第一基材卷和第二基材卷上，第一基材卷上的薄膜材料经涂布胶黏剂后向前运行，与第二基材卷上的薄膜材料在复合辊的加压作用下进行重叠复合，使两种薄膜材料紧密黏贴在一起。黏贴在一起的两种薄膜材料经过干燥器进行干燥，并使胶黏剂固化，然后通过冷却辊进行冷却定型，即可制成复合塑料薄膜。湿式塑料薄膜复合设备的复合速度很快，一般可以达到150~200m/min，最高速度可以达到300m/min。

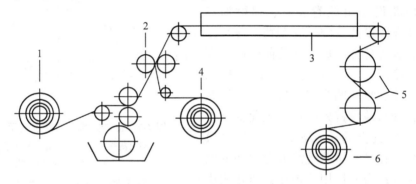

图7-8 湿式塑料薄膜复合装置示意图

1. 第一基材卷 2. 复合辊 3. 干燥器
4. 第二基材卷 5. 冷却辊 6. 复合薄膜

(2) 干式复合

塑料薄膜的干式复合是先将胶黏剂涂布在第一种基材上，经过干燥除去其中的部分挥发分后，与第二种基材重叠在一起，再通过热压制成复合薄膜的一种薄膜复合方法。塑料薄膜的干式复合常用的胶黏剂有聚醋酸乙烯酯乳液、丙烯酸酯树脂、环氧树脂、聚氨酯树脂等。采用干式复合时，胶黏剂的涂布方法比较多，可采用同向涂布、反向涂布、凹辊涂布、气力涂布等方法进行涂布，干式复合工作原理如图7-9所示。

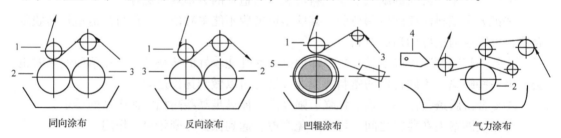

图7-9 干式复合涂布方法示意图

1. 反向辊 2. 涂布辊 3. 挤压辊 4. 气刀 5. 网纹辊

(3) 热熔复合

这种方法是首先将胶黏剂加热，使其成为熔融状态并涂布于第一种基材薄膜上，然后将第二种薄膜直接黏合上去，经冷却后即可制成复合薄膜。常用的胶黏剂有乙烯-丙烯酸酯共聚物、聚异丁酯树脂、乙烯—醋酸乙烯共聚物、石油树脂等。

(4) 挤出复合

这种方法是将聚乙烯、聚氯乙烯、聚丙烯、尼龙等塑料在熔融状态下，由不同的挤出机送入同一个出口分层挤出，彼此融为一体制成复合薄膜。挤出复合法还能将玻璃纸、聚氯乙烯、聚丙烯、铝箔及其他材料直接复合到别的塑料薄膜上去，一般是用聚氨酯树脂、环氧树脂等树脂作为胶黏剂涂布在薄膜上，再与第二种薄膜挤出复合，制成复合薄膜。这种产品具有良好的防潮性和气密性，并能防止印刷油墨脱落，印刷的图案色彩鲜艳、美观。

7.7 塑料薄膜贴面

一般来说，各种人造板基材都可以用塑料薄膜进行贴面装饰处理，但由于各种人造板基材的内在质量和表面性状不一样，因而它们的贴面工艺存在一定的差别。刨花板因其表面比较粗糙，贴面之前需对其进行一些处理，胶合板和纤维板的表面处理工艺相对比较简单。塑料薄膜贴面装饰人造板一般的生产工艺流程如下：

基材→砂光→刷光→上泥子→干燥→砂光→清刷→涂胶→预热 ⎱
塑料薄膜→印刷→压痕→涂胶　　　　　　　　　　　　　　⎰ 贴合→截断→齐边→装饰人造板

7.7.1 基材与胶黏剂的准备

(1) 基材准备

各种人造板基材在用塑料薄膜进行贴面处理之前，应进行认真选择和处理。对基材的处理，主要根据使用的表面材料的特点和采用的贴面工艺确定。对表面光滑的塑料薄膜，要求基材的表面必须光洁、平滑、细腻；对印有木纹或图案的塑料薄膜，由于可以在一定程度上掩盖基材表面的凹凸不平，对基材表面光洁度的要求可适当降低。

胶合板和纤维板的表面比较光滑，一般可以不需要涂布泥子，但要经过砂光处理，使表面平整、光滑。用刨花板做基材时，应选择表面比较平滑、细腻的产品，并经过砂光、刷光、打泥子等方式处理，以提高其表面的平整度。基材厚度偏差对塑料薄膜胶贴有很大影响，使用橡胶辊加压胶贴时，基材厚度偏差可以达到 0.2mm 左右；采用钢辊加压胶贴，基材的厚度公差应控制在 0.1mm 左右。人造板基材的含水率通常控制在 8%~10% 之间。

(2) 胶黏剂准备

用于塑料薄膜与基材胶贴的胶黏剂应具备以下基本性能：

①具有较好的耐水性、耐热性、耐老化性和耐化学药品性。

②具有能平衡各种材料应力的弹性，能保持贴面制品的形状、尺寸稳定。

③具有适当的黏性、足够的活性期、较快的固化速度。
④对油墨具有良好的适应性,接触油墨不会使油墨扩散、浸透。

常用的胶黏剂有丁腈橡胶类树脂、聚醋酸乙烯酯树脂、醋酸乙烯—丙烯共聚乳液、丙烯酸酯共聚乳液、乙烯—醋酸乙烯共聚物、聚酯树脂、聚酯—环氧树脂、热熔树脂等。

丁腈橡胶类树脂胶黏剂是由丁二烯与丙烯腈经乳液聚合或共聚形成的一种合成树脂,常用的是溶剂型树脂。溶剂型树脂胶黏剂一般需要经过用酚醛树脂、热塑性树脂、氯乙烯树脂等改性,常用的溶剂有丙酮、酯类等。聚醋酸乙烯酯乳液胶黏剂是以聚醋酸乙烯酯树脂乳液为基料,加入增塑剂及溶剂等制成的一种胶黏剂,其成本较低,一般不单独使用,而以共聚物的形式使用。醋酸乙烯酯共聚乳液胶黏剂,是用聚氯乙烯薄膜贴面时使用最多的一种胶黏剂,它的密实性、耐水性优良。丙烯酸酯共聚乳液胶黏剂,是以丙烯酸酯(如丙烯酸甲酯、丙烯酸乙酯、丙烯酸丁酯、甲基丙烯酸丁酯等)单体,用乳液共聚制得的乳液,其固体含量一般为20%~40%,可以根据使用要求的黏度进行调节,其耐热性、耐久性好,是一种性能优良的胶黏剂。

7.7.2 贴面工艺

根据塑料薄膜与基材的胶贴方式,贴面工艺可以分为"周期式"和"连续式"两种,周期式的贴面设备是多层平压机,连续式的贴面设备是连续式辊压机。根据贴面时是否需要加热,贴面工艺又可以分为冷压工艺和热压工艺两种。

(1) 周期式冷压法

塑料薄膜的周期式冷压贴合,可以分为湿黏法、指触干燥黏结法及再生活化黏结法三种方式,涂胶量一般为 120~170g/m²。

湿黏法是在基材涂胶后立即将塑料薄膜覆盖在其表面进行加压胶合的一种贴面方法。这种贴面方法设备投资少,操作方法简便,贴面胶合时的温度在 10~15℃ 以上,冬季或气温太低时,加压过程要有保温设施,加压时间一般为 4~5h,冬季为 12h 左右。这种方法生产效率较低,并需要较大的生产场地。

指触干燥黏结法是在基材涂布胶黏剂后,开口陈化一段时间,用热空气或远红外线对胶黏剂加热,让胶黏剂中的溶剂和水分蒸发并达到指触干燥的程度,然后再将塑料薄膜平整地覆盖在基材的表面进行加压胶合。这种方法操作性能较好,不需要很大的生产场地,但胶黏剂的指触干燥程度要适当,否则难以得到满意的胶贴效果。

再生活化黏结法是首先将胶黏剂涂布于被黏结物的两个表面,并通过干燥装置使胶黏剂完全干燥,在贴面胶合前再用溶剂或通过加热使胶黏剂重新活化。若以溶剂对胶黏剂进行活化,可以进行冷压胶合;若以加热活化,则加热温度必须在塑料薄膜的软化点以上,这种胶贴方法除特殊硬质聚氯乙烯薄膜以外一般不采用。

冷压胶合的压力一般为 0.2~0.5MPa,冷压胶合工艺设备投资小,操作简单,但加压时间长、占地面积大,仅适合于小规模生产。

(2) 连续式辊压法

塑料薄膜的连续辊压法胶贴是在加热状态下进行的,塑料薄膜可以不间断地连续胶

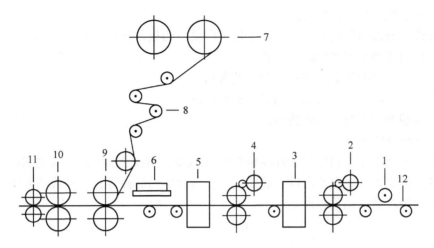

图 7-10 连续辊压胶合装置示意图

1. 刷辊 2. 泥子涂布机 3. 干燥器 4. 涂胶机 5. 干燥机 6. 加热器
7. 薄膜卷 8. 张紧辊 9. 加压辊筒 10. 压痕辊 11. 切断装置 12. 基材

贴在基材表面,冷却定型后再将薄膜割开,连续辊压机的结构和工作原理如图 7-10 所示。

这种连续式辊压胶合设备工作时,人造板基材先经过刷辊清除表面的粉尘、杂质,然后经过泥子涂布机在需进行黏贴塑料薄膜的表面涂布泥子,基材进入干燥器对泥子进行干燥,涂胶机在经处理过的基材表面涂布胶黏剂,胶黏剂的涂布方式一般采用喷涂法。涂布于基材表面的胶黏剂通过喷胶机上的逆转辊筒辊压,使胶黏剂在整个涂布表面达到均匀分布。接着将涂有胶黏剂的人造板基材送入干燥机中进行干燥,使胶黏剂中的水分和溶剂挥发,再用远红外加热器进行预热。塑料薄膜由卷取装置放出,经扩展辊筒展开,覆盖于人造板基材的表面上,再送入加压机构进行加压胶合。加压机构由 2~3 对回转加压辊筒组成,根据加压辊的材料不同,可以分别采用饱和蒸汽和远红外线作热源。如表面包覆有硅橡胶的辊筒可用远红外线加热器加热辊筒表面,镀铬辊筒则可以在辊筒内部通入蒸汽对其加热,辊筒施加给基材和塑料薄膜的压力,由压缩空气产生。

涂胶人造板基材的预干温度一般为 70~120℃,压辊温度 80℃左右,单位压力为 0.3~0.5MPa。连续辊压法贴面工艺操作人员少、生产效率高,可实现连续化和自动化生产。

7.7.3 塑料薄膜贴面板的质量评价

塑料薄膜贴面装饰人造板的质量,主要根据它们的外观和物理力学性能两方面进行评价。目前国内外尚未制定塑料薄膜贴面人造板的产品质量标准,生产单位一般是按照自己制定的企业标准进行检验。

(1) 外观质量

外观质量可以按以下几方面进行控制:

① 套色及表面加工良好。

②没有鼓泡、剥离和撕裂。
③允许极轻微的印刷不匀、色彩不匀、印刷不明显和印刷污染等缺陷。
④轻微的光泽不匀和轻微的涂膜不平。
⑤允许极轻微的污染、皱折、凹凸及刮伤。
⑥基材的缺陷不影响装饰板的表面装饰效果。
⑦板面翘曲和扭曲不影响使用。

(2) 物理力学性能

塑料薄膜装饰板的物理力学性能包括胶合强度、常态剥离强度、含水率、耐水性、耐气候性、抗褪色性、抗冲击性、静曲强度、耐化学药品性等，项目检测方法可参阅人造板表面装饰产品的相关标准。

思考题

1. 什么是印刷装饰纸贴面，它们有哪些主要特点，与浸渍纸贴面有什么区别？
2. 什么是宝丽板，什么是华丽板，它们各有什么特点？
3. 装饰纸贴面的湿法工艺与干法工艺各有什么特点？
4. 原纸为什么需要进行底涂，底涂的涂料由哪些基本组分组成？
5. 用于印刷装饰纸贴面的胶黏剂主要有哪些，它们有什么主要特点？
6. 装饰纸贴面后为什么需要进行面涂，宝丽板和华丽板分别使用什么面涂涂料？
7. 宝丽板与华丽板的面涂工艺有什么区别？
8. 宝丽板进行面涂时采用的薄膜法和加蜡隔泡法分别有什么含义？
9. 常用的热塑性塑料薄膜有哪几类？它们各有什么主要特点？
10. 聚氯乙烯塑料由哪几种基本组分组成？它们各有什么作用？
11. 塑料薄膜的压花工艺有哪几种？它们各有什么特点？
12. 塑料薄膜的复合工艺有哪几种？复合塑料薄膜有什么特点？
13. 塑料薄膜贴面主要有哪几种工艺？它们的含义是什么？

第 8 章 其他材料贴面方法

[本章提要] 人造板表面除用浸渍纸、木纹纸、薄木、塑料薄膜等材料作贴面处理以外，还可以用竹材、纺织品、金属箔片、软木等材料进行贴面处理，以适应各种不同的用途。本章介绍了竹材贴面、纺织品贴面、金属箔贴面工艺和纤维植绒工艺，重点介绍了各种薄竹、竹席的加工制造和处理方法以及竹质材料的贴面工艺。

竹材是我国的一种优势资源，在我国长江以南的广大区域均有竹子分布，我国的竹林面积居世界前列，竹材产量居世界首位，在国家建设和人民生活中，竹材发挥着越来越广泛的作用。与木材相比，竹材具有许多独特的优点，竹材的强度高、硬度大、耐磨性好、有良好的弹性和柔韧性，竹材顺纹抗拉、抗压及静曲强度明显高于一般木材，抗弯弹性模量和顺纹抗剪强度与硬阔叶树材类似，是一种优良的人造板表面装饰材料。

8.1 竹材贴面装饰

竹质表面装饰材料的制造方法主要有三种：第一种方法是通过对竹竿粗大、竹壁厚实的竹材进行旋切加工；第二种方法是通过对人工竹方(竹集成材)进行刨切加工，这两种加工方法可得到厚度为 0.2～0.8mm 薄型竹片(亦称薄竹)；第三种方法是将竹材剖制成细薄的竹篾，经漂白、染色后编织成具有各种花纹、图案的竹席。用竹材进行表面装饰的人造板素雅、洁净、朴实、光滑，常用于建筑的室内装修及家具表面装饰。

8.1.1 旋切薄竹生产工艺

旋切薄竹是选用大径级的优质竹材，经专用精密旋切机床旋切加工而成的一种薄型贴面装饰材料，薄竹的厚度一般为 0.2～0.8mm。薄竹保持了竹材的自然特性和质感，具有幅面较大、厚度均匀、色泽浅嫩、美观大方、耐磨性好等特点，同时竹材的纤维修长、纹理清晰，尤其是在竹节处的独特纹理，是其他贴面材料所不能比拟的，将经加工处理后的薄竹胶贴在人造板基材表面，具有独特的装饰效果。

8.1.1.1 旋切薄竹生产工艺流程

旋切薄竹生产工艺流程如下：

原竹 → 截断 → 蒸煮软化 → 旋切 → 干燥 → 剪切 → 防护处理 → 干燥 → 薄竹

8.1.1.2 竹材选料

用以制造薄竹的竹材应慎重选择，原竹应是竹龄 4~6 年的成熟竹材，胸径在 80~120mm，竹壁厚度在 10~15mm，竹秆通直，竹秆粗大，尖削度小，竹壁厚实，圆满通直，没有虫蛀、裂缝、腐朽、霉变等缺陷。根据配套设备和薄竹规格需要，先将原竹锯截成一定长度的竹段。竹段长度一般为 400~600mm，竹段长度过大，竹段会有较大的尖削度，旋切过程中会产生较多的碎薄竹，降低竹材的出材率，同时由于竹段是中空的，竹壁厚度也不大，竹段承受轴向和侧向载荷的能力有限；过长的竹段容易造成旋切薄竹时竹段发生弯曲，影响旋切加工的正常进行，薄竹质量也会受到很大影响。

8.1.1.3 竹材旋切

(1) 竹材软化处理

对竹材进行软化处理的目的是提高和均匀化竹材的含水率，软化竹材，降低竹材的硬度和脆性，改善竹材的旋切状态，减少设备振动，提高旋刀使用寿命，便于生产出高质量的薄竹。竹材软化处理的方法通常是对竹材进行蒸煮。蒸煮时要正确选择蒸煮温度和升温速度，温度太低竹材软化不充分，旋切困难，薄竹容易发生撕裂；温度过高会造成竹材本身强度下降，旋切的薄竹表面起毛，质量下降。

蒸煮时将选好的竹材截成 1500~2000mm 的竹段，先投入 40~50℃ 的温水中浸泡 6~10h，然后缓慢升温，升温速度以 4~5℃/h 为宜，温度升至 80~100℃ 后保温 1~2h，然后自然冷却到 50~70℃。在蒸煮液中可加入 10% 的碳酸钠，一方面可加速竹材软化，另一方面可抽出竹材中的部分淀粉和糖类物质，有助于提高竹材的防腐、防霉、防蛀性能。

为了缩短竹材蒸煮热处理时间，提高生产效率，可采用加压处理方式对竹材进行软化处理。这种处理方式在密封蒸煮罐内进行，蒸煮液温度在 60℃ 左右，往蒸煮罐内施加 0.4MPa 左右的压力，蒸煮处理 1~2h。用这种方法处理的竹材，旋切得到的薄竹表面质量明显改善，生产效率也可大幅度提高。

(2) 薄竹旋切

将经过软化处理的竹材，按需要截成长度为 400~600mm 的竹段，在小型精密旋切机上进行旋切。竹材的旋切原理与木材的旋切原理基本相同，但是与木材相比，竹材径小、中空、壁薄，因此竹材旋切机的夹具不同于木材旋切机，旋切工艺参数也有一些差别。

我国已有竹材专用旋切机生产，竹材专用旋切机大多为无卡轴旋切机，能很好适应

图 8-1 BQ1813 无卡轴旋切机

竹材旋切加工的要求，典型的 BQ1813 竹材无卡轴旋切机如图 8-1 所示。

BQ1813 型竹材无卡轴旋切机主要技术参数如下：

旋切长度	400~1300mm	最大旋切直径	300mm
旋切薄竹厚度	0.3~1.4mm	旋切速度(恒线速度)	13m/min
走刀电机功率	4kW	机床总功率	7.2kW
主机外形尺寸(长×宽×高)	2000mm×1670mm×1740mm		

由于薄竹厚度很小，旋切时可以不用压尺。夹具采用由内向外推胀的六边支撑的特殊夹具或齿形卡盘，通过扭矩的传递进行旋切，也可采用在竹段两端加木塞的方法，利用小型精密卡轴旋切机进行旋切，这种设备在我国应用较普遍，技术较成熟。竹材在旋切加工时，刀架在进给过程中旋刀倾斜角保持不变，旋切曲线为阿基米德螺线。

薄竹旋切的主要技术参数：

①旋刀安装高度 -0.5~0mm(旋刀刀刃低于主轴中心线为负)。
②切削角、后角和补充角(铅垂线与切线之间的夹角)变化很小，可忽略不计。
③旋刀研磨角 $\beta = 20°$，后角 $\alpha = 1°$。
④竹材的旋切温度 $T = 50~70℃$。
⑤卡轴转速 $n = 50~70 \text{r/min}$。
⑥薄竹旋切厚度 0.2~0.5mm，宽度 400~600mm，薄竹带长度 $L \geqslant 15.0 \text{m}$(由竹壁厚度确定)。

8.1.2 刨切薄竹生产工艺

刨切薄竹是先将竹材加工成一定规格的竹片或竹条，再将竹片或竹条按一定方式组坯胶压成竹方，通过对竹方刨切加工得到的一种薄型片状材料。刨切薄竹的厚度一般在 0.2~0.8mm 之间。刨切薄竹工艺主要包含竹片加工、竹方制备、薄竹刨切和后期加工等工序。

8.1.2.1 竹片加工与防护处理

(1) 竹片加工

根据竹方规格尺寸要求，将原竹锯截成一定长度的竹段，竹段经开条机剖制成竹条，竹条的宽度根据原竹直径大小一般为 10~20mm，长度为竹段的长度。竹条经去青、去黄后，沿厚度方向进行剖分得到竹片坯料，将竹片坯料再通过压刨机进行等厚刨削，等厚刨削后的竹片厚度一般为 3~5mm。

竹片加工流程如下：

原竹 → 锯断 → 开条 → 去青去黄 → 剖分 → 刨削 → 防护处理 → 干燥 → 竹片

(2) 竹材防护处理

竹材虽然具有许多优良的特性，但也存在一些缺陷，如易被虫蛀、容易发生腐朽和色变等，因此需对竹材进行各种防护处理。竹材防护处理主要是对竹材进行防蛀、防腐、防水和防火等方面的处理，防护处理方法通常是采用化学药剂对竹材进行涂布或浸渍。

①涂布处理

涂布处理是将具有某种化学特性的药剂均匀涂布于竹材表面，使竹材与空气或其他介质隔离的一种处理方法。防水处理一般采用生漆、熟桐油、铝质厚漆、永明漆、松香、赛璐珞等物质的丙酮溶液，对竹材表面进行涂布。防火处理一般用48%的水玻璃、5%的碳酸钙、5%的甘油、5%的氧化铁与37%的水组成的混合液，对竹材表面进行涂布。防腐处理是将2.3%的氟砂酸钠、3.6%的氨水和94%的水均匀混合后，对竹材表面进行涂布，涂布量为每次120~130g/m²，涂2~3次即可。防蛀处理一般是用桐油、虫胶漆、清漆等对竹材表面进行涂布。

②浸渍处理

浸渍处理是将竹材浸入化学药剂中，并在药剂中保持一段时间，药液渗入竹材组织内部，使竹材具有防虫、防腐、防水、防火的性能。利用浸渍法处理竹材的化学药剂的配方为：防蛀用重铬酸钾5%、硫酸铜3%、氧化砷1%、水91%。防腐可用0.4%~0.8%的氟化钠水溶液浸渍，也可用硼酸2.5%、硼砂2.5%和水95%的混合液浸渍。防火用磷酸铵18%、氟化钠5%、硫酸铵5%、水72%的混合液浸渍。

(3) 竹材漂白处理

竹材本身的颜色不深，但对某些需要用浅色材料装饰的表面，则需要对竹材进行漂白处理，同时竹材本身的颜色对用其他颜料染色会产生一些不良影响，因此也需对竹材进行漂白。对竹材进行漂白处理常用的方法主要有两种，一种是将竹材放在1%的漂白粉水溶液中浸泡1~2h，而后在5%的醋酸溶液中浸泡30min左右，取出后用清水漂洗干净，经过干燥即可；第二种方法是将竹材置于密闭的容器中，从下向上通入二氧化硫气体，经过一昼夜熏蒸后，将竹材取出用清水漂洗干净，经干燥即可。

(4) 竹片干燥

竹片经防护处理后含水率很高，必须经过干燥降低其含水率。竹片干燥可采用自然干燥、干燥窑干燥或干燥机干燥。由于竹片体积和厚度较小，采用干燥窑或干燥机干燥时可采用高温快速干燥工艺，干燥窑的干燥温度一般为80~100℃，干燥机的干燥温度一般控制在120~140℃，竹片干燥后的含水率控制在10%~15%。干燥后的竹片还需经过精刨加工，消除干燥过程产生的变形、皱褶，使厚度和宽度尺寸误差控制在±0.1mm以内。

8.1.2.2 组坯与竹方胶合

竹方制备一般需经过二次组坯二次胶合，第一次组坯是将竹片组成坯料后进行热压胶合得到竹层积材，第二次组坯是将多层层积材组成厚度较大的竹方坯料，通过冷压胶合压制成竹方。

(1) 竹层积材组坯与热压

竹材层积材的组坯与木材层积材组坯类似，组坯前先对竹条进行施胶，胶黏剂一般可采用水性异氰酸酯或脲醛树脂与水性异氰酸酯的混合胶黏剂，这种胶黏剂固化后具有一定的韧性和弹性，胶合强度高，耐水、耐热性能好。施胶一般采用辊涂方式进行，双面涂胶量为300~350g/m²。竹条涂胶后不需干燥即可直接进行组坯，组坯时相邻层竹条的纤维方向相同，如图8-2所示。

板坯热压采用带侧向加压的双向单层热压机，使板坯在热压时可受到垂直和水平两个方向的压力作用。热压温度一般为115～120℃，热压时间由板的厚度决定，通常为1～1.5min/mm板厚，单位面积压力为1.0～2.0MPa，热压完成后的板坯转入冷压机中进行冷却定型。

（2）竹方组坯与冷压

竹方是由多张竹层积材压制胶合而成的，经一次组坯热压成型的竹层积材，在对其表面施胶后即可进行二次组坯，并压制成为竹方，如图8-3所示，竹层积材的层数由竹方厚度决定。

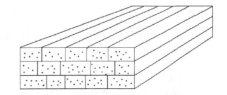

图8-2 竹层积材结构示意图

胶黏剂一般为聚氨酯预聚体胶黏剂、聚氨酯树脂多异氰酸酯胶黏剂、聚酰胺或聚酰胺树脂为固化剂的环氧树脂。竹方的胶合采用冷压方式，单位压力一般为0.8～1.2MPa，冷压成型的竹方规格有 2560mm×470mm×230mm、2560mm×380mm×230mm 等，竹方端部应锯切平整、光洁，锯截后放置8～10h后进行封端，以平衡竹方含水率，竹方封端方式与重组装饰材木方封端方式相同。

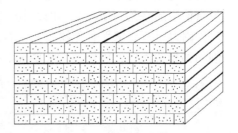

图8-3 竹方结构示意图

8.1.2.3 薄竹刨切

（1）竹方软化处理

竹材中竹纤维排列平行整齐，没有横向联系，因而竹材的纵向强度大，横向强度小，竹材的纵横强度比高达30∶1，容易产生劈裂。如果对竹方未经软化处理就直接进行刨切，得到的薄竹背面凹凸不平，裂隙增多，质量不高，而且难以获得厚度0.6mm以上的薄竹。竹方软化有化学药剂法、高温软化法、常压水煮法和高频加热软化法等，化学药剂法成本较高，对胶层破坏性大，并可能对环境造成污染，应用价值不大；高温软化法对设备、工艺、辅助设施等要求较高，实际操作困难，也不常用。

常压水煮法是目前被企业普遍采用的一种竹方软化方法。软化处理设施是蒸煮池，以饱和蒸汽为热源，水温一般为40～60℃，升温速度为1.5～2.0℃/h，软化时间夏季为24～48h，冬季为48～72h，一般而言，竹方的宽度或厚度每增加10mm，软化时间需增加0.8～1h。为加快软化速度，可在蒸煮池中加入适当的化学药剂，如氢氧化钠或工业水玻璃等，蒸煮液pH值一般呈弱碱性。采用常压水煮法对竹方进行软化处理，存在的主要问题是软化处理时间长，竹材两端由于吸水速度快，竹方内外含水率不均匀，竹方容易产生变形，此外，由于竹材热传导速度慢，处理后的竹方内外温差较大，由此形成的热应力会对胶层产生不良影响。

高频加热软化法的原理是高频振荡电流产生的高压交变电场，使竹材中的水分子极化产生运动，水分子之间相互摩擦碰撞产生的热量使竹材加热，由于竹方处在高频交变电场中，竹材内外可被同时加热。用高频加热方法对竹方进行软化处理，处理时间短，能源消耗少，生产成本低，竹方尺寸不受限制，生产清洁卫生，竹方不易产生变形。高频加热对竹方进行软化处理的主要工艺参数如下：高频发生器电源380V（50Hz），输出功率30kW，栅极电流0.25~0.6A，阳极电流2.0~3.0A，软化处理时间40~80min，竹方处理时间与竹方含水率和厚度有关，如含水率35%~40%、厚度600mm左右的竹方处理时间一般为90min左右。

(2) 薄竹刨切与加工

薄竹刨切方式有纵向刨切和横向刨切两种，对应的刨切设备有纵向刨切机和横向刨切机，与刨切薄木相比，同等条件下刀门间隙宜稍大，为均衡刨切载荷，刀刃与竹方应具有恰当的夹角，横向刨切时刨切后角一般为1°~2°，楔角为18°±1°，刀刃倾斜角为5°，刨刀刃口要求平直无缺口，薄竹刨切与薄木刨切基本相同，可参阅本书第4章薄木刨切的相关内容，刨切薄竹如图8-4所示。

(a) 本色弦向薄竹　　(b) 染色弦向薄竹　　(c) 黑胡桃色径向薄竹　　(d) 水曲柳色径向薄竹

图8-4　几种不同的刨切薄竹

8.1.2.4　薄竹干燥与拼接

由于竹方经过蒸煮软化处理后，经刨切得到的薄竹含水率很高，一般需经过干燥，将其含水率降低到一定程度后才能黏贴在人造板基材上。薄竹的干燥可采用自然干燥，也可以采用强制干燥，自然干燥是通过对薄竹进行晾晒干燥，强制干燥是通过干燥设备进行干燥。薄竹厚度较小，采用一般的强制干燥方法对其进行干燥，容易使薄竹边部产生褶皱和开裂，因此常采用平板式干燥机进行干燥。平板式干燥机干燥，薄竹是在受压状态下干燥的，薄竹干燥后表面平整、没有褶皱和开裂。另一种强制干燥方法是采用特制网带干燥机进行干燥，网带的网眼很小很密，上下网带接触紧密，薄竹干燥时在上下网带间运行，可取得较好的干燥效果。薄竹干燥后的含水率一般为10%~15%。为防止干燥后的薄竹发生脆裂，对厚度0.3mm以下的薄竹可在其背面衬贴一张厚度0.05~0.07mm的纸张，以增强薄竹的强度。纸张与薄竹胶贴用的胶黏剂可以是脲醛树脂胶、聚醋酸乙烯酯乳液胶或两者的混合胶，胶黏剂涂布要均匀，不能出现局部缺胶现象。胶压可采用冷压或热压，冷压的单位面积压力为一般为0.6MPa，冷压时间为30min；热压的单位面积压力一般为0.9~1.2MPa，热压温度为100~105℃，热压时间为3min。

薄竹干燥后便可用于人造板基材的贴面装饰，但有时为了增加装饰效果或特殊需要，可将薄竹剪切成不同长度、大小、角度的薄片，按设计要求拼接成具有一定幅面尺寸的花纹、图案。剪切的薄竹应符合规定尺寸，切口须整齐干净，并通过剪切去掉影响装饰效果的缺陷。薄竹剪切可用剪切机，但小片拼花薄竹的剪切则需要采用手工操作。

采用手工方法对剪切薄竹进行拼接时,一般是用电熨斗、胶纸带将剪切好的薄竹拼接成具有花纹图案的装饰材料。厚度 0.4mm 以上的薄竹可直接拼贴在基材表面,拼贴时首先在基材表面画好图案,涂上热熔性树脂胶黏剂,胶黏剂冷却后按设计图案用熨斗一边加热,一边将薄竹拼贴于基材表面,薄竹拼接与拼花方法与薄木基本相同,可参阅本书第 4 章薄木拼接与拼花的相关内容。图 8-5 所示是两种不同的薄竹拼花效果。

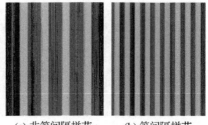

(a) 非等间隔拼花　　(b) 等间隔拼花

图 8-5　薄竹拼花效果

8.1.2.5　竹席编织

我国南方用竹篾编织晒垫、凉席等日常生产、生活用品,已有悠久的历史。竹席具有幅面大、花色多、生产灵活等特点,利用竹席对人造板表面进行装饰,可获得一种独具民族风格的装饰效果。利用竹席贴面人造板生产的折椅、茶几、饭桌等家具制品朴实、典雅、清新,尤其是夏天能给人带来一种清凉的感觉,加上竹席编织的各种花纹、图案,使制品表面具有更强烈的装饰效果。竹席编织可采用机械编织或手工编织,机械编织的竹席比较粗糙,花纹、图案也比较单调,尤其是编织具有较复杂的花纹、图案、风景的竹席时只能采用手工方式。竹席编织工艺流程如下:

竹材 → 断料 → 开条 → 去青去黄 → 剖篾 → 防护处理 → 漂白染色 → 漂洗 → 晾干 → 编席

(1) 竹材选择与处理

用以编织竹席的竹材以毛竹较好,3~5 年生的成熟毛竹竹秆粗大,纤维组织适宜,劈篾加工性好。毛竹竹材的长度一般在 7~10m,竹材进厂后要妥善保管,凡腐朽、霉烂、虫蛀严重的竹材不能使用。竹材在断料前要保持清洁干净,断料长度根据竹席的幅面尺寸确定。由于竹席在长、宽方向的尺寸一般是不同的,用于长、宽方向编织的竹篾长度也不相同,因此在下料时长短竹段要相互搭配,做到充分、合理利用竹材原料。为了便于剖篾,提高竹篾的剖切质量,剖篾之前最好经过 1~2h 的水热处理,水中可加入 2%~3% 的氢氧化钠,使竹材得到一定程度的软化,并脱去竹材中的部分竹油。如果是砍伐不久的新鲜竹材,在含水率较高的情况下,也可不需进行水热处理,而直接进行剖篾。

竹材表面的竹青含有大量蜡质,与一般材料很难胶合,而且表面光滑不吸水,不易染色;竹黄则材质脆硬,难以进行剖篾加工。因此剖篾之前必须把竹黄去掉,竹青可根据需要去掉,也可以不去掉,但青篾表面的蜡质一定要去掉,被去掉的竹青亦可根据需要用于编织竹席。

(2) 竹席编织与干燥

剖篾前先将竹段劈成 8~10mm 宽的竹条,竹条经去青、去黄后便可进行剖篾加工。剖篾可以用手工方式,也可以用剖篾机,竹篾厚度为 0.5~0.8mm。如果需要对竹篾进行染色,竹篾一般需先经漂白理,漂白方法可参阅"8.1.2.1 竹片加工与防护处理"的内容。

经过处理的竹篾按照图案、色泽的设计要求,一般是采用纵向和横向竹篾按经纬交错的方式编织成竹席,竹席要求编织紧密、厚薄均匀、表面光滑平整、表面无缺陷、竹

(a)"十"字花形竹席　　　　　　　(b)"S"花形竹席

图 8-6　几种不同颜色图案的竹席

节应削平,竹席的尺寸、规格应与基材的幅面相适应,并留有适当的加工余量。常见的竹席类型如图 8-6 所示。

竹席在胶贴前其含水率应控制在 8%~12% 之间,对含水率过高的竹席须经干燥处理。干燥方法可以采用自然干燥,也可以采用干燥机干燥,竹席较薄一般以自然干燥方式为主。干燥后的竹席含水率高低,对热压工艺和胶合质量有直接影响,竹席含水率过低容易产生脆性,胶液流动性欠佳,影响胶合质量;含水率过高会延长热压时间、降低生产效率,同时热压操作须多次排气,技术要求较高,板面颜色变黑,还会影响胶合和表面装饰质量。

8.1.2.6　薄竹与竹席贴面工艺

(1) 薄竹贴面工艺

在薄竹贴面生产中,对胶合板、纤维板之类表面比较平整光滑的基材,薄竹不需与木单板或其他材料复合,可直接黏贴于基材表面;对刨花板之类表面比较粗糙的人造板,薄竹一般需与木单板或其他材料一起复合黏贴于基材表面,以增强薄竹的胶合性能,提高基材的表面装饰质量。

贴面用的胶黏剂主要是脲醛树脂胶、聚醋酸乙烯酯乳液胶或是二者的混合胶黏剂,脲醛胶与聚醋酸乙烯乳液的混合比一般为 1:1,胶黏剂一般涂布在人造板基材的表面,也可涂布在薄竹的背面。涂胶采用四辊涂胶机,单面涂胶量控制在 $90 \sim 120 g/m^2$,涂胶后一般需陈化 10~20min 后再进行组坯。

胶贴工艺可以采用热压法也可以采用冷压法,冷压胶贴效果较好,但效率低,冷压胶贴压力一般为 0.6~1.2MPa,胶压时间为 6~12h。热压胶贴效率高,热压温度主要由胶黏剂的固化温度决定,热压压力不宜过大,否则会造成对基材的过多压缩。热压胶贴的基材为胶合板时,单位面积压力一般为 0.5~1MPa,温度为 95~105℃,时间为 1.5~2min。基材为中密度纤维板(MDF)或刨花板时,单位面积压力一般为 0.6~1.2MPa,温度为 95~120℃,时间为 2~5min。

为了保证热压时板坯受力均匀和薄竹不受损伤,板坯上下表面均应铺设抛光垫板,垫板底部配置缓冲毛毡。为了防止基材在贴了薄竹后,其原有结构的对称性受到破坏,产生翘曲变形,基材在用薄竹贴面后一般应同时在背面胶贴一张纸或木单板。人造板基材贴面后放置 24h 以上,再进行齐边和表面清洁,最后在薄竹表面涂饰一遍透明清漆,即得到薄竹贴面人造板,常用的透明清漆有氨基醇酸树脂漆、硝基清漆、聚氨酯树脂漆及不饱和聚酯树脂漆等。

(2) 竹席贴面工艺

竹席施胶可以采用手工或机械施胶，手工涂胶劳动强度大、涂胶不均匀、胶黏剂消耗多。机械施胶常采用四辊筒涂胶机，涂胶时将两张竹席正面相对送入涂胶机的涂胶辊之间，涂胶时注意竹席表面不被胶黏剂污染。机械施胶竹席上胶量均匀，生产效率高，竹席贴面胶黏剂一般是脲醛树脂，要求其游离甲醛含量低、固化速度不能太快，黏度一般控制在 190~290mPa·s，施胶量为 100g/m² 左右。

组坯时将涂胶竹席覆盖在基材表面，为保持基材结构对称，在基材背面同时贴一层木单板或浸渍纸作为平衡层。竹席与基材、平衡层组坯后送入热压机中热压，热压温度一般为 120~140℃、压力为 0.8MPa 左右、热压时间为 2~5min。热压后的贴面人造板应放置 24h，经自然冷却至室温后用纵横锯边机进行裁边，然后在竹席表面涂上一层氨基醇酸树脂类清漆。

8.2 纤维植绒表面装饰

纤维植绒表面装饰是把绒纤维切成一定长度或研磨成粉末，植于涂布了胶黏剂的人造板表面，对人造板起到表面装饰效果的一种装饰方法，所用的胶黏剂有聚醋酸乙烯酯乳液、蛋白质胶、合成树脂胶等。

植绒技术是利用绒纤维的机械和电特性，通过一定方法和设备使绒纤维直立固定于人造板表面，产生一种蓬松、柔软、致密、温暖、舒适的效果。绒纤维在植于基材表面之前应经过清洗、整理和漂染，才能具有更好的装饰效果，植绒方法有机械植绒法、静电植绒法、静电喷绒法等。

8.2.1 机械植绒法

机械植绒法是利用机械力将绒纤维植于涂胶基材表面的一种植绒方法，亦称振动植绒法或击杆植绒法。采用机械植绒法，首先对基材涂布胶黏剂（涂胶量一般为 40~80g/m²），绒毛通过漏斗内旋转辊击杆，由漏斗经筛孔落到涂过胶的基材表面，烘干后即固定于基材表面，如图 8-7 所示。

绒毛靠自重进给，多余的绒毛

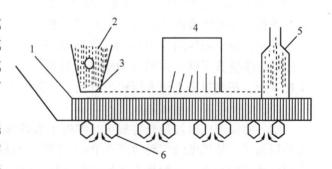

图 8-7 机械植绒法示意图
1. 胶黏剂 2. 绒毛漏斗 3. 筛子 4. 干燥器 5. 吸筒 6. 击杆

由吸筒吸走，基材在运行过程中受机械力作用产生振动，振动产生的静电荷可帮助绒毛定位，该方法适合粉状及极短纤维的植绒，可获得仿羊羔皮的装饰效果。

8.2.2 静电植绒

(1) 静电植绒的特点

静电植绒是通过静电场将纤维绒毛极化,极化的绒毛顺着电力线整齐直立于涂胶基材的表面,经烘干后固定于基材表面的一种表面装饰方法。人造板基材通过静电植绒,可以使其表面得到美化,基材表面的缺陷得到遮盖,增加了人造板表面的花色品种,同时植绒产品还具有吸光、隔音、保温等功能。植绒产品具有类似刺绣的风格,适用于高级室内装修,如壁面、天花板、台面等,可用于家具装饰,保护仪器、仪表、乐器等高档商品的表面等,还可以制成工艺美术品,如字画、图案等具有立体感的表面。

植绒材料主要是短绒毛、长毛绒、丝绸下脚料以及棉花、化学纤维等材料,这些纤维材料作为植绒材料要有较好的导电性,一般需经过调湿控制或化学处理,对绒毛纤维需经漂洗和染色,其规格为长度 0.2~0.3mm、4~8mm。植绒所用胶黏剂有蛋白胶、白乳胶、合成树脂胶等。

(2) 静电植绒工艺

人造板基材的静电植绒工艺流程如下:

人造板 → 锯切 → 砂光 → 涂胶 → 预烘干 → 静电植绒 → 红外干燥

成品 ← 检验 ← 植绒板 ← 修整 ← 检验 ← 除尘

将准备好的短棉纤维、化学纤维或其他短绒纤维,从电磁振动平台上的贮存箱内,通过振动筛将短绒纤维均匀地撒落在置于高压电磁场中已涂过胶黏剂的人造板基材上。通电后的植绒装置金属板与平台之间形成了一个匀强电场,电场中的电力线疏密均匀,相互平行,与电极表面和涂胶人造板基材的表面垂直。由于电场的定向作用,带电状态的短绒纤维垂直下落,并整齐地植于人造板基材表面,基材每平方厘米面积内可植上万根纤维。静电植绒工作原理如图8-8所示。

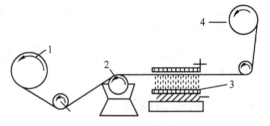

图 8-8 静电植绒法示意图
1. 薄型基材、布卷或纸卷 2. 涂胶辊
3. 振动平台 4. 植绒材料

(3) 塑料薄膜静电植绒

塑料薄膜静电植绒是先将短绒纤维植于塑料薄膜表面,再将植绒的塑料薄膜胶贴于人造板基材。常用植绒塑料薄膜有 PVC 薄膜、PVE 薄膜、聚乙烯薄膜等。用于塑料薄膜静电植绒的纤维,一般是人造丝或呢绒纤维经磨切加工制成,绒毛纤维的质量对静电植绒装饰材料质量有十分重要的影响。几种绒毛的特性与装饰效果如下:

全短绒毛,长度 0.2~2mm,植绒后外观呈鹿皮状;

短绒毛,长度 2mm 以上,植绒后外观呈鹅毛状;

长绒毛,4~8mm,植绒后外观呈长毛绒状。

在对聚氯乙烯塑料薄膜进行植绒时,首先在塑料薄膜上涂喷或淋涂一层胶黏剂,用刮刀刮平,绒毛通过投射器撒落在涂胶薄膜上。塑料薄膜在输送带上运行时,完成涂

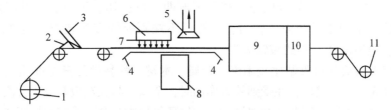

图 8-9 塑料薄膜静电植绒工艺示意图
1. 薄膜卷 2. 胶黏剂 3. 刮刀 4. 对应电极 5. 空气或电器抽风机
6. 絮状绒毛储存器 7. 电极筛 8. 高压电发生器 9. 干燥箱
10. 冷却箱 11. 植绒薄膜卷

胶、植绒、干燥等工序，植绒工艺原理如图8-9所示。

（4）静电喷绒

静电喷绒是一项操作方便、简单易行的表面装饰技术，操作时先在人造板基材表面涂布一层可导电的铝漆，再喷涂一层胶黏剂，将预先选好颜色的短绒纤维装入特制的喷枪内，喷枪枪口与直流电源负极相连，涂铝漆的人造板基材与电源正极相连并接地，在电源正负极之间形成高压静电场。喷绒时喷枪枪口对准基材表面，纤维从喷枪枪口喷出，按电力线方向整齐排列，把短绒纤维喷植于基材表面，直到基材表面全部被覆盖，对不需喷绒的部位可预先留出，不涂铝漆和胶黏剂。如果基材表面需要获得多种不同颜色时，可先将需装饰的基材表面分成若干区域，每个区域设计不同颜色的短绒纤维，在对一个区域进行喷绒时，其余区域留出，不涂铝漆和胶黏剂，如此逐个区域地完成喷绒操作，基材表面就可以获得多种颜色和美丽的图案。静电喷绒工艺不仅可以用于人造板基材的表面装饰，也可用于室内墙面和其他表面的装饰，尤其是开槽人造板、表面有浮雕图案的人造板、凹凸的墙面以及凹凸状饰面板等，静电喷绒工艺更有它独特的优势。

8.3 纺织品与金属箔贴面

8.3.1 纺织品贴面

纺织品的花色繁多，用于人造板贴面的纺织品主要是合成纤维织物及丝绸织物。纺织品贴面人造板主要用于建筑物室内的壁面装饰，使室内具有温暖、豪华的感觉。贴面使用的胶黏剂一般为聚醋酸乙烯酯乳液与脲醛树脂的混合胶黏剂，可以采用热压方式胶合，也可采用冷压方式胶合。纺织品比较柔软，在对人造板表面进行贴面处理的同时，还可将纺织品包覆在人造板四边进行封边处理。

8.3.2 金属箔贴面

金属箔贴面的人造板重量轻、强度大，热传导系数较纯金属板小，此外，金属箔贴面的人造板耐冲击、防火性能好、不受虫害菌害侵蚀、表面容易清洗，金属箔贴面人造板常用于医疗卫生器具及厨房家具。以薄型纤维板或胶合板作基材，表面胶贴具有花色图案，厚度 0.12~0.2mm 的金属箔，产品可弯曲、可剪切、可成卷、可锯截，具有良好的加工性能，适用于凹凸面、转角、圆柱等不规则处的表面装饰，装饰表面经久耐用、不褪色，具有豪华高雅的装饰效果。

  金属箔与人造板基材胶贴比较困难，金属、木材、胶黏剂是三种性质完全不同的材料，即使胶合成了一个整体，在受到外力作用时，金属箔与人造板基材也会因为各自产生的应力不同而发生剥离，因此，金属箔贴面常用环氧树脂与合成橡胶类树脂作为胶黏剂。

  常用于人造板基材表面装饰的金属箔是铝箔，但铝箔不能直接胶贴在人造板基材表面，铝箔一般是先与数层浸渍纸复合制成铝箔/浸渍纸复合材料，再胶贴到人造板基材的表面。铝箔与浸渍纸复合所用胶黏剂为酚醛树脂或酚醛树脂与聚乙烯醇缩醛类树脂的混合胶黏剂，铝箔的上胶量为 $70g/m^2$ 左右，热压温度 130~140℃，单位面积压力 6MPa，热压时间 20min。

思考题

1. 试述旋切薄竹与刨切薄竹的生产工艺。
2. 原竹与原木的旋切有什么区别？
3. 竹方胶合采用什么压制工艺，为什么？
4. 竹材为什么需要进行防护处理？处理的主要方法有哪些？
5. 薄竹干燥有哪些主要技术要求？
6. 试述薄竹贴面工艺。
7. 人造板表面的纤维植绒方法主要有哪几种？它们有什么主要特点？
8. 什么是金属箔贴面装饰？它有什么主要特点？

第 9 章　人造板直接印刷

[本章提要]　人造板直接印刷是将没有木纹、木纹不明显或表面颜色不美观的人造板经过砂光、施泥、干燥、底涂等工序后，通过印刷设备印刷出各种色泽、花纹或图案，再经表面涂饰，使人造板表面变得清新、美观的一种表面装饰方法。在人造板基材表面直接印刷的花纹，主要是各种珍贵木材的纹理，直接印刷装饰也称木纹印刷装饰。本章介绍了人造板直接印刷的特点、工艺流程、印刷前基材的处理、基材印刷及表面涂层干燥等内容，对印刷前基材表面的处理工艺、直接印刷的方法、印刷油墨及不同印刷方法的比较等进行了详细叙述。

人造板直接印刷是一种通过印刷技术在人造板表面形成花纹、图案和美丽颜色的表面装饰方法，是一种在人造板制造技术和印刷技术高度发展基础上产生的表面装饰技术。在各类人造板产品中，刨花板和纤维板类的人造板表面没有木材的天然纹理，颜色也不美观，是直接印刷的主要基材。大多数胶合板类的产品，表面具有天然木材的纹理、颜色等宏观特征，一般不用作直接印刷的基材，但少数表面纹理不明显或不美观的胶合板类产品，也可以通过直接印刷使其表面更加新颖、美观，具有珍贵木材表面的视觉效果。直接印刷工艺主要由基材表面砂光、泥子涂布、干燥、底涂、花纹图案印刷、表面涂饰等工序组成。

9.1　直接印刷的特点和工艺

(1) 直接印刷技术的特点

直接印刷装饰属于涂饰装饰的范畴，它是在人造板生产技术与印刷技术高度发展的基础上形成的一种新型人造板表面装饰技术，它具有以下特点：

①不需要印刷装饰纸、塑料薄膜或木质单板等专用贴面材料。
②可以使人造板表面获得多种色彩的珍贵纹理、图案。
③不需热压机之类的大型设备，设备比较简单、投资较少，设备操作维修方便。
④生产可以实现连续化、机械化和自动化，生产规模大、生产效率高。
⑤生产工艺简单，辅助材料消耗少，操作人员少，生产成本低。
⑥与人造板的薄木贴面技术相比，其真实性较差，花纹、图案缺乏立体感。

直接印刷技术主要应用于中低档人造板产品，如中、低档家具，建筑物、墙面、车辆、船舶的内部装修等。

(2) 直接印刷工艺流程

人造板直接印刷装饰工艺虽然种类较多，但它们在很多方面具有相同之处，其中较有代表性的生产工艺流程如下：

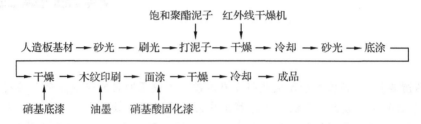

这种工艺比较简单，生产成本较低，能得到美丽的装饰人造板，是一种被广泛采用的人造板表面装饰工艺。采用这种生产工艺，如以有机溶剂涂料为主，车间内应设相应的防爆区，防爆区内采用防爆电子元件，同时车间内须设有强制通风装置，及时排除有害气体和粉尘，并应设有空气过滤和送风装置，车间内温度一般不低于15℃。

9.2 基材处理

9.2.1 基材选择

一般来说，各种人造板都可以用直接印刷方式对其表面进行装饰，但绝大多数胶合板本身具有花纹图案，因此除极少数木材纹理不明显的胶合板以外，一般不用胶合板作为直接印刷的基材。刨花板和纤维板表面没有木材纹理，颜色也不美观，采用直接印刷方法对其表面进行装饰，可大大提高它们的表面质量。

用于直接印刷的人造板基材，必须是具有印刷性能和质量的人造板，通过直接印刷装饰后，其表面缺陷能够被全部掩盖，因此对基材必须严格选择。基材的选择基准、允许的缺陷种类和范围，随印刷工艺不同有一定的差异，但应满足以下基本要求：

①基材表面必须平整、光洁，没有毛刺、沟痕、木粒子、木纤维等杂物。
②基材的结构均匀、厚度一致，厚度公差不大于±0.1mm。
③基材含水率均匀一致，含水率保持在8%～12%之间。
④基材要有足够的强度。
⑤基材不得有鼓泡、严重机械损伤等缺陷，板面翘曲度不超过20mm。

如果基材的平整度、光洁度和厚度公差达不到要求，会使印刷图案不清晰、不连贯，甚至局部没有图案，在对基材进行印刷前须对基材进行砂光处理，以提高基材表面的平整度、光洁度和厚度均匀性，此外还须经过涂泥、精砂、底涂等处理才能确保基材的印刷质量。

9.2.2 基材砂光

人造板基材的表面砂光可采用辊筒式砂光机或宽带式砂光机，辊筒式砂光机可以使基材表面光洁、平滑，但不能消除基材的厚度公差；宽带式砂光机不仅可以使基材平整、光滑，而且还可以减小基材的厚度公差，生产中对基材的砂光主要采用宽带式砂光机。

宽带式砂光机对基材的砂光一般分三次完成，每一次砂削采用不同粒度的砂带，第一、二次砂光主要是消除基材的厚度公差和表面污染，砂带型号分别为 $40^\#$ 和 $80^\#$，经过这两次砂光后，基材的厚度公差应小于 $\pm 0.1mm$，表面不残留污染物。第三次砂光是进一步提高基材表面的平整度和光洁度，清除基材表面的油污和灰尘，使之达到印刷的要求。第三次砂光的砂带型号为 $150^\# \sim 180^\#$。砂光方式有干状砂光和湿状砂光两种。

(1) 干状砂光

干状砂光是指基材在干燥状态下进行的砂光，是目前国内外用得最多的一种砂光方式。基材砂光时，通过软触头在其表面施以轻微的压力进行高速砂削。当压力过大时，砂带上的砂粒与基材撞击会使砂粒脱落，同时也会因砂光阻力增加，而产生大量的摩擦热造成砂粒堵塞。干状砂光可以使基材获得平滑、光洁的表面，但是在涂布水性泥子等含水物质后，基材表面会产生毛刺竖立的现象，竖立的毛刺会造成板面染色不匀、填充不良和木纹不鲜明等缺陷。此外，在纤维板和刨花板基材中，压缩在纤维、导管沟内的木粉等杂质吸收水分后会膨胀、隆起，造成印刷缺陷。

(2) 湿状砂光

湿状砂光是将水或其他液体先涂布于基材表面，然后再进行砂光的一种方法，多用于胶合板基材的处理。基材预先用水进行涂布，使木粉、毛刺、纤维产生膨胀，各种缺陷暴露出来，然后再进行砂光，就可以除去这些缺陷，使基材表面质量得到提高。

用水对基材表面进行涂布时，水的温度一般为 $40 \sim 50℃$。天然树脂含量较高的树种因不易沾水，可在水中加入适量氨水，待基材表面的水分干燥后即可进行砂光，砂光时也应轻微施力，轻轻砂磨。进行湿状砂光时还可在水中加入一些骨胶、明胶、水溶性淀粉等物质，这些物质可以使基材表面的毛刺及导管周边隆起，当基材表面水分干燥后，这些缺陷的形状就可固定下来，并变得比较坚硬，再进行砂光时基材表面的砂光质量就可得到提高，常用的涂布溶液一般为 10% 的骨胶水溶液。

9.2.3 涂泥子

9.2.3.1 泥子的作用

经砂光处理后的基材人造板，如某些胶合板及刨花板等，表面仍然存在一些孔洞、凹陷和不平的情况，这会对印刷装饰效果产生直接影响。涂布泥子的目的就在于填充基材表面的孔洞、凹陷、导管槽、纤维之间的组织间隙等缺陷，使板面平滑便于印刷，同时还可以防止底漆、油墨等被基材吸收或集中在导管、孔洞、缝隙中。

在直接印刷流水生产线上，一般配置有两台泥子涂布机对基材进行两次涂布。表面粗糙的刨花板和具有大导管、鬃眼的胶合板(如柳桉、水曲柳胶合板)均需采用两次涂布，才能达到理想的涂布效果，涂布量一般为 $90 \sim 110g/m^2$。纤维板和一些表面平滑度较高的人造板基材，可以只进行一次涂布，涂布量一般为 $60 \sim 100g/m^2$。虽然印刷和涂饰可以在基材的一面进行，但为了消除因泥子干燥应力集中产生的板面变形，胶合板和刨花板在两面均应涂布泥子。

9.2.3.2 泥子涂布

涂布泥子的设备有单辊筒涂布机、双辊筒涂布机、三辊筒涂布机、光泽涂布机、逆转辊筒涂布机、刮刀式涂布机、改良直接逆转式涂布机、网辊式涂布机等，上述各种涂布设备各有其特点，在实际生产中，以逆转式辊筒涂布机较为常用，其结构如图9-1所示。

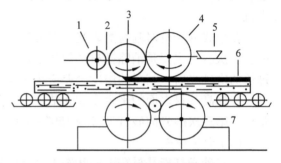

图 9-1　逆转式辊筒涂布机
1. 计量辊　2. 刮刀　3. 涂布辊　4. 逆转辊
5. 加湿槽　6. 基材　7. 进料辊

逆转式辊筒涂布机结构简单、操作性能好、使用方便。操作时，泥子用泵打入计量辊和涂布辊之间，计量辊与涂布辊之间的间隙可以根据泥子的黏度进行调节。涂布辊在转动过程中将一定量的泥子均匀地涂布在基材的表面上，然后通过逆转辊的反向旋转加压，把泥子挤入基材表面的孔隙中，使基材表面完全被泥子封闭。泥子的涂布厚度，由进料辊和逆转辊的转速比来调节，逆转辊的转速越高，板面涂布的泥子就越少。为了提高泥子的涂布质量，使其均匀牢固，一般应配置2~3台涂布机，在基材表面重复涂布2~3次。

9.2.3.3 泥子干燥与砂光

泥子的干燥方法和设备根据泥子的种类、性质以及操作方法等因素进行选择，可采用自然干燥，也可采用强制干燥。自然干燥时间长、效率低、占用场地大，强制干燥时间短、效率高。强制干燥方法有气流干燥、红外线干燥、紫外线干燥、微波干燥等，另外还有等离子电弧、辉光放电、γ射线辐照、激光和电子束干燥等方法，前三种干燥方法在生产中应用较多。

(1) 气流干燥

气流干燥一般是以饱和蒸汽为热源，通过热交换器对空气加热，使空气成为热介质，热空气通过风机进行循环。常用的气流式干燥机有单层卧式干燥机和多层卧式干燥机，为了节省车间建筑面积，也有的采用立式干燥机。气流式干燥机适用于水性泥子、油性泥子和树脂泥子的干燥，对水性泥子，第一次涂布量为70~80g/m²，温度为70~90℃，干燥时间为60~90s；第二次涂布量为40~50g/m²，温度为70~90℃，干燥时间为60s左右。

(2) 红外线干燥

根据热源不同，红外线干燥机可分为电加热、煤气加热和燃油加热等几种形式。这几种热源在加热室产生的热风温度可以达到400℃，通过辐射产生红外线干燥被加工物体，也有的采用远红外线发生装置对泥子进行干燥。红外线干燥机适用于硝基泥子、不饱和聚酯泥子(其中含不饱和聚酯40%、颜料60%)等。硝基泥子的价格较低，但性能稍差，干燥时间一般为 30~45s。不饱和聚酯泥子性能较好，但价格稍高，一般在 70~80℃的条件下，需要干燥 80~90s。基材经红外线干燥机干燥后，其温度约在 60℃以上，为了使泥子进一步硬化，便于后续工序加工，应送入冷却室进行冷却处理。

(3) 紫外线干燥

紫外线干燥机适用于光敏泥子的干燥，尤其适合涂布光敏泥子的刨花板一类基材的干燥。刨花板表面粗糙不匀，刨花形态、树种、胶黏剂又存在诸多变异，使其吸湿性不一致。如果对涂布光敏泥子的刨花板基材采用用热气流或红外线干燥，由于刨花板基材对泥子中水分的吸收，而使基材表面发生膨胀变形，印刷质量降低，因此刨花板通常采用不含水分的光敏泥子，并采用紫外线干燥机加快泥子的干燥速度。

(4) 微波干燥

微波干燥是通过微波发生器发射一种具有较短波长和较高频率(0.3~300kHz)的电磁波对物体进行干燥的一种干燥方式。其原理是微波经波导管输送到加热器形成微波场，在微波场中微波传入人造板基材、泥子、涂料等介电物质内部，这些介质中的水分子随微波场的交替变化而振动，水分子的相互摩擦导致温度上升并蒸发，从而使泥子得到干燥。微波穿透力强、自控性好，具有加热迅速均匀、介质内外可同时加热的特点。20 世纪 70 年代末，国内一些企业已将微波干燥用于人造板的直接印刷工艺中。用微波干燥的基材不能夹有金属物，否则会造成波导内驻波增大，引起波导打火。微波源要进行屏蔽密封，磁控管阴极的引出部分和输出窗要有良好的冷却条件。

(5) 泥子砂光

人造板基材经过涂泥和泥子干燥后，基材表面的缺陷得到了填充和覆盖，但表面仍不平整，因此应通过砂光处理除去因涂布泥子而产生的表面起毛、下陷、鼓泡、疙瘩等缺陷，使板面的平滑性进一步提高，为后续的印刷工序打下基础。

泥子的砂光设备一般是宽带式砂光机，比较先进的砂光机由横向带式砂光、纵向辊筒砂光和摆动布轮抛光三部分组成。泥子的砂光质量对基材的印刷质量有直接影响，操作时对设备应精心调整，严格控制砂光量，并根据砂带的磨损情况，及时更换砂带。砂光后的基材表面不允许有漏砂、砂透及沟痕等现象，纵、横向砂带的粒度一般为 $240^\#$~$280^\#$。

9.3 涂底漆

9.3.1 底漆的作用

基材在经过泥子砂光后，应根据印刷图案颜色的要求，涂上一层底漆，涂底漆的作用主要有以下几方面：

①可以对人造板基材表面起到遮盖作用，并使基材具有某种均匀的色调。

②可以将人造板基材与空气隔绝开来，减少和避免因空气温度和湿度变化引起的基材收缩和膨胀，减小对面漆的影响。

③底漆渗入人造板基材可以起到固定泥子、封闭板面的作用，减少和避免油墨、面

漆向基材的渗透，使油墨、面漆具有适当的厚度和均匀度。

④改善和提高面漆、油墨对基材的附着性能、遮盖性能以及物理机械性能。

⑤底漆固化后漆膜比较柔软，具有一定的弹性，可以提高基材表面的适印性。

9.3.2 常用底漆

常用的底漆有许多种，分别由硝基纤维素漆、氨基醇酸树脂、不饱和聚酯树脂、聚氨基甲酸乙酯、乙烯树脂等与增塑剂、溶剂、着色颜料和体质颜料组成。

(1) 硝化纤维素底漆

硝化纤维素漆也称为硝基清漆，它的历史悠久，使用性能好，用量也最多。这种底漆是以硝化纤维素(俗称硝化棉)为主体，适当加入某些树脂(如松香甘油酯、干性油改性醇酸树脂、酚醛树脂、氨基树脂等)以及体质颜料、着色颜料等。在树脂中加入一定量的增塑剂，可以提高其柔韧性和流平性，硝化纤维素底漆的配制实例见表9-1，其质量指标见表9-2。

表9-1 硝化纤维素底漆配方

原料	配方(%)	原料	配方(%)
0.24s以下硝基纤维素	15.5	30%硬脂酸锌溶液	3.3
50%839醇酸树脂	10.6	醋酸丁酯	5.8
50% 422树脂	10.8	醋酸乙酯	18.8
二丁酯	2.1	二甲苯	15.3
色浆	11.5	丁醇	6.3

表9-2 硝基纤维素底漆质量指标

项目	指标	项目	指标
黏度(mPa·s)	600~700	干燥时间(90℃)(min)	1
耐热性(65~70℃)	6h无裂纹	固体含量(%)	60
遮盖力(g/m^2)	≤50	外观	均匀黏液，颜色应符合要求

(2) 氨基醇酸树脂底漆

氨基醇酸树脂底漆是由氨基树脂和醇酸树脂按一定比例混合，加入某些添料组成的一种底漆，氨基树脂与醇酸树脂的混合比例一般为3:2。氨基树脂是尿素、三聚氰胺的羟甲基化合物进一步丁基化的产物，各组分配合比例不同，得到的氨基醇酸树脂底漆的性能也不相同，不同性质的氨基醇酸树脂底漆可适应不同产品的要求。氨基醇酸树脂不采用加热固化，而是通过酸性固化剂在常温下固化，因此它是一种两液型涂料，亦称为酸固性氨基醇酸树脂涂料。这种涂料中一般还需加入染料、颜料、填充剂等添料，但添料不能是碱性物质，否则会阻碍涂料的固化。酸性固化剂有磷酸、酸性碳酸酯和苯二甲酸酐等，加入量随气温高低有所不同，气温高时加入量较少，气温低时加入量较多。一种氨基醇酸树脂底漆的配方实例如表9-3所示。

表 9-3　氨基醇酸树脂底漆配方实例　　　　　　　　　　　　质量比

原　料	配　方	原　料	配　方
丁醇醚化脲醛树脂(60%)	50.5	硅油溶液(1%)	0.5
蓖麻油醇酸树脂(55%)	33.3	锌钡白	100
二丙醇	7.85	滑石粉	8
二甲苯	7.9	固化剂(硫酸:丁醇=1:9)	6

氨基醇酸树脂底漆具有硬度高、光泽好、涂膜饱满、韧性及耐磨性好、耐水性、耐热性、耐药品性、耐溶剂性及耐香烟灼烧性好的优点。其缺点是这种两液型涂料,操作比较麻烦、调制好后活性期很短,而且不能与碱性染料、颜料和填充剂等混合。

(3) 光固化不饱和树脂底漆

光固化不饱和聚酯树脂底漆,是多元醇与不饱和多元酸在一定条件下,经缩聚反应和加入改性剂制成的一种不饱和树脂涂料。使用不同的多元醇、不饱和多元酸或其他改性剂,可生成不同类型的不饱和聚酯树脂涂料。

不饱和聚酯树脂可以溶解于苯乙烯,成为不饱和聚酯的苯乙烯溶液,固化后即成为不溶不熔的漆膜。不饱和聚酯树脂的改性剂主要有引发剂和促进剂,引发剂(也称交联催化剂)一般是有机过氧化物,如过氧化环己酮、过氧化苯甲酰等,促进剂主要有环烷酸钴等。过氧化物在高温条件下会发生分

表 9-4　光敏性不饱和聚酯底漆配方实例

原　料	配方(质量份)
光固化不饱和聚酯漆	100
透明体质颜料	60
石蜡液	1
苯乙烯单体	25

解,生成的游离基可以促使不饱和聚酯树脂与苯乙烯发生交联固化。环烷酸钴可以与过氧化物发生氧化还原反应,使过氧化物在常温下释放出游离基。不饱和聚酯树脂的固化需要在隔氧的情况下进行,为了将涂膜与空气隔绝开来,可以在不饱和聚酯树脂中加入蜡液,或者用聚酯薄膜覆盖在涂膜的表面。表9-4是一种不饱和聚酯树脂底漆的配方实例。

不饱和聚酯中不含挥发物,流平性好,所得漆膜丰满坚硬不发黏,而且耐水、耐热、耐药品性及耐溶剂性能良好。其缺点是树脂、引发剂、促进剂的调配比较复杂,调制好后的树脂活性期较短,受人造板内含物影响易发生不干现象,研磨操作也比较困难。

9.3.3　底漆涂布与干燥

对人造板基材进行底涂的目的,是使部分涂料渗透入基材并在基材表面形成一个封闭的膜层。涂布底漆常用的设备有普通辊式涂布机、精密辊式涂布机、自动喷漆机和淋漆机等。人造板基材经过涂布泥子、干燥和砂光处理后,表面已具有了较高的平整度和光滑度,通过精密涂布机对其表面进行底涂,便可以得到均匀的漆膜。精密涂布机适合于普通硬质纤维板和刨花板基材的底漆涂布,胶合板基材则采用普通辊式涂布机就可以获得良好的涂布效果。辊筒涂布机的一次涂布量一般为 $45\sim55\mathrm{g/m^2}$,完全可满足底涂

的要求，图 9-2 是一种双进料辊筒涂布机的示意图。

在对人造板基材进行底涂涂料涂布时，除辊筒涂布机外，淋漆机也是用得比较普遍的一种底漆涂布设备。淋漆机通常由泵、淋头、回收器、运输机等机构组成，其结构如图 9-3 所示。淋漆机工作时，涂料通过泵送入淋头，在压力的作用下，涂料从淋头前面的缝隙中呈幕帘状流下，基材在运输机的托载下，以一定的速度从涂料幕帘下通过，涂料在基材的表面扩散

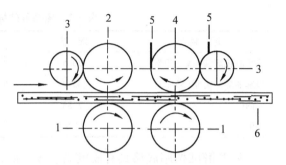

图 9-2 双进料辊筒涂布机示意图
1. 进料辊 2. 涂布辊 3. 刮辊
4. 逆转辊 5. 刮刀 6. 基材

成一层均匀的涂膜，基材以外的涂料则流入回收器循环利用。涂膜的厚度可以通过调整淋头前面的狭缝宽度和调节运输机的传送速度进行调节。

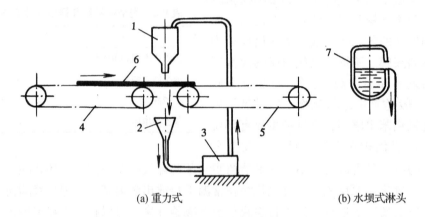

(a) 重力式　　　　　　　　(b) 水坝式淋头

图 9-3 淋涂机结构示意图
1. 淋涂机头 2. 回收器 3. 泵 4. 进料运输机
5. 出料运输机 6. 人造板 7. 水坝式淋涂溢流槽

淋漆机的生产效率很高，涂料成幕帘状流下，涂膜的厚度与基材表面的凹凸不平无关。淋头可以是一个，也可以是几个。涂料的涂布量，根据涂料的性质、黏度、加压压力、狭缝的宽度、输送机的传送速度等因素确定，一次淋涂量一般为 65～75g/m²。

人造板基材涂布底漆以后需进行干燥，干燥的方式一般是强制式干燥，干燥温度、时间等工艺参数根据涂料的种类、性质及干燥设备确定。在一般情况下，干燥温度为 60～90℃，干燥时间为 1～2min。强制干燥之前涂膜应在常温条件下自然干燥一段时间，以防止强制干燥使涂膜急剧加热发泡。强制干燥设备有热风循环式干燥机、红外线干燥机等。底漆干燥后还需经过冷却处理，然后再通过高速低压精砂砂光机进行砂光除尘，砂光机的砂带粒度一般为 200#～320#，砂带的线速度为 2000～2500m/min，基材的进料速度为 10m/min。

9.4 基材印刷

9.4.1 制版

制版是将所需的花纹、图案通过特殊方法雕刻在印刷辊筒的表面，制版可采用照相/腐蚀工艺，也可以采用照相/电子雕刻工艺。印刷木纹纸的照相/腐蚀制版工艺流程如下：

```
原稿 → 滤色照像 → 分色底片 → 修整 → 负片印成正片 → 拼版 ┐
                                                          ├ 贴合
         碳素纸 → 重铬酸钾溶液浸泡 → 干燥 → 晒网目 ┘

冲洗 ← 腐蚀 ← 修整 ← 去纸留下感光胶 ← 碳素纸包在钢辊上 ← 晒像
  ↓
打样 → 修版 → 镀铬 → 版辊
```

图案可用具有美丽木纹的木材、薄木或胶合板等做原稿，如需其他图案则可用画稿作原稿。分色处理是为了表现对象的色调和质感，如需表现木纹的色调和质感，可根据木材颜色分别制成几个版辊进行套色印刷。原稿底片经过滤色和修整后，将各分色底片翻成正片，正片再经几次翻转，使其长度大于版辊周长，印刷时就可以得到连续不断的木纹印刷效果，如图9-4所示。

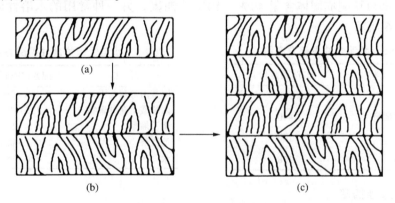

图9-4　正片拼接

版辊用钢材制成，版辊表面经过镀铜处理，铜层厚度约2mm，在腐蚀制版之前表面镀层需经过精磨处理。制版时先将已感光的碳素纸包覆在版辊上，而后用温水淋浇版辊，使明胶黏在铜辊上，纸剥离下来。腐蚀液为二氯化铁，二氯化铁可透过胶层腐蚀铜层，为达到理想的腐蚀效果，应根据胶层厚度，配制多种不同比重的腐蚀液进行多次腐蚀。版辊经腐蚀刻出木纹后，还需进行修版，修版后再在版辊表面镀一层铬，以提高版辊表面的硬度，增加其使用次数。

9.4.2 印刷油墨

印刷油墨主要由颜料、胶黏剂、稀释剂和其他助剂组成,为了获得良好的印刷质量,油墨应具备以下基本特性:

①具有较高的耐酸性、耐碱性、耐久性和耐气候性。
②具有良好的黏结性和良好的转印性,耐水、耐光、保色性能好。
③与底漆和面漆有良好的附着性、能耐受面漆中的溶剂,不被溶剂影响和破坏。
④油墨中无腐蚀版辊的物质,不会对版辊产生腐蚀和破坏。
⑤具备鲜明的色彩和足够的强度,干燥固化速度快,能适应连续化生产的需要。

根据稀释剂或胶黏剂不同,油墨可分为水溶性油墨、醇溶性油墨和光敏性油墨等种类。

(1) 水溶性油墨

水溶性油墨以水为稀释剂,印刷图案清晰、不易褪色、性能稳定、清洗方便、无火灾危险、使用期长,但其色泽不够鲜艳,油墨中黏结材料软化点低,表9-5是水溶性油墨的配方实例。

调制水溶性油墨时,首先将松香加入反应釜中加热熔融,再加入失水苹果酸酐升温至200℃,保温3h后加入甘油和季戊四醇,升温至250℃使其酯化,最后将反应物压出反应釜,经冷却得到失水苹果酸酐树脂。将这种酸酐树脂用丁醇、乙醇、水和氨水溶解成浓度为50%的溶液(温度不超过80℃),醇与水的比例为4:6,pH值控制在8.5~9.0。这种树脂溶液与氧化铁颜料以1000r/min的速度搅拌30min,再加入六偏磷酸钠、水、醇等,即可调制成固体含量40%~50%的油墨。另一种常用的水溶性丙烯酸油墨配方如表9-6所示。

表9-5 水溶性油墨配方实例

原 料	配方(质量份)
松香	2000
失水苹果酸酐	440
甘油	190
季戊四醇	178

表9-6 水溶性丙烯酸油墨配方实例

原 料	配方(质量份)
甲基丙烯酸与甲基丙烯酸丁酯共聚物	10~20
	1.5~2.5
聚乙烯酯	4~5
消泡剂	0.1~0.2
水	80~90

(2) 醇溶性油墨

醇溶性油墨包括丙烯酸类共聚物以及硝酸纤维素作胶黏剂的油墨等。丙烯酸共聚物作胶黏剂的醇溶性油墨配方实例如表9-7所示,硝化纤维素胶黏剂油墨配方见表9-8。

表9-7 丙烯酸共聚物胶黏剂油墨配方

原 料	配方(质量份)
颜料	5
白垩	8
丙烯酸共聚物胶黏剂	15
氨水	2
2-乙氧基乙醇	10
乙醇	25
水	35

表9-8 硝化纤维素胶黏剂油墨配方

原 料	配方(质量份)
颜料	10~15
硝化纤维素胶黏剂	10~15
乙醇	70
2-乙氧基乙醇	10

(3) 光敏性油墨

光敏性油墨是以光敏涂料为胶黏剂的一种油墨。一般的油墨在印刷后要涂面漆才能使被印刷表面具有较好的理化性能，但光敏性油墨不仅印刷性能好，而且印刷表面不涂面漆也具有较好的理化性能。光敏性油墨印刷后，通过紫外线照射干燥固化，固化速度很快，为了保证紫外线照射不受影响，油墨中使用的颜料应具有较高的透明性。

黏度是油墨的一项重要指标，对印刷效果有很大影响，黏度太大的油墨印刷时容易黏附在版辊上；黏度太小的油墨转印性差，容易被基材吸收，油墨干燥过快也容易脱落。油墨的黏度用溶剂调节。油墨的黏度与印刷速度也有直接关系，印刷速度快时油墨的黏度要低，干燥速度要快；印刷速度慢时油墨的黏度要大，干燥速度要慢，油墨的黏度一般为 $75\sim80\text{mPa}\cdot\text{s}$。

9.4.3 印刷方法

印刷方法有平版印刷、凹版印刷、凸版印刷、丝网漏印等，如图 9-5 所示。平版印刷的版面是平的，制版时有图案的地方经特殊化学处理，使其对油墨具有亲和力，能吸附油墨，空白处经处理后对油墨有嫌油性，不黏油墨，在版辊上涂布油墨后施加一定压力即可印刷图案。

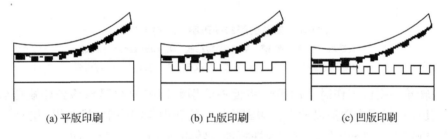

(a) 平版印刷　　(b) 凸版印刷　　(c) 凹版印刷

图 9-5　印刷方法

凸版印刷与凹版印刷的版面是凹凸不平的，所不同的是凸版印刷的油墨黏在凸起的地方，凹陷处没有油墨；凹版印刷的油墨是填在凹陷处，凸起处的油墨被刮去。丝网漏印是利用尼龙丝网制版，空白处的网眼用感光胶液堵死，有图案的地方网眼漏空，在丝网上涂以油墨即可印刷。

凹版印刷可获得连续无端的图案，凹槽的深浅决定了印刷油墨的厚度，凹槽深度不同，可得到色调深浅不同的图案，适合表现木纹丰富的色调，亦适合大批量生产，小批量生产则一般采用丝网漏印方法，表 9-9 是四种印刷方法的比较。

人造板基材的表面可以印刷木纹、布纹、抽象图案及其他图案，但主要是印刷木纹图案。木纹印刷是用具有美丽木纹的木材作原稿，经照相制版后制成印刷辊筒，通过辊筒将油墨转移到基材表面上，使基材具有美丽的木纹。木纹的印刷普遍采用的印刷方式是凹版转轮印刷。凹版转轮印刷机由印刷版辊、印刷胶辊、油墨转移辊、刮刀、进料辊等组成，其结构如图 9-6 所示。

表 9-9　印刷方法比较

对比项目	平版印刷	凸版印刷	凹版印刷	丝网漏印
制版材料	锌板	铅字等	镀铜钢辊	尼龙丝网等
制版难易	复杂	容易	最复杂	容易
耐用度(万印)	3	10	51	0.5
油墨层厚度(μm)	4～7	4～7	10	500
印刷速度	0.6万印每小时	3万印每小时	1万印每小时	数百印每小时
印刷压力(N/cm^2)	50～60	30	20	3～5
对基材表面要求	较为粗糙	光洁平整	十分光洁平整	粗糙
适用批量	较大批量	大批量	大批量	小批量
表现能力	最强	一般	很强	最差

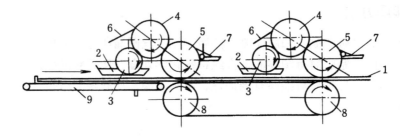

图 9-6　双色凹版转轮印刷机结构示意图
1. 人造板　2. 油墨贮槽　3. 油墨转移辊　4. 印刷版辊(花纹辊)
5. 印刷辊(橡胶辊)　6. 刮刀　7. 回收槽　8. 进料辊　9. 传送带

　　凹版转轮印刷机工作时，油墨转移辊将油墨贮槽中的油墨转移到印刷版辊(花纹辊)上，使印刷版辊表面涂以油墨，印刷版辊在旋转中与印刷辊(橡胶辊)接触，将花纹转印到印刷辊上，再利用印刷辊的弹性将油墨转印到人造板基材表面。

　　凹版转轮印刷机有双套色、三套色和四套色等几种，三套色胶印机为常用的机型。三套色胶印机由三台单色印刷机串联而成，通过长轴传动使三台设备同步运转。第一印刷辊筒和第二印刷辊筒之间的距离为8～9m，第一印刷辊筒涂以底色油墨，第二、第三印刷辊筒的油墨为上盖色调油墨，每一辊筒印刷后油墨应干燥至不会发生互混。胶印机设有导向装置，可以使人造板基材在印刷时整齐排列，以便在基材表面形成相同的套色图案和协调的色调。操作人员必须准确掌握三种印刷颜色的调配规律，在生产中保持油墨颜色和黏度不变才能达到理想的印刷效果。印刷辊表面经过镀铬可延长其使用寿命，其印数一般可以达到数十万印。印刷油墨的厚度一般在10μm左右，套印形成的木纹层次分明，富有立体感。

　　印刷过程中对油墨刮刀要及时进行刃磨，使其保持平直锋利状态。要正确调整刮刀与雕花辊及印刷辊之间的相对位置，使它们接触良好，保证油墨适量地印刷到基材上，油墨的印刷量一般为7～15g/m^2。印刷时作用在基材上的压力要适当，压力过大会使印刷木纹变形，压力过小则会使印刷木纹不清晰，印刷时橡胶辊的线压力一般为50～70N/cm。

9.4.4 印刷常见缺陷及纠正方法

在直接印刷过程中,有多种因素会造成印刷质量缺陷,常见缺陷及纠正方法见表9-10。

表9-10 直接印刷常见缺陷及解决方法

缺陷	产生原因	解决方法
单一横条纹	基材人造板边角太锐利 基材进料速度太快 对基材加压过大	砂磨基材边角,调整进料速度,调整对基材的压力,调节印刷辊与胶辊间压力,研磨油墨刮刀
反复出现横条纹	胶辊裂纹、皱纹,胶辊不圆 胶辊与印刷辊速度不同步 油墨黏度过大	换胶辊 调节胶辊与印刷辊速度 调整油墨黏度
纵向波状,颜色不均	刮刀卷口或夹有垃圾,刮刀与版辊之间的缝隙不均,一版辊上黏有干燥的油墨或垃圾版辊损伤,版辊不圆,版辊与胶辊间或胶辊与基材间压力不足	清扫和研磨刮刀 调整刮刀与印刷辊间缝隙 清洗版辊 调换版辊 调整压力
油墨污染	胶辊硬度太大或老化,对基材加压过大或过小,刮刀钝化,油墨黏度过高,胶辊滑动,与版辊速度不一致,基材被胶辊黏起	检查胶辊硬度,调整对基材的压力,研磨刮刀,调整油墨黏度,调整胶辊与版辊的转速,调整进料传送带速度
重叠、模糊	胶辊刮刀钝化 胶辊上油墨太干	刮刀研磨 油墨中增加高沸点溶剂
空白	基材上黏有垃圾,基材翘曲,胶辊磨损,版辊磨损,油墨不足	检查基材,重砂,换胶辊,换版辊 添加油墨
反复出现油墨点或条痕	底涂层粗糙,底涂后附着灰尘	检查清扫版辊或胶辊

9.5 表面涂饰与干燥

9.5.1 表面涂饰

人造板基材经直接印刷并干燥后,一般还需要对其表面进行涂饰处理。常用的表层涂料有硝基清漆、氨基醇酸清漆、聚氨酯清漆、丙烯酸清漆、不饱和聚酯清漆等,使用较多、效果较好的是酸固化硝基清漆。酸固化硝基清漆与印刷油墨及底层涂料之间具有良好的附着力,漆膜干燥迅速、漆膜光泽好、坚硬耐磨、可以涂蜡打光和整饰,通过调整各组分比例,可以适应各种工件涂饰的需要。酸固化硝基清漆的缺点是溶剂含量高、固体含量低(20%左右)、只适宜于喷涂,一次涂饰的漆膜较薄,要达到较好的装饰效果需进行多次喷涂。此外在涂饰后还要罩光打蜡,施工操作较繁,漆膜的耐水、耐久、耐化学药品和耐溶剂等性能也较差,溶剂消耗量大、生产成本高、对环境会造成一定的污染。

为了克服硝基清漆的上述缺陷，可将其与多种合成树脂共用，或与多种单体发生接枝共聚，如与醋酸乙烯、苯乙烯、丙烯腈、丙烯酸、异氰酸酯以及其他乙烯单体接枝共聚后，可提高硝基清漆的抗微生物、热稳定性、附着力、成膜性、耐水性、耐光性以及其他物理机械性能。若与甲基丙烯酸丁酯或异氰酸酯接枝共聚，可提高漆膜的机械性能和耐紫外光照射的性能。硝基清漆的涂饰因其黏度不同需采用不同的方法，如采用淋涂时其黏度一般为 95~145mPa·s，用量为 80~100g/m²，表 9-11 是常用硝基清漆的配方，其性能指标见表 9-12。

表 9-11 常用硝基清漆配方

原料	配方（质量份）
50%的硝化棉溶液	60
酸固化清漆	40
氯化钠（10%的酒精溶液）	0.6

表 9-12 硝基清漆性能指标

项目	指标	项目	指标
黏度（mPa·S）	200~450	柔韧性（mm）	通过 2mm
硬度（摆杆法）	>70.55	固体含量（%）	60±2
干燥时间（min）	1	外观	均匀透明黏稠液
冲击强度（MPa）	>4		

9.5.2 面漆干燥

面漆涂布后须进行干燥，面漆干燥一般采用热风循环式干燥机，以饱和蒸汽为热源，热空气为加热介质对漆膜进行干燥。热风循环式干燥机总长度约 90m，分为四个工作段：第一段是涂层中溶剂自然挥发阶段，干燥条件温和，温度基本不上升，气流速度为 0.5~5m/s；第二段温度开始上升，风量增加，热风循环速度与第一段基本相同，温度为 40~60℃；第三段为强制干燥段，风量继续增加，风速保持不变，温度 70~100℃；第四段为冷却段，用过滤的清洁空气对涂层进行强制冷却，风量大于第二、第三阶段。干燥条件应根据涂料种类、涂膜厚度、涂料性能等，调节各阶段的温度与风速，漆膜干燥后不允许出现鼓泡、皱皮或半干现象，涂层在干燥各阶段的状态如表 9-13 所示。

表 9-13 涂层干燥各阶段的状态

干燥阶段	干燥名称	干燥程度
1	指触干燥	用指头揉压涂层时有黏性，但涂层不黏在手指上的状态
2	黏着干燥	用指头在涂层表面轻轻滑动，涂料一点也不黏在指头上的状态
3	硬化干燥	拇指和其他手指间以最大压力挤压时涂层不剥离，轻轻摩擦涂层有显著痕迹残留
4	无黏干燥	用指头挤压涂层，不留指纹残痕的状态
5	全部干燥	用指头对涂层加相当强的压力，同时给予相当强的摩擦，没有指纹和擦伤痕迹
6	控制干燥	拇指在涂层上加最大压力挤压旋转时，也无擦伤的状态
7	充分干燥	用爪抓涂层有困难感觉，涂层对刀刃也显示出相当的抵抗力的状态

当涂层达到充分干燥阶段时，虽然涂层已完全固化，但涂层中仍然有极少量的溶剂残留，涂料仍然缓慢进行氧化和聚合反应。采用高温强制干燥虽然干燥速度快，但在涂膜干燥过程中基材温度也会上升并发生一些变化，从而影响到漆膜质量，因此涂层干燥时应避免干燥温度过高，使涂层在较低温度下固化。不饱和聚酯树脂、酸固化型氨基醇酸树脂、聚氨酯树脂等都可以在低温或常温条件下固化。

光固化涂料不仅可以在常温条件下固化，而且固化速度很快，如不饱和聚酯涂料在一般情况下需 4h 才能完全固化，而在紫外线照射下只要数秒至数分钟就可以固化。这种涂料为单液型，使用方便，固化时几乎不发热不起泡，适合作为胶合板、刨花板等基材的面漆。此外，在这种涂料中乙烯基类单体既是溶剂也是交联剂，涂膜固化后与其他成分一起组成漆膜，因而蒸发损失小，可以得到较厚实的漆膜，这种涂料的原料消耗少，生产成本低，不污染环境，饰面质量优良。用于人造板表面涂饰的光固化涂料主要是不饱和聚酯树脂以及丙烯酸树脂、改性聚氨酯树脂、改性环氧树脂等，他们都可以用乙烯基类单体稀释，通过光敏感性自由基聚合实现漆膜固化。

9.5.3 印刷装饰板的后期处理

一般情况下人造板在涂布面漆并固化后，就基本完成了直接印刷的全过程，但有时为了提高人造板直接印刷装饰的真实感、生动感，或者是生产高档人造板产品，在印刷表面还可以进行如压纹处理之类的后期处理。压纹处理一般是用带有机械雕刻印刷辊筒的压纹设备进行的，压纹方式与凸版印刷方式基本相同。通过压纹处理，可以使人造板表面具有木材导管形状的模拟痕迹，压纹处理后还可再进行一次涂饰或抛光，但这仅限于特别高级的产品，抛光所用的材料是抛光膏或抛光蜡。

印刷装饰人造板的质量主要用外观质量和涂层理化性能两项指标进行评价，外观质量可通过肉眼观察进行判断，印刷缺陷有印刷不均匀、色彩不均、套色不准确等，涂饰缺陷有光泽不均匀、漆膜剥落、漆膜气泡、气孔、龟裂、污染等，人造板基材引起的缺陷有表面粗糙、翘曲、厚度不均匀、密度不一致等。涂层理化性能的评价按装饰人造板的检测标准进行，直接印刷装饰人造板特有的检测项目主要是涂膜和人造板基材的黏结性检测，黏结质量好坏会直接影响产品的使用性能。漆膜的含水率、耐水性、耐候性、耐磨性、保色性、耐污染性、附着性、抗弯强度等物理性能的检验方法，参考国家标准 GB/T 17657—1999《人造板及饰面人造板理化性能试验方法》。产品经检验、分等后即可进行包装，包装时相邻制品的装饰面相对，中间用牛皮纸或乙烯薄膜隔离，以防漆膜表面黏结和擦伤。

思考题

1. 试述人造板直接印刷的特点与工艺流程。
2. 人造板直接印刷对基材有哪些要求？
3. 人造板基材在印刷前为什么要涂泥子和底漆？
4. 底漆和泥子的涂布方法有哪些？

5. 人造板基材涂布泥子和底漆有哪些技术要求？
6. 印刷油墨主要有哪几种，它们有哪些主要特点？
7. 印刷方法有哪几种，人造板直接印刷主要采用哪种印刷方法，为什么？
8. 人造板表面印刷常见的缺陷有哪些，应采用哪些措施加以消除？

参考书目

1. 冯瑞乾. 1984. 印刷工艺概论[M]. 北京：印刷工业出版社.
2. 顾民. 吕静兰. 2009. 涂料·油墨[M]. 北京：中国石化出版社.
3. 顾萍. 2002. 印刷概论[M]. 北京：科学出版社.
4. 肖道钧. 1986. 印刷机械基础知识[M]. 北京：印刷工业出版社.
5. 张彬渊，许柏鸣. 1997. 涂料与涂饰工艺[J]. 林产工业，24(5)：32-35.

第 10 章

表面涂饰

[**本章提要**] 用涂料对物体表面进行涂布是一种传统而古老的表面装饰方法，今天在人造板表面装饰领域仍然具有十分重要的地位。本章介绍了人造板进行表面涂饰的作用、涂料的涂布方法、涂膜干燥工艺、透明涂饰与不透明涂饰，并对人造板表面涂饰常用涂料的种类、特性、使用方法以及不同人造板基材对涂饰的影响进行了重点阐述，对不同的涂布方法和涂膜干燥工艺进行了比较。

"涂饰"就是将具有某些特性的涂料(俗称油漆)，通过一定的方法均匀地涂布在物体的表面，对物体起到保护和美化作用。涂饰在人造板表面装饰领域是一种应用十分广泛的表面处理方法，通过涂饰，不仅可以使人造板(或人造板构件)的外观更加美丽，而且还可防止各种外界和环境因素对人造板的腐蚀、破坏，对人造板起到良好的保护作用，延长人造板的使用寿命。大多数人造板，尤其是室内使用的各种人造板，不论是素板还是贴面板，几乎都需要进行表面涂饰。

10.1 表面涂饰的作用

涂料的涂布可以在人造板基材表面直接进行，也可在其他装饰表面上(如薄木、薄竹贴面、木纹纸贴面等)进行。对人造板表面进行涂饰处理的作用主要表现在以下方面：

(1)提高人造板的形状、尺寸稳定性

人造板一般是用植物纤维原料生产的，植物纤维原料对水分具有吸收和解吸作用，当空气湿度变化时人造板就会因吸湿或解吸而发生膨胀或收缩，使人造板变形，经表面涂饰后，涂膜将人造板与空气隔绝开来，从而防止人造板因含水率变化所引起的形状、尺寸不稳定。

(2)提高人造板的表面质量

人造板表面经涂饰后，其表面形成了一层连续均匀的涂膜，使人造板表面更加美观、平滑、光亮、富有立体感。表面有木纹的人造板通过涂饰以后，纹理可得到强化和美化，具有更好的装饰效果。

(3)能起到保护人造板的作用

人造板在使用过程中会接触空气、紫外线、热源、虫菌以及各种污染物，这些因素会造成人造板质量下降甚至破坏，经涂饰后就可有效减少和消除上述因素的影响，延长其使用寿命。

(4) 可以掩盖人造板本身的缺陷

某些人造板表面没有天然木材的外观特征，表面粗糙不平，颜色灰暗不均，某些人造板表面有虫眼、节疤、缺损等缺陷，通过涂饰，漆膜可以掩盖人造板表面这些缺陷，使其表面质量得到提高。

10.2 人造板基材对涂饰的影响

各种人造板由于原料、结构单元、加工工艺、外观形态等方面的不同，对它们进行涂饰加工时，本身的特性会对涂饰工艺和涂饰质量产生一定的影响，了解各种人造板的涂饰特性，是制定正确的涂饰工艺和获得良好涂饰质量的前提。

10.2.1 胶合板基材对涂饰的影响

(1) 表面起毛

胶合板的基本结构单元是木单板，木单板一般由木材旋切加工得到，由于木材树种、软化工艺、旋刀锋利程度以及设备状态等多种因素的影响，会造成单板表面起毛。单板表面的木毛会影响涂料的流平性，漆膜固化后会造成漆膜粗糙不光，在对基材进行砂光处理时应将木毛除去。

(2) 透胶

木材是一种多孔性材料，胶黏剂的黏度较小时很容易穿透木材，胶合板的表板越薄，胶黏剂的穿透现象越严重。如果只是少量胶黏剂黏附在胶合板表面，一般经过砂光就可除去，但透胶往往经砂光也难以除去。透胶会造成涂料渗透不均匀、着色不均匀、漆膜附着不良等缺陷。适当提高胶黏剂的黏度，掌握正确的涂胶工艺和涂胶量，在胶液中加入一定量的添加剂，对减少和消除透胶具有良好的效果。

(3) 基材缺陷

胶合板基材的缺陷主要有叠芯、离缝、节子、腐朽、损伤等，胶合板经涂饰之后，上述这些缺陷便会反映到板的表面上来，表层单板越薄，涂布时压力越大，缺陷就越容易暴露。

(4) 铁质污染

胶合板在制造过程中与铁接触的机会较多，容易被铁质污染，涂料涂布在板面时，铁质与涂料之间会产生相互作用影响涂饰效果，降低涂饰质量。

(5) 木材内含物的影响

木材中的单宁与铁质接触会使木材变黑，某些木材中含有较多的树脂，树脂中的松节油是一种优良的溶剂，在含有树脂的木材表面涂布油漆，油漆会被松节油溶解。在树脂处不能涂布水色或水性泥子，涂饰前应去掉基材表面的内含物。

10.2.2 刨花板基材对涂饰的影响

(1) 刨花板膨胀特性的影响

刨花板的基本结构单元是刨花，刨花有很大的比表面积，对水分有很强的吸附能力。刨花板吸水、吸潮后膨胀率较大，容易造成表面不平整，导致涂膜厚度不均匀，漆膜质量下降，在涂饰过程中刨花板类的人造板要注意防水和防潮。

(2) 刨花板砂光缺陷的影响

用粒度较粗的砂带或不太锋利的砂带对刨花板表面砂光时，会在刨花板表面留下许多条状痕迹，这些条状痕迹会直接影响涂饰效果，应选择恰当的砂带，减少和消除砂光缺陷。

(3) 刨花板吸收性的影响

刨花板表面存在大量孔隙和木材的活性基团，使刨花板对黏度较小的液体有很强的吸收能力，同时板面孔隙和木材活性基团的分布不均匀，使板各处对液体的吸收存在很大差异。在对刨花板表面涂布涂料之前进行着色时，不仅着色剂用量很大，而且着色不均匀，因此应在板面底涂后再着色，或者采用泥子着色与涂膜着色并用。水性泥子容易使刨花板表面变得高低不平，一般不采用，常采用油性泥子或紫外光固化泥子。

10.2.3　纤维板基材对涂饰的影响

(1) 纤维板表面特性的影响

纤维板的基本结构单元是纤维和纤维束，纤维和纤维束尺寸很小，与其他人造板相比，纤维板表面更加平滑、光洁，即使不涂泥子也能得到光滑的涂饰表面，并且耐热、耐气候性能也优于刨花板和胶合板，但纤维板表面的污染物对涂饰有很大影响。

(2) 表层纤维结合强度的影响

纤维板在生产过程中会形成一个表面预固化层，尤其是多层热压机生产的纤维板预固化层更严重，预固化层中纤维之间的结合力很小，如果不将表面预固化层完全去掉，表面涂饰后涂膜容易与表面预固化层中的纤维一起脱落，使表面装饰质量下降。

(3) 表面砂光处理的影响

硬质纤维板厚度小，表面光滑，一般可以不经砂光处理。中密度纤维板表面往往存在石蜡层和预固化层，石蜡层会阻碍涂料在板面的附着，预固化层结合强度低极易脱落，中密度纤维板须经砂光处理才能进行涂饰。砂光处理应选择合适的砂带，一般应是240#以上的精砂砂带，砂光时压力要小，不要造成纤维板表面起毛，影响涂饰效果。

(4) 表面涂饰顺序的影响

纤维板表面没有纹理图案，颜色较深，涂饰时应先着色后涂饰，着色剂采用油性着色剂，水性着色剂易使表面纤维吸湿，造成板面凹凸不平，也可先涂泥子后着色，经干燥后再进行精细砂光，最后涂一道或两道清漆。

10.3　涂料涂布方法

10.3.1　喷　涂

喷涂是涂料以雾状形式喷射到物体表面的一种涂布方法。喷涂主要有空气喷涂、无空气喷涂、热喷涂、气雾喷涂、双口喷枪喷涂和静电喷涂等。

(1) 空气喷涂

空气喷涂是在压缩空气作用下涂料通过喷枪(图10-1)成雾状喷射于人造板表面的一种涂饰方法。喷枪的喷嘴结构如图10-2所示，高速气流形成负压吸出涂料，在喷嘴外混合，喷嘴孔径一般为 0.5~2.5mm，小孔径喷嘴适用于低黏度涂料，大孔径喷嘴适用于高黏度涂料。喷涂方向与基材表面垂直，喷射距离 15~25cm，空气压力一般为 0.3~0.5MPa。

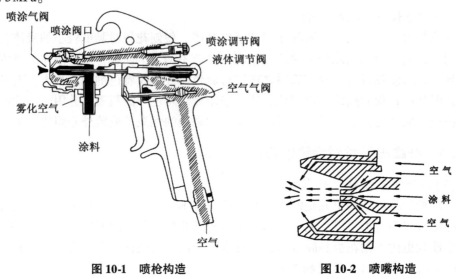

图 10-1　喷枪构造　　　　图 10-2　喷嘴构造

喷涂时将涂料加热到 60~70℃，使其黏度降低，稀释剂用量减少，成膜物质含量增加，可减少喷涂次数。通过回收装置收集雾散涂料可减少涂料消耗，并防止着火、爆炸。喷涂时喷射压力一般为 35N/cm 左右，喷射方向与被涂面垂直。喷嘴与被涂面应保持一定距离，距离太近容易造成涂料堆积不匀和涂料浪费，距离太远会使涂料在喷射过程中被干燥，造成涂膜表面粗糙。空气喷涂法对物体表面的细孔、砂痕、凹凸均可喷涂均匀，施工效率高，适合大面积涂饰，但涂料消耗大，操作较复杂，溶剂挥发造成环境污染，而且易燃、易爆。

(2) 热喷涂

涂料在涂布前不加热处理的喷涂方法称为冷喷涂，加热处理的称为热喷涂。热喷涂通过加热替代稀释剂可降低涂料黏度，主要适用于硝基类、乙烯类和氨基类树脂涂料的涂饰，对一次喷涂的涂膜较厚、干燥慢、易起皱的涂料不宜采用热喷涂。热喷涂工艺的优点在于涂料固体分含量高，稀释剂用量少，可减少涂饰次数，获得较厚的涂膜，涂饰工艺不受气候条件影响，涂膜流平性好，不易产生流挂现象，涂膜丰满；其缺点是涂膜表面不够平滑，涂膜较厚，干燥时间长，对氨基树脂或氨基醇酸树脂漆加热会缩短其活性期。

热喷涂工艺须注意涂料的加热温度与黏度之间的关系，选择适当温度，避免温度不适当造成的涂料增稠、凝胶和预固化。

(3) 无空气喷涂法

无空气喷涂法是通过高压泵给涂料施加较高的压力，压力一般为 10~20MPa，在高压作用下，涂料以 100m/s 的高速从直径 0.2~1.0mm 的喷嘴中喷出，涂料在离开喷嘴的瞬间压力急剧释放，其溶剂迅速挥发，体积骤然膨胀雾化并均匀涂布在基材表面，无空气喷涂装置如图 10-3 所示。

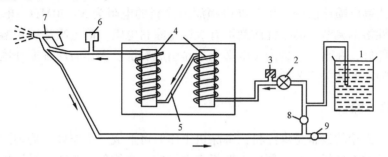

图 10-3　无空气喷涂装置示意图
1. 涂料槽　2. 泵　3. 压力表　4. 涂料加热器　5. 管道
6. 测温器　7. 喷枪　8. 压力调节阀　9. 排料阀

无空气喷涂生产效率高，涂膜厚实均匀，一次喷涂可达 100~300μm，涂膜附着力强，没有空气混杂，涂料损失少，环境污染小，溶剂消耗低，对涂料适应性强，适于大面积涂布；缺点是漆膜不如空气喷涂平滑，工作压力大，设备要求高。为了提高工作效率，获得平整光滑的漆膜，常用无空气喷涂作底漆涂布，空气喷涂作面漆涂布。

(4) 静电喷涂

静电喷涂法是通过喷头使涂料呈雾状喷出，雾化的涂料微粒在直流高压电场中带上负电荷，在静电场引力的作用下黏附于带正电荷的工件表面，在工件表面形成一层均匀的涂膜，其装置如图 10-4 所示。静电喷涂法涂料损失少，对环境污染小，漆膜光洁度、

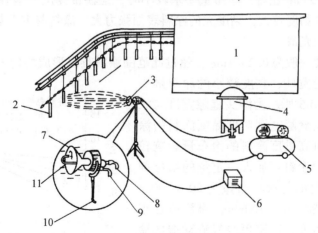

图 10-4　静电喷涂装置示意图
1. 干燥室　2. 工件　3. 喷头　4. 漆罐　5. 空气压缩机　6. 高压静电发生器
7. 旋杯　8. 涂料输送管　9. 压缩空气输送管　10. 负高压头　11. 喷漆管

附着力、均匀性好，漆膜质量高，生产效率高，适应不同工件的油漆，可实现自动化生产。静电喷涂法的缺点是设备复杂、投资大、维修麻烦，对溶剂选择性较强，环境温度、湿度对漆膜质量有较大影响，涂饰表面形状不同会造成电场强弱变化而影响漆膜的均匀性。

常用的静电喷涂方式有电力分散喷涂法、阴极电栅喷涂法、旋杯电极式喷涂法、气幕旋杯电极式静电喷涂法等。用于静电喷涂的涂料的电阻为 $5 \sim 50 \mathrm{M}\Omega$，电阻过高时可用适当的极性溶剂调节，高极性溶剂可有效调整涂料电阻。静电喷涂所用溶剂要求沸点高、导电性能好，在高压电场内带电雾化不易引起燃烧。操作时应根据环境条件、涂料性质等决定喷涂的相关工艺参数。

10.3.2 淋 涂

用于涂料淋涂的设备是淋涂机，淋涂机工作时可形成一个连续、均匀漆幕，漆幕落在其下方运行的人造板表面，便在人造板表面形成一个均匀的漆膜。淋涂机的结构见第9章图9-3，主要由淋头、刀片、传送带、过滤器、加热器、调节阀、泵等组成。在淋头的底部装有两块刀片，刀片之间保持一定间隙，通过调节刀片之间的间隙，可以得到不同厚度的涂膜，在涂料薄幕前后设有一条运输带作为基材运输和涂膜厚度调节装置，泵用于输送涂料，调节阀用以调节涂料流量。

淋涂机工作时涂料用泵从涂料槽中抽出，通过过滤器除去涂料中的杂质后被送至淋头，涂料从淋头的窄缝中流下形成涂料薄帘，人造板基材从涂料薄帘下通过时，表面就淋上了一层均匀的涂料。基材通过运输带输送，运输带在输送基材的同时可对涂膜厚度进行控制，涂膜厚度一般为 $5 \sim 50 \mu \mathrm{m}$。

涂料黏度和溶剂性质对运输带的运行速度有较大影响，人造板基材表面要得到相同厚度的涂膜，对不同黏度的涂料运输带的速度应作相应调整。涂布量要求较大时，运输带速度一般在 50m/min 左右，涂布量要求较小时，运输带速度一般在 100m/min 左右。淋涂法要求涂料的黏度较大，黏度大的涂料表面张力大，涂料薄帘下落时速度较慢，涂料薄帘表面也比较光滑。

淋头缝隙宽度一般为 $0.2 \sim 1 \mathrm{mm}$，超过此范围涂料难以形成均匀的薄帘，黏度较大的涂料淋头缝隙应宽些，黏度较小的涂料淋头缝隙应窄些，图10-5所示为淋头缝隙宽度与涂布量的关系。淋头缝隙宽度对低黏度涂料的涂布量影响较大，对高黏度涂料的涂布量影响较小，对黏度较小的涂料可加入一定量的增黏剂提高黏度，淋涂时的每次涂布量为 $80 \sim 100 \mathrm{g/m^2}$。淋涂高度一般为 $50 \sim 100 \mathrm{mm}$。淋涂机在车间内应安装在避风处，以避免空气流动造成涂料薄帘发生飘动或破裂，影响涂料的正常涂布。淋涂形成的漆膜较厚，如果要求的漆膜厚度很薄时不宜采用淋涂工艺。

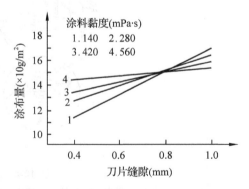

图10-5 淋头缝隙宽度与涂布量的关系

10.3.3 辊 涂

辊涂是通过辊筒带起涂料并将涂料转移到物体表面的一种涂布方法。辊涂机的形式较多，选用辊涂机应根据基材性质、涂料黏度、涂膜厚度、涂布速度以及涂膜外观质量等因素决定。根据辊涂机中涂布辊的回转方向与基材进给方向相同或相反，辊涂机可分为顺向辊涂机（如图 10-6 所示）、逆向辊涂机（如图 10-7 所示）、刮刀辊涂机（如图 10-8 所示）等类型。

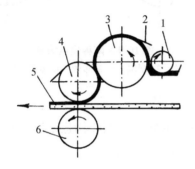
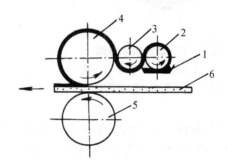

图 10-6　顺向辊涂机示意图　　　　　图 10-7　逆向辊涂机示意图
1. 涂料供应辊　2. 刮刀　3. 刮辊　　　1. 涂料　2. 涂料供应辊　3. 刮辊
4. 涂布辊　5. 基材　6. 进料辊　　　　4. 涂布辊　5. 进料辊　6. 基材

顺向辊涂机的涂布辊为橡胶辊，其他辊为金属辊，对黏度很小的涂料也可采用带沟槽的金属辊作涂布辊，支承辊则改用橡胶辊。涂料供应辊对涂布辊的压力和涂布辊的圆周速度是影响涂膜厚度的主要因素，通过它们可以对涂膜厚度进行调节，也可通过调节刮料辊与涂布辊和涂料供应辊之间的间隙、刮刀与刮料辊之间的间隙对涂膜厚度进行调节。顺向辊涂机涂布辊的回转方向与基材进给方向一致，二者的相对速度很小，在涂料转移到基材上去时所受剪力小，涂料容易被辊筒带走，这种辊涂机适合于黏度较小的涂料，涂料黏度较大时会造成涂膜不平或呈条纹状。辊涂机的四个辊筒的线速度大致相同，各辊之间的相对运动速度小，橡胶辊磨损小适合于高速涂布。

顺向辊涂机涂布时涂料槽在涂布辊中心线以下，如图10-9(a)所示，易造成涂料供应不足，原因在于涂料供应辊高速旋转造成涂料槽的涂料面向下凹陷，使空气进入涂料造成涂膜厚度不均匀，涂料黏度越大这种现象越严重，因此高速涂布宜采用如图 10-9(b)所示的上位供料形式。

逆向辊涂机涂布辊对板面没有压力，涂膜厚度较大。由于涂布辊与基材运动方向相反，二者的相对速度很大，涂料在向基材表面转移时所受剪力较大，涂布比较均匀，涂膜表面比较光滑。调节涂布辊的速度与基材进料速度之比，可以改变涂膜厚度。采用顺、逆联合辊涂机，既可以使涂料对基材具有良好的填补性，又可得到均匀一致的涂膜。

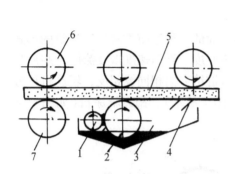

图 10-8 刮刀涂布机示意图

1. 刮辊 2. 涂布辊 3. 涂料槽 4. 刮刀
5. 基材 6. 进料辊 7. 进料辊

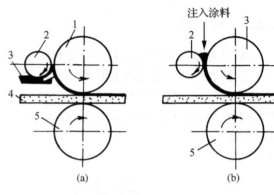

图 10-9 两种供料方式

1. 涂料槽 2. 刮辊 3. 涂布辊 4. 基材 5. 进料辊

刮刀涂布机适合于高黏度涂料，主要用于泥子涂布，通过泥子压入辊和刮刀将泥子压入木材的凹陷处，并把多余的泥子除去。

10.3.4 透明涂饰

透明涂饰是用不含颜料的透明清漆对人造板基材进行涂饰，透明涂饰保持了木材原有的本色，并使人造板基材表面的纹理和色调显得更加清晰、美观、生动，表面更加光洁、平滑。

(1) 透明涂饰的工艺流程

一般的透明涂饰工艺流程如下：

基材 → 砂光 → 打胶底 → 干燥 → 砂光 → 底涂 → 砂光

成品 ← 研磨 ← 干燥 ← 面涂 ← 砂光 ← 干燥 ← 打泥子

透明涂饰工艺主要根据产品要求确定，其施工方法可简可繁，在上述工艺流程中可根据需要进行选择，或选择全部工序，或只选择其中的几道工序。

(2) 基材准备与打胶底

透明涂饰主要用于胶合板基材和薄木贴面人造板基材的表面涂饰。透明涂饰对基材的要求较高，如果基材质量不好，基材表面的各种缺陷会透过漆膜显露出来，使装饰质量降低。透明涂饰的基本要求是基材表面没有节子、虫眼、裂纹、变色等材质缺陷，涂饰前必须经过精细砂光，使其表面光洁平滑。

打胶底是为了提高板面的着色效果，防止着色后板面起毛。着色方法一般有直接着色、泥子着色和底涂着色，三种方法可单独使用，也可搭配使用，底涂着色操作简单，生产中应用较多。

胶底用胶可以是明胶，也可以是合成树脂胶，胶的黏度小，渗透性好，可渗入木材组织中固化木材组织，防止涂料或着色剂渗透不均匀。底胶还可以使基材表面的木毛硬化竖起，便于砂光时去掉。打胶底不能对基材起填孔找平作用，但对不用着色的基材，可用打胶底代替底涂。

(3) 底涂与打泥子

在打泥子之前先对基材进行底涂，底涂可减少面涂涂料对基材的渗透，提高面涂涂料对板面的附着力，缓和基材收缩膨胀对面涂层的影响，还可使基材纹理更加清晰、鲜明。

打泥子的目的是对基材表面进行填孔找平，或对导管槽等板面的凹陷处着色。泥子中的黏结剂不能太多，除了填入基材表面孔隙和凹陷处的泥子外，其他地方的泥子要全部刮掉。基材经打泥子后，还需经过干燥和砂光处理。

(4) 面涂与研磨

透明涂饰的面涂涂料是清漆，涂布方法可以采用辊涂、淋涂或喷涂，面涂后再经过干燥装置对涂膜进行干燥。面涂涂料干燥后，对面涂层进行研磨可以使漆膜更加光滑、具有更好的光泽。研磨应根据基材表面的装饰要求确定，对要求不太高的涂层表面可直接进行研磨，对要求较高的涂饰表面，在研磨基础上还需进行抛光。研磨磨削量较大时会在漆膜表面留下一些磨痕，通过抛光可消除这些磨痕，如果在抛光前先对漆膜打蜡，可以使漆膜表面具有很高的光亮度。

透明涂饰质量主要根据外观质量和表面物理性能衡量，外观质量包括基材的表面质量和涂饰质量，物理性能包括含水率、耐水性、耐候性、保色性、硬度、抗弯强度、耐污染性、附着性等。

10.3.5 不透明涂饰

不透明涂饰的涂料是加入着色颜料的不透明色漆，这种涂饰方法可以遮盖人造板基材表面的缺陷，使人造板表面具有单一色彩的涂饰效果。这种涂饰方法对基材表面质量要求不高，加工工艺也比较简单，适合于各种人造板表面的涂饰，其工艺流程如下：

人造板基材 ⟶ 砂光 ⟶ 打泥子 ⟶ 干燥 ⟶ 砂光 ⟶ 涂面涂料 ⟶ 成品

不透明涂饰与透明涂饰采用的涂饰方法、涂饰设备以及涂膜的干燥方式基本上相同，其区别在于二者所用的涂料不同。

不透明涂饰可以采用手工或机械方式进行，手工涂布生产效率低，涂饰质量差，机械涂布可以实现连续化和自动化，生产效率高，涂布质量优于手工方式，机械涂布方式有喷涂、淋涂和辊涂等。

10.4 涂膜干燥

涂膜干燥过程是涂料中各组分发生一系列物理化学反应，并通过这些反应最终使涂膜固化的过程。涂膜干燥质量与形成的漆膜的物理化学性质有密切关系，干燥质量不好的漆膜光泽差，表面有橘皮、皱纹、针孔等缺陷，有时会因漆膜内部应力使漆膜附着力降低，表面产生裂缝，基材也容易发生翘曲变形。

10.4.1 涂膜干燥类型

涂膜通过干燥由原来的液态变成固态，在此变化过程中涂料的种类和性质不同，漆膜形成的机理也不相同,从涂膜变成漆膜的过程一般有以下几种类型。

(1) 溶剂蒸发型

溶剂蒸发型涂料是通过涂膜在干燥过程中蒸发内部溶剂形成漆膜,这类涂料的主要成膜物质一般是相对分子质量很大的线型高分子物质,涂料中的溶剂是一些挥发性很强的液体,涂膜干燥时成膜物质不发生反应,主要是溶剂分子从涂膜中逸出并迅速向外扩散,溶剂的逸出和扩散首先发生在涂膜表面,而后逐渐深入到涂膜内层。溶剂的扩散速度随涂膜固化程度加深逐渐变慢,但经过一段时间后,涂膜中的溶剂最终全部蒸发,涂膜便固化为漆膜。溶剂蒸发型涂料在常温下通过自然蒸发就可实现干燥,升温则能加快涂膜干燥速度。

(2) 乳液型

乳液型涂料一般以水作为分散剂,当涂膜中的水分蒸发或者渗入基材,涂料中的乳化粒子因涂膜体积变小而相互靠近和接触,在表面张力作用下,乳化粒子表面的保护膜被破坏,乳化粒子之间相互聚合、流展,便形成了均匀连续的涂膜,而后涂膜的干燥机理与溶剂蒸发型基本相同。

(3) 聚合型

聚合型干燥的涂料主要是一些油性涂料,这些涂料吸收空气中的氧后,与涂料中的不干性油反应生成过氧化物,过氧化物分解后产生游离基,油分子通过游离基聚合反应形成连续均匀的漆膜。两液型涂料如环氧树脂漆、双组分聚氨酯漆、不饱和聚酯树脂漆等,在主剂中加入固化剂后,通过成膜物质的缩聚或共聚反应,使涂膜干燥而不需要对其进行加热干燥。

10.4.2 涂膜干燥方法

涂膜干燥有自然干燥、热空气干燥、红外线干燥、紫外辐射干燥、高频电热干燥、电子射线干燥等。用于人造板表面涂饰的涂料一般可在常温下自然干燥,但干燥时间长,占地面积大,涂膜易受灰尘、杂质污染产生缺陷。自然干燥一般仅适合小规模生产采用,大规模生产则需采用强制干燥,强制干燥是通过对涂膜加热使涂膜快速干燥的方法。

10.4.2.1 热空气干燥

热空气干燥一般是以饱和蒸汽或炉气体为热源,以热空气为加热介质,通过热介质与涂膜间的热交换,实现涂膜干燥的一种方法,热空气干燥的设备是干燥机。采用热空气干燥时,机内的温度、湿度、风量、热空气容积、换气方式以及热空气循环方式等因素都会对漆膜质量产生影响。

(1) 温度的影响

干燥机内温度对干燥过程和产品质量的影响主要有以下方面:

① 提高干燥机内的温度,可以加快涂膜中溶剂的蒸发,促进涂料各组分间的物理化学反应,一般情况下干燥温度每升高 10℃,涂料中的物理化学反应速度会增加两倍,提高温度可以缩短涂膜干燥时间,加快涂膜固化。

②温度在涂膜干燥过程中对人造板基材会产生一定影响，基材受热后内部水分的蒸发会引起基材收缩、变形甚至开裂。

③热量会使木材中的着色成分发生氧化，使木材颜色变深，木材导管中的空气也因受热膨胀逸出，在漆膜中产生气泡、针孔等缺陷。

涂膜和基材的热传导性能不同，温度对它们的影响有很大差异。人造板基材是热的不良导体，温度上升慢，需要较长时间才能达到规定温度，图 10-10 是胶合板在干燥过程中的升温状态。当干燥机内的温度为 80℃ 时，基材温度达到 50℃ 需要 2.5min，如果在基材达到规定温度前涂膜已经干燥，就可减少和消除基材的变形、翘曲。

(2) 空气湿度的影响

干燥过程中干燥机内过高的空气湿度对涂膜干燥是不利的，如溶剂蒸发型

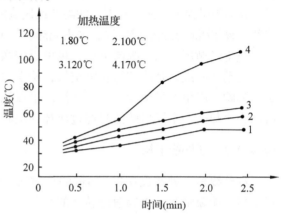

图 10-10　胶合板表面的升温状态

涂料干燥时，机内相对湿度从 80% 下降到 20%，涂膜干燥速度可提高 7 倍左右，当干燥机内的相对湿度超过 80% 时，漆膜就会出现发白。漆膜干燥固化过程中的收缩应力也与机内相对湿度有关，在不同的相对湿度条件下，涂料干燥产生收缩应力的情况如表 10-1 所示。

过高的相对湿度对涂膜干燥不利，但一定的相对湿度对保持基材的形状、尺寸稳定性有一定的作用，因此空气的相对湿度和温度应很好匹配。首先应考虑涂膜干燥必需的温度，然后考虑避免基材变形需要的湿度，同时也要考虑缩短涂膜干燥时间，提高生产效率。

表 10-1　涂膜干燥收缩应力与相对湿度的关系

涂　料	相对湿度（%）	漆膜厚度（cm）	收缩应力（×10N/cm）
不饱和聚酯树脂漆	5	0.001 – 0.002 – 0.003	3.13 – 4.42 – 6.14
	30	0.001 – 0.002 – 0.003	2.85 – 4.28 – 5.78
	50	0.001	0.86 – 1.93 – 3.01
聚氨酯树脂漆	5	0.003	3.84 – 4.84 – 5.40
	30	0.001 – 0.002 – 0.003	0.57 – 2.22 – 4.77
	50	0.002 – 0.004 – 0.007	3.03 – 3.12 – 4.42
氨基醇酸树脂漆	5	0.003 – 0.004 – 0.007	5.56 – 7.19 – 8.82
	30	0.002 – 0.003 – 0.004	38.59 – 80.85 – 119.69
	50	0.003 – 0.004 – 0.005	4.07 – 5.88 – 8.11
硝基清漆	5	0.002	21.42 – 27.64 – 33.87
	30	0.002	11.62 – 12.62 – 14.99
	50	0.003	4.39 – 5.98 – 8.28

(3) 气流速度的影响

热空气的运动速度与涂膜干燥速度和干燥质量有密切关系。溶剂蒸发型涂料干燥时,热空气在运动过程中一方面把热量传递给涂膜,另一方面又带走从涂料中蒸发出来的溶剂,使涂膜内的溶剂不断蒸发出来。气流速度高虽然可以增加热空气与涂膜间的热交换,但过高的干燥强度会使涂膜表面的溶剂迅速蒸发,涂膜表层已经固化,而内部却仍然存有溶剂,致使漆膜表面形成皱纹,失去光泽,气流速度过低则会降低涂膜干燥效率。

热空气循环可以按纵向进行,也可以按横向进行,以纵向循环为多。干燥机内热空气的流动方向最好是终端为新鲜空气,始端为非新鲜空气,这样可避免已干漆膜受溶剂蒸汽影响,产生回黏使漆膜失去光泽。干燥机入口端为低温区,溶剂可以自然挥发;出口端为冷却区,干燥后的漆膜经过冷却使漆膜定型。

10.4.2.2 红外线干燥

红外线是一种波长 $0.8 \sim 2 \mu m$ 的热射线,通过红外线发射器产生的红外线对涂膜进行辐射,涂膜吸收了由辐射能转变的热能后温度上升,溶剂蒸发,涂膜干燥。

红外线的发生源有碘钨灯、金属管状电热元件、金属板式红外线发射器、碳化硅管红外线辐射器、碳化硅板状红外线发射器、煤气红外线发射器等。

(1) 碘钨灯

碘钨灯灯管内壁上覆有铝箔作为红外线的反射面,碘钨灯的功率一般有 125W、250W、375W、500W 等,其中功率为 250W 的碘钨灯最普遍。干燥室内灯管的配置如图 10-11 所示。

灯管距离对涂膜吸收红外线和漆膜质量有较大影响,灯管距离不适当会造成涂膜吸收热量不均匀,涂膜局部干燥不足或干燥过度,灯管之间的距离 p 一般以 15cm 为宜,如图 10-12 所示。

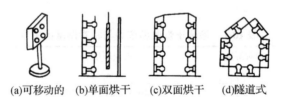

图 10-11 红外灯泡在干燥室内的布置

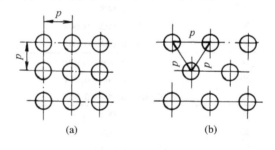

图 10-12 碘钨灯的排列方式

(2) 金属管状电热元件

金属管状电热元件是金属管内装有螺旋形电热丝，空隙中填充氧化镁等绝缘导热氧化物，通电后金属管产生辐射射线，涂膜吸收辐射射线后温度上升并被干燥。电热元件（SRYS型）的适用电压为220V，功率为0.5~2.5kW、长度为640~2700mm，这类电热元件质量轻、体积小，便于安装布置。

与金属管状电热元件类似的还有金属板状红外线发射器，金属板材料为铸铁，扁形金属板规格为300mm×150mm×10mm，功率为200~1000W，圆形金属管直径为125~180mm，功率为500~1000W，电热板表面温度600℃左右，产生的红外线波长为3.3~10μm。

(3) 碳化硅管红外线发射器

碳化硅管红外线发射器的外管用碳化硅和陶土焙烧制成，管内装置氧化铝螺杆，两端装有氧化铝堵头，螺杆上绕有电阻丝，通电后碳化硅外管被加热产生红外线，其结构如图10-13所示。

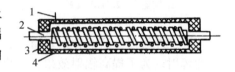

图10-13 碳化硅管红外发射器结构示意图
1. 电热丝 2. 螺杆 3. 堵头 4. 碳化硅管

碳化硅管最高可耐受1700℃的高温，使用寿命长，热惰性小，30min左右干燥温度可以达到400℃以上。与此类似的碳化硅板红外线发射器是将电热丝均匀分布在中间穿孔的碳化硅板内，其辐射面积大，适用于大面积涂膜干燥。

用红外线对涂膜进行干燥时，红外线应直接照射在涂膜表面，人造板基材在红外线干燥室内应以水平方向运行。涂膜颜色对红外线吸收有较大影响，不同颜色的涂膜对红外线吸收程度不同，涂膜的升温状态也存在较大差异。红外线干燥不需经过热量的对流和传导，涂膜内外可同时被加热，涂膜温度上升很快，热效率可达20%~59%，高于普通蒸汽加热（热效率15%）和电加热（热效率15%~20%）。采用红外线干燥，操作方便，设备占地面积小，工作环境清洁。

10.4.2.3 远红外线干燥

远红外线是一种波长在2μm到数十微米之间电磁波。用远红外线照射涂膜可激起涂料分子本身运动，涂膜瞬间产生热量使涂膜干燥。远红外线是由如图10-14所示二次红外线发生器发生的，发生器加热绕组发生的一次热射线首先被陶瓷管吸收，使陶瓷管加热，陶瓷管吸收的能量再转变成远红外线向外发射。

远红外线干燥机发生器内装有电热器，或是燃烧煤气加热的金属板状发生器，或是装有电热器的陶瓷管状发生器，图10-15所示为板式远红外线干燥装置示意图。

远红外线的波长对涂膜干燥有很大影响，波长适当的远红外线才能被涂膜吸收并转变成热量。远红外射线波长过长时，涂膜会把一部分远红外射线反射回去，使射线的穿透力减弱；远红外射线波长过短时，射线的穿透力过强，一部分射线会透过涂膜穿入基材，使涂膜吸收的射线减少。一般情况下，远红外线辐射能中约50%被涂膜吸收，另外50%则被人造板基材吸收。

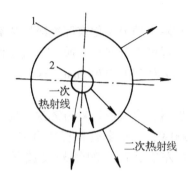
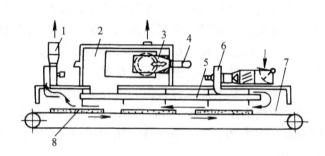

图 10-14 二次红外线发生器
1. 陶瓷管 2. 加热线圈

图 10-15 板式远红外线干燥装置
1. 排气口 2. 加热器 3. 燃烧室 4. 燃烧器
5. 远红外线发生器 6. 空气入口 7. 传送带 8. 人造板

远红外线对涂膜的辐射垂直于板面，人造板基材应沿水平方向运动才能吸收远红外线的辐射。为了提高辐射效果，干燥机内通常设置有反射板，反射板由铝板、白铁皮或镀银板等材料制成。基材涂布后应放置一段时间，让涂膜中的部分溶剂自然挥发，然后再进入干燥机中干燥，以免涂膜升温太快造成漆膜缺陷。

10.4.2.4 紫外线干燥

紫外线波长为 300～400μm，用紫外线对涂膜进行照射，涂膜干燥速度快，固化时间短，生产效率高，基材含水率可保持不变，基材不发生变形、翘曲，涂膜内部热应力小，可避免漆膜产生针眼、气孔等缺陷，而且干燥装置占地面积小、造价低。用紫外线对涂膜进行干燥固化，涂料应具备以下三个条件：①具有能进行游离基聚合、含不饱和双键的基团；②具有苯乙烯等单体；③具有光敏剂。

用紫外线固化的涂料中必须加入光敏剂，常用的光敏剂有二苯酰二硫、二苯并噻唑二硫、二硫代氨基甲酸甲基二乙酸等。光敏剂吸收紫外线后双键打开产生游离基，游离基再与涂料中的苯乙烯单体反应，通过单体之间、单体与聚合物之间的游离基聚合反应使涂膜干燥固化。可用紫外线干燥的涂料有不饱和聚酯树脂漆、丙烯酸环氧树脂漆、丙烯酸聚氨酯树脂漆等，其中不饱和聚酯树脂漆应用最普遍。

在采用紫外线干燥时，发射的紫外线应能穿透到涂膜内部，否则涂膜就不会干燥固化，因此要求所用的涂料是透明或半透明的，不透明的有色涂膜不适合用紫外线进行干燥固化。发射紫外线的光源一般是低压水银灯和高压水银灯。光源形状有点状光源和线状光源两种，人造板基材的幅面较大，用线状光源比较合适。水银灯的结构如图 10-16 所示，接线线路如图 10-17 所示。

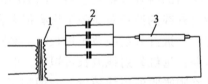

图 10-16 水银灯结构示意图
1. 接头 2. 石英管 3. 氩气＋水银
4. 电极 5. 封口

图 10-17 水银灯接线图
1. 变压器 2. 电容器 3. 水银灯

低压水银灯发射效率高，但强度较弱发热量低；高压水银灯发射效率较低，但强度大发热量高。高压水银灯发射紫外线时产生的辐射热对涂膜和基材不利，通过冷却装置可减轻或消除辐射热的影响，为了使紫外线平行照射到基材涂膜上，可采用如图 10-18 所示的抛物面反射板。

高压水银灯的数量和排列方式主要取决于人造板的宽度和进给速度，灯管按与基材宽度平行或垂直的方向布置，可使涂膜均匀照射到紫外线。基材进给速度快，灯管的数量较多，照射强度一般为 30W/cm，灯管与基材板面的距离为 10~15cm。

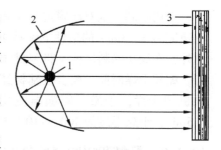

图 10-18　抛物面反射板作用示意图

1. 水银灯　2. 反射板　3. 基材

10.5　涂料的涂布与干燥

10.5.1　氨基醇酸树脂漆的涂布与干燥

氨基醇酸树脂漆对涂布方式的适应能力比较强，只要树脂的黏度比较合适，几乎所有的涂布方式都可以。采用不同方式进行氨基醇酸树脂涂布时，树脂黏度如表 10-2 所示。

表 10-2　涂布方式与氨基醇酸树脂黏度的关系

涂布方式	黏度(mPa·s)	涂布方式	黏度(mPa·s)
刷　涂	95~230	静电喷涂	40~70
空气喷涂	55~85	辊　涂	135~275
无空气喷涂	65~135	淋　涂	95~180
浸　涂	35~50		

以酸性物质为固化剂的氨基醇酸树脂漆，在常温条件下即可完成干燥固化，酸性固化剂的加量与氨基醇酸树脂漆干燥时间的关系如图 10-19 所示。当加入酸性固化剂的氨基醇酸树脂漆涂布在基材表面后，首先是树脂漆中的溶剂挥发，而后是树脂中各组分之间相互发生缩聚反应，直到最后涂膜完全干燥固化。

气温在 10℃ 以下自然干燥时，溶剂挥发速度和缩聚反应速度比较慢，适当提高干燥温度，可加快溶剂挥发和缩聚反应进行，适宜的自然干燥温度为 20℃ 左右。除自然干燥外，也

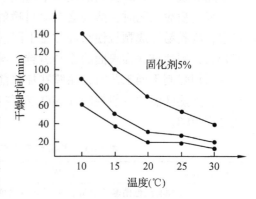

图 10-19　氨基醇酸树脂固化剂加量与干燥时间的关系

可以采用强制干燥对涂膜进行干燥。涂膜进入干燥机前，应在比气温高 10~15℃，气流速度为 2~3m/s 的条件下保持 10~15min，使部分溶剂挥发，以避免漆膜出现鼓泡。此外，在涂布涂料之前，将基材预热到 35~40℃，可以使溶剂挥发在涂膜内外同时进行，缩短干燥时间。胶合板基材经涂饰后一般需先经 10min 左右的自然蒸发，再转入干燥机中干燥，干燥时间随温度变化而不同，干燥温度为 110~120℃ 时干燥时间为 1.5min，干燥温度为 100~110℃ 时干燥时间为 2min。

10.5.2 聚氨酯树脂漆的涂布与干燥

聚氨酯树脂漆可以作为面涂涂料，也可以作为底涂涂料，但生产中一般把它作为底涂涂料，并与硝化纤维素清漆、氨基醇酸树脂漆以及聚酯树脂漆一起配合使用。

涂布聚氨酯树脂漆时应注意以下几个问题：

①树脂调制后活性期很短，一般在涂饰前 15min 左右才将 A、B 两液进行混合调制，混合后放置 15~30min，待树脂中的气泡基本消失后再进行涂饰。

②聚氨酯树脂固体含量高，涂膜不能太厚，否则会延长干燥时间，并造成各种漆膜缺陷。

③聚氨酯树脂容易与水发生反应，要尽量避免树脂与水分的接触，基材含水率应控制在 8%~12%，空气相对湿度 50%~60% 为宜。

④辊涂时树脂的黏度一般控制在 240~335mPa·s，淋涂时控制在 120~165mPa·s。

⑤涂膜干燥温度一般控制在 50~60℃，涂膜加热前应进行 20min 左右的自然干燥，挥发掉涂膜中的部分溶剂。

10.5.3 硝基清漆涂布与干燥

硝基清漆通常采用喷涂方法进行涂布，涂布时的环境条件对涂布效果有较大影响，在低温、高温、高湿情况下涂布难以获得好的涂布效果。环境温度 5℃ 以下时涂膜干燥速度很慢，涂料中的高沸点溶剂难以蒸发，残留于漆膜中使漆膜透明性下降。环境温度 30℃ 以上时溶剂和稀释剂挥发很快，涂料的流平性变差，涂料尚来不及充分流展扩散就已干燥成膜，导致漆膜光洁度和平滑度下降。

采用喷涂工艺时，溶剂会在涂料喷射过程大量蒸发，涂料到达被涂饰面时已成半干状态，漆膜易形成颗粒使涂饰质量下降。喷涂时喷嘴与被涂饰面距离越远，溶剂蒸发量就越大，到达被涂饰表面的涂料就越干燥，漆膜所形成的颗粒也就越严重。

采用强制干燥工艺时，涂膜在加热前应在自然环境中放置 10~30min，使部分溶剂蒸发，加热区温度一般控制在 50℃ 左右。硝基清漆涂布时的常见缺陷、原因和补救方法见表 10-3。

表 10-3 硝基清漆涂饰中常见缺陷、原因及补救方法

涂膜缺陷	原因	补救方法
渗色	原有红色硝基漆打底，再喷其他浅色硝基漆底部红色泛出表面	先涂底漆一层，使其与旧漆隔离，或用脱漆剂除去旧漆

(续)

涂膜缺陷	原因	补救方法
粗粒	工具不洁净，漆内有渣粒未过滤，灰尘黏着，喷漆时压力过大，气候潮湿	注意过滤，施工条件、工具环境应清洁，事后打磨平滑重喷两次
倒光	物面粗糙潮湿，稀料内含有水分、蜡质和稀料太多，天气潮冷	事先作好检查工作，事后用砂纸、上光蜡打磨
泛白	施工时气候潮湿，温度过高、过低，贮气筒内含有水汽，稀料成分太差	施工前注意气候温度，用10%~20%防潮剂来补救
脱皮	底漆含有油腻杂质或底漆表面太光滑，漆质不良或涂有特种材料	施工前在板材表面用砂纸打磨，再用汽油等溶剂擦洗一遍
针孔	所用稀料欠佳，含有水分，挥发不平衡，喷涂方法不对，有气泡，太厚	要用较好的稀料，注意喷涂方法
破裂	底漆工程欠佳，未曾干燥，不够坚硬；或硝基漆韧性较差，形成漆膜破裂	除要选择较好的、较优良的喷漆外，要注意打底工程
橘皮	漆稠，挥发速度太快，温度太高，溶剂配合不当来不及流平；喷涂压力不均，喷嘴太小	可酌加少量强力溶剂调稀试喷
起泡	喷涂过厚，内部溶剂让面漆裹住，不能挥发分散；施工时在日光下直射，温度过高	施工时尽可能喷得薄些，施工场所不宜在日光下直射
咬底	底涂膜是油性漆而在上面再涂硝基漆，或底涂膜未干而受强力溶剂渗透	底涂膜油性漆要铲除，改用硝基底漆
露底	硝基漆本身遮盖力较差，或涂膜太薄，或上下层未调和均匀	施工前要适当搅拌均匀，或更换硝基漆产品，适当提高涂膜厚度
龟裂	底漆油度长，面漆油度短；或底面漆性质不同；用漆错误，或漆质欠佳	选择优良硝基漆和配套产品，注意施工时间间隔

10.5.4 不饱和聚酯树脂漆的涂布与干燥

不饱和聚酯树脂漆的涂布可采用喷涂法，喷涂设备为双口喷枪，双口喷枪可调节含引发剂和含促进剂树脂的比例，使二者在离开喷枪口的瞬间均匀混合，以解决调制后的树脂漆存放时间短的问题。不饱和聚酯树脂漆的涂布也可采用淋涂法，淋涂可以是一个淋头，也可以是两个淋头。采用一个淋头时，涂布前应先将树脂、引发剂、促进剂按一定比例搅拌均匀，搅拌速度不宜过快，以免产生气泡，黏度一般控制在140~335mPa·s，调制好的涂料应在规定时间内用完，避免凝胶浪费。采用两个淋头涂布时，第一个淋头涂布非浮蜡型涂料，第二个淋头涂布浮蜡型涂料。如果需要对浮蜡型涂膜表面进行再涂时，须经砂光打磨除去浮于涂膜表面的蜡层，否则两道涂膜之间会发生剥离。不饱和聚酯树脂漆不宜与虫胶清漆搭配使用，否则会降低漆膜的附着力。

浮蜡型涂料一般采用紫外光照射对涂膜进行固化，非浮蜡型涂料则是在涂膜表面覆盖涤纶薄膜于常温下固化，或者在50℃左右加热固化。

10.6 涂膜打磨及抛光

涂膜打磨抛光的目的是使底漆和面漆形成牢固结合，得到坚实致密的涂层，提高人造板基材的表面装饰效果。

涂膜的打磨设备是打磨机，对涂膜打磨应在涂膜表面完全干燥以后进行，打磨机对涂膜打磨时要用力均匀，打磨量适当，经打磨后的涂膜表面应平整光滑，不允许有肉眼可见的露底现象。打磨操作时一般先用 $0^{\#}$ 砂布进行第一次打磨，然后用 $320^{\#} \sim 400^{\#}$ 水砂带进行第二次打磨，第二次打磨为避免人造板吸水变形，可在漆膜表面洒些煤油。抛光的目的是使涂膜表面具有良好的平滑度和光泽性，同时提高涂膜的耐水性、耐候性，延长使用寿命。

思考题

1. 表面涂饰的作用是什么？
2. 人造板表面涂饰有哪些常用的涂料？
3. 人造板基材质量对表面涂饰有什么影响？
4. 人造板表面涂布涂料主要有哪些方法？
5. 试分析空气喷涂与无空气喷涂的特点。
6. 试比较聚氨酯树脂漆和硝基纤维素漆的特性和涂布工艺。
7. 通常采用哪些方法对涂膜进行干燥？它们各有哪些主要特点？
8. 影响涂膜干燥固化的因素主要有哪些？

第 11 章

人造板机械加工装饰

[**本章提要**]　对人造板基材表面和边部进行机械加工，使人造板表面和边部具有与贴面、涂饰等装饰方法不一样的装饰效果，也是一类人造板表面装饰的重要方法。通过对人造板基材表面进行开沟槽、浮雕、模压、烧刷、烙印、钻孔等处理，可以使人造板基材表面的装饰花纹、图案具有更强的立体感，真实感，具有更好的装饰效果。本章介绍了人造板表面开沟槽、浮雕模压、打孔、喷粒等机械加工装饰方法，详细叙述了人造板表面进行浮雕模压的加工工艺与设备，还对人造板边部的处理方法、封边材料、设备及工艺等内容进行了阐述。

人造板的表面装饰除了用各种薄型材料进行贴面、用涂料对表面进行涂饰等方法外，对其表面和周边进行机械加工也是一种十分重要的表面装饰方法。通过采用某些特殊机械加工设备，对人造板基材进行开沟槽、模压、浮雕、打孔、喷粒、烧刷、烙印等处理，可以使基材表面具有更强的立体感，不仅可以增强人造板基材表面的装饰性和感染力，而且还可以产生贴面装饰方法难以获得的装饰效果。

11.1　基材表面开槽

表面开沟槽是在胶合板、刨花板等人造板的表面开一些纵横贯通的直线沟槽，使板面增加一些阴影，从而显示出立体感，如图 11-1 所示。

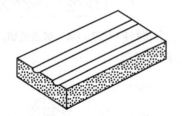 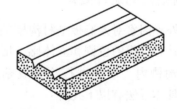

图 11-1　人造板基材表面开槽

如用薄木贴面的人造板，把沟槽安排在拼缝处，既可以降低对薄木拼缝精度的要求，又可消除制品使用过程拼缝处可能出现的皱折、脱胶、开裂。这种开沟槽的人造板一般用于内墙壁面的装饰，在相邻两块人造板的拼缝处、墙壁拐角处等场所安排一些沟槽，可以使整个装饰面显得连续、自然。

11.1.1 沟槽加工

沟槽一般采用切削法和辊压法进行加工，切削法采用辊筒进料，用圆锯片或成型铣刀进行加工。采用切削法加工时，如果刀具在人造板的上表面进行切削，人造板的下表面就是基准面，如果人造板厚度不均匀，就会造成沟槽深浅不一。如果刀具在人造板的下表面进行切削，虽然可以保证沟槽形状准确，深浅一致，但表面朝下会给人造板传送带来困难，并容易造成基材表面损伤。

辊压法是通过具有一定压力的辊筒对人造板表面进行辊压而形成沟槽。辊筒表面带有不同形状的凸起，人造板表面经辊压后即可形成与辊筒凸起形状相应的沟槽，辊筒形状如图 11-2 所示。辊筒辊压的线压力一般为 500N/cm 左右，根据沟槽条数和沟槽深浅可适当增减。

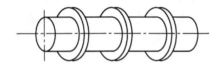

图 11-2　压槽辊筒

图 11-3　沟槽形状

沟槽形状可以根据实际需要设计，常见的沟槽形状为"V"型或"U"形，如图 11-3 所示。沟槽的深度和宽度有多种，沟槽深度一般为 1.5~3.0mm，宽度为 3~6mm。沟槽之间可以等间隔，也可以不等间隔，等间隔一般为 10cm、15cm 或 20cm；不等间隔为 15~10~15cm、22.5~17.5cm 或者 5~20cm。辊压加工时，由于木材压缩后会有一定的回弹，因此压辊上的凸起高度应为设定沟深的 1.2~1.3 倍。

采用切削法加工时，胶合板基材的内层会外露，切削面不光滑，涂饰时切削表面容易起毛，因此可先进行辊压再进行切削，如图 11-4 所示。

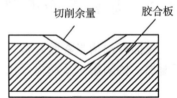

图 11-4　辊压后切削的开槽法

11.1.2 沟槽内的装饰处理

为防止外界因素对人造板基材沟槽的影响，同时使沟槽内表面具有理想的色调和立体感，增加沟槽的装饰效果，基材沟槽内一般需进行涂饰或贴纸装饰处理，具体方法有以下几种：

①先采用淋涂法在基材的表面进行底涂涂料和面涂涂料的涂布，然后再通过专用沟槽着色机在基材的沟槽内涂布深色涂料。沟槽着色机的工作原理如图 11-5 所示。涂布辊上设有与沟槽相应的凸起，由凸起将涂料涂布于沟槽中，这种方法需要专用沟槽着色机，工艺比较复杂。

②先采用淋涂方式对板面沟槽涂布一

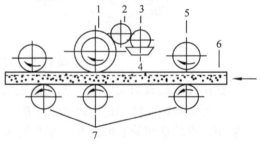

图 11-5　沟槽着色机工作原理
1. 涂布辊　2、3. 涂料辊　4. 涂料槽
5、7. 进料辊　6. 基材

次，并用刮刀刮去表面涂料。沟槽内的涂料干燥后，再用辊涂方式在板面上涂布面涂涂料。涂布时须控制好面涂涂料的黏度，避免面涂涂料流入沟槽内。这种方法工艺简单，但面涂涂料的黏度必须控制好。

③先用沟槽涂布机在基材沟槽底部涂布胶黏剂，然后再将特制的木纹纸或色条纸粘贴在基材沟槽的底部，如图 11-6 所示，最后采用辊涂法在基材表面涂布面涂涂料。

④对用聚氯乙烯薄膜或木纹纸贴面的人造板基材，可将基材沟槽上面部分的薄膜或木纹纸割开折入沟槽内，并在沟槽底部贴一条薄膜或木纹纸，然后再涂布面涂涂料，如图 11-7 所示。

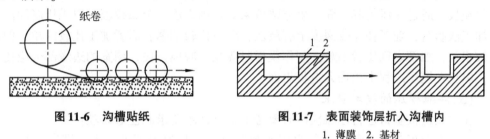

图 11-6　沟槽贴纸　　　　图 11-7　表面装饰层折入沟槽内

1. 薄膜　2. 基材

⑤先用淋涂法在基材表面涂布一道底涂涂料，然后进行干燥、砂光，淋面涂涂料，在淋过的面涂涂料尚未完全干透时，在基材板面进行模压，压上花纹以区别于沟槽。

11.2　基材表面浮雕

浮雕是通过一定的加工方式，在人造板基材表面形成立体图案的一种装饰方法。浮雕装饰与其他装饰方法结合使用，可以收到更好的装饰效果。浮雕装饰的加工方法较多，常用的有模压法、烤刷法、烙印法、电雕刻法、发泡法等。

11.2.1　模压浮雕

模压浮雕是通过表面具有特殊花纹、图案的模具，在外力作用下对人造板基材进行加压处理后，在基材表面产生具有立体效果的花纹、图案的一种装饰方法，根据模压设备不同，模压浮雕可分为辊压法与平压法两种。

(1) 辊压法

辊压法是通过表面带有花纹图案的辊筒对人造板基材表面进行辊压，使人造板基材表面产生相应花纹图案的一种模压方法，如图 11-8 所示。

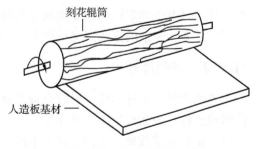

图 11-8　辊压模压法

模压辊一般成对配置，上压辊可以通过热源加热，辊筒筒体用低碳钢制成，辊筒表面的花纹图案是经酸腐蚀后形成的，在辊筒的表面镀有一层铬，以提高辊筒的耐磨性。

模压辊的加热可以采用电加热，也可以采用蒸汽加热。加热方式不同，模压辊的内部结构有所不同，一般以电加热方式为多。模压辊的最高加热温度可以达到420~500℃，在此温度范围内模压生产效率最高，模压辊表面的氧化及磨损也最小，因此模压辊两端的轴承配置有冷却装置。模压辊的刻蚀深度为1mm左右时，人造板基材表面就可以获得清晰的浮雕图案。辊压处理后的人造板表面会产生轻度炭化现象，颜色变深，但不会影响浮雕表面的抛光和涂饰，而且还增加了浮雕的立体效果。辊压法很适应于压印木纹，辊压后人造板表面可形成连续无端的图案。

(2) 平压法

平压法是在人造板热压过程中或在制成后，在板坯或成品表面覆盖一张刻有图案的金属模板，通过热压使其表面产生浮雕效果的装饰方法。金属模板可以采用腐蚀法、机械加工法制造，前者在浮雕深度上有层次，图案比较细腻；后者加工比较简单，但表现比较粗放，细部表现比较困难。制作模板时要注意脱模方便，图案的边缘部分应比较圆滑，以免在模压过程中损伤人造板表面。

(3) 浮雕模压的技术要求

在对人造板基材进行浮雕模压时要考虑以下技术要求和注意事项：

①在人造板热压过程中进行模压比较简单，并且浮雕深度较大、图案清晰、充实饱满。

②模压时要注意脱模情况，在脱模困难的情况下，应使用脱模剂帮助脱模。

③模压时板坯表面也可以另覆浸渍纸、木纹纸、单板等。

④刨花板基材进行模压时，表层刨花要细小均匀，并适当提高施胶量。刨花板的密度对浮雕效果有一定影响，密度大的刨花板形成的浮雕充实饱满，立体感强。

⑤人造板制成之后进行模压，模压深度较小，可直接模压，也可先在人造板表面贴上单板、浸渍纸、木纹纸后再模压。

⑥人造板基材模压前应适当喷水，提高基材表层的含水率，基材表面在水分和热量的同时作用下，具有较大的可塑性，可获得更好的浮雕效果。模压后板坯要立即冷却，使浮雕固定下来。

⑦中密度纤维板、刨花板的模压温度一般为110~160℃，单位面积压力2.5MPa左右，时间2~6min；硬质纤维板的模压温度一般为200℃左右，单位面积压力7.0MPa左右，时间0.5~1min。

⑧为了使浮雕经久不退，可在人造板表面先涂一层热塑性树脂，再涂一层热固性树脂，热压时由于热塑性树脂受热软化易被压成所需图案，而热固性树脂固化可将浮雕图案固定下来，制造的浮雕图案可经久不消，而且不受空气湿度变化的影响。

11.2.2 烤刷浮雕

烤刷浮雕是通过烘烤机对胶合板基材进行烘烤，在其表层轻微炭化后，再通过回转的钢丝辊将其表面较软的早材部分刷去，剩下较硬的晚材部分，使木材纹理更加明显、突出，具有浮雕效果。这种方法要求胶合板的表板是早晚材明显的针叶树材。用这种烤刷方法处理的胶合板，常用来做内墙壁面的装饰。

对纹理不明显、早晚材软硬差别不大的树种，为了使其表面也具有美丽、清晰的纹理，可以用镍铬丝排列成木材纹理状并固定在特制的模板上，然后将模板压在胶合板基材表面，由通电镍铬丝加热，在人造板表面留下炭化的木材纹理，然后再通过钢丝刷刷去炭化部分得到浮雕木纹，如图 11-9 所示。镍铬丝也可卷绕在辊筒上，当胶合板通过辊筒时被烙上纹理，如图 11-10 所示。

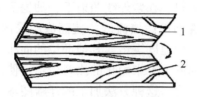 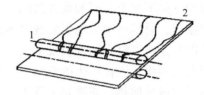

图 11-9　镍铬丝加热模板　　　　图 11-10　镍铬丝加热辊
1. 模板　2. 基材　　　　　　　1. 辊筒　2. 基材

11.2.3　电刻蚀浮雕

电刻蚀法是在人造板基材的表面加上 5000V 左右的电压，同时在人造板表面上喷洒一些水分，此时人造板表面就会产生电击现象，使一部分表面被烧焦、炭化，然后将经电击过的基材再经钢丝刷擦刷，便可形成树枝状的浮雕图案，如图 11-11 所示。

采用电刻蚀法对人造板进行装饰处理时，各电极与变压器次级线圈导线相连，由变压器原极线圈、电源、可变电阻和自动开关组成回路系统，变压器次极线圈与电极板相连。刻蚀机接通电源后，电流通过变压器原极线

图 11-11　在人造板表面电蚀图案
1. 人造板　2. 电极板　3. 雕蚀图案　4. 次级线圈
5. 变压器原极线圈　6. 可变电阻
7. 电源　8. 自动开关

圈，在次级线圈电极之间产生高压电，人造板表面图案的刻蚀，是从一个电极向另一个电极逐渐形成的，当刻蚀图案顺木材表面延伸时，许多分支图案也随之自然形成。木材的烧蚀和炭化在木材表面形成了一定的纹理图案，电压越高，刻蚀的图案纹理越深；相反，降低电压会减小刻蚀图案纹理的深度。

人造板基材在进行电刻蚀处理之前，应对表面作加湿处理，喷水量根据刻蚀要求决定，通过控制基材板面水分的分布状态，可以调控图案的加工深度和烧蚀程度。基材表面水分分布较少的部位，烧蚀后的颜色较深；水分分布较多的部位，烧蚀速度较慢，烧蚀后的图案纹理颜色较浅。刻蚀工艺采用的工艺参数，如初电压及工作电压、两电极之间的距离等应通过试验确定。工艺参数与基材性质、厚度、含水率等因素密切相关，合理的工艺参数可防止对基材的过度烧蚀，避免产生烧焦、炭化等缺陷。经电刻蚀处理的人造板可用于建筑内部的高档装饰、高级家具的外观装饰等。

11.2.4 光刻浮雕

光刻浮雕是利用紫外线固化的涂料的固化速度差异，使人造板表面产生浮雕效果的一种表面装饰方法。具体做法是先在基材上涂一层加有引发剂的紫外线固化涂料，然后在上面用常温固化型或热塑性油墨印刷图案花纹，油墨中加有阻止油墨流展的引发剂，在油墨上再涂一层不加引发剂的紫外线固化涂料，在紫外线照射下，油墨下的引发剂无法向面涂层流展，而其他地方的引发剂可迅速向面涂层流展，使面涂层局部迅速固化。油墨上方的面涂涂料层没有加入引发剂，其干燥速度缓慢，其他部位的面涂涂料因加入了引发剂而发生固化，固化产生的收缩力将油墨下方未固化的涂料带走，使之成为凹陷状，最后通过对板材加热，使涂料全部干燥固化。这种方法加工的浮雕图案与印刷图案完全吻合，表现细腻，制造方便，适合批量生产。

11.2.5 木纹烙印

木纹烙印是通过烙印机将花纹、图案烙印于人造板基材表面，使基材表面具有相应的浮雕花纹、图案的一种装饰方法。木纹烙印的设备是烙印机，其结构如图 11-12 所示。

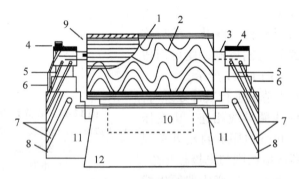

图 11-12 木纹烙印机示意图
1. 回转辊筒 2. 木纹辊筒 3. 辊筒轴 4. 轴承 5. 输水管 6. 液压缸
7. 冷却水管 8. 缸体 9. 加热元件 10. 烙印加工件 11. 工作台 12. 机架

木纹烙印机的主要部件是旋转式烙印辊筒，烙印辊筒用铬镍合金制成，可以抗氧化和耐磨损，通过电热元件可对烙印辊筒加热，也可通过冷却水管通入冷水对烙印辊筒进行冷却，加热时烙印温度可达 800~900℃。烙印辊筒上雕刻有木纹或其他图案，人造板基材通过烙印辊筒时，在烙印辊筒的高温作用下，基材表面产生烧蚀烙印，便形成了各种美丽的木纹或图案。

烙印温度过低，烙印图案清晰度差，生产效率低；烙印温度过高，基材表面烙印图案痕迹太深。辊筒突出部分为 1mm 左右，人造板基材经烙印后，其烧蚀深度一般为 0.5~0.55mm，通过烙印的人造板基材，表面的木纹颜色接近或略深于普通木纹的深色部分，并且木纹图案不容易磨损。人造板基材经烙印后，再经过砂光、涂饰处理即可成为烙印装饰人造板。

11.3 打孔与喷粒

打孔处理是通过一定的加工方法，在某些人造板基材(主要是低密度人造板)表面形成一些大小相等或不等的孔洞，孔洞排列成一定的图案对基材表面进行装饰的一种方法，如图 11-13 所示。

打孔前一般需要在基材表面贴一层钛白纸。在人造板基材表面打孔，除起到装饰作用外，还能改善人造板的吸音效果，

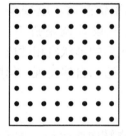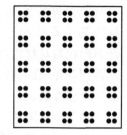

图 11-13　人造板表面打孔

打孔人造板一般用来做室内天花板、隔音壁等。用于打孔处理的人造板基材规格一般为 600mm×600mm、600mm×1200mm，厚度为 5mm、9mm、12mm、15mm 等。

喷料是将镂空为一定花纹、图案的镂空板覆盖在软质纤维板或其他低密度人造板的表面，然后用核桃壳颗粒或其他硬度较大的细小颗粒，以一定压力对其表面进行喷射，使镂空板的镂空部分形成不规则凹陷，这些不规则凹陷便形成一定的图案，从而达到对人造板表面进行装饰的目的。人造板表面在喷粒前要进行表面硬化处理，表面要喷洒硼砂、硼酸等物质。

11.4 基材边部机械加工

人造板表面经过装饰后，可用于制作壁面、地板、天花板、家具、缝纫机台板、电视机壳等，在这些应用场合，有的人造板可以通过拼接将边部隐蔽起来，如地板、天花板、壁面等，但也有的不能将边部隐蔽起来，这就需要对人造板边部进行与表面相同或协调的处理。人造板经边部处理后，可消除边部粗糙和因冲击碰撞引起的破损，以及因吸湿产生的边部膨胀变形，同时也对人造板基材具有一定的装饰效果，人造板边部处理方法如图 11-14 所示。

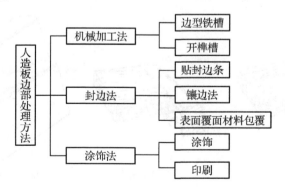

图 11-14　人造板边部处理方法

(1) 成型铣削

中密度纤维板机械加工性能良好，经铣削后表面光洁平滑，适宜采用成型铣削对其边部进行处理。成型铣削时，应按基材边部要求的尺寸、形状设计调整铣刀，

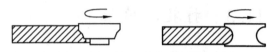

图 11-15　中密度纤维板边部铣削加工

铣刀形状与基材边部加工后的形状应相适应，如图 11-15 所示。这种加工方法简单，可以得到各种曲面的边部，边部自然美观，但胶合板、刨花板之类的人造板不宜采用这种加工处理方法。

(2) 开槽接榫

做地板或壁面的薄木贴面胶合板，为使拼缝严密，拼花图案不变形，须经开榫拼接。拼接榫的形状有圆形、方形等，如图 11-16(a) 所示，通常用成型铣刀加工。计算拼花薄木尺寸时需扣除拼接部分的长度。用于壁面的人造板一般开有纵向沟槽，板间的拼缝处也常设有沟槽，图 11-16(b) 所示为矩形沟槽拼缝处的处理状态，拼缝处胶合面用脲醛树脂胶或聚醋酸乙烯酯乳液胶进行胶合。

(a) 拼接榫　　　　　(b) 沟槽拼缝处理

图 11-16　榫槽拼接

(3) 边部镶嵌

边部镶嵌首先在需要封边的基材边部进行开槽，并在封边条上开榫，榫(或槽)涂胶后把封边条嵌入基材的沟槽中，待胶黏剂固化后即可得到镶边的人造板，如图 11-17 所示。

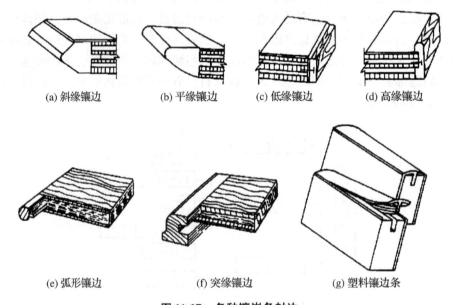

(a) 斜缘镶边　　(b) 平缘镶边　　(c) 低缘镶边　　(d) 高缘镶边

(e) 弧形镶边　　(f) 突缘镶边　　(g) 塑料镶边条

图 11-17　各种镶嵌条封边

11.5 基材封边

11.5.1 封边方法

人造板基材的封边通常采用边条封边法、包覆法和镶边法等三种方式，封边可采用手工操作也可通过机械操作。

(1) 边条封边法

边条封边法的封边材料有木条、木单板、薄木/浸渍纸复合材料、成型塑料等，操作过程可通过专用封边设备实现连续化、自动化生产，常用的边条封边法有热—冷法和活化法。

热—冷法是指先将树脂胶黏剂加热熔化，在胶黏剂处于熔化状态时将封边条黏贴于基材的侧面，胶黏剂冷却后封边材料即胶贴于基材侧面。热—冷法用的胶黏剂是热熔性树脂，熔化温度一般为 180~200℃，施胶采用辊筒涂胶，操作时先用涂胶辊把胶液涂布在基材侧面，然后把封边条压贴上去，涂胶量一般为 150~300g/m²，封边进料速度为 18~25m/min。

活化法是指先将经加热的热熔性树脂胶黏剂涂布在封边条的背面，涂胶量一般为 180~120g/m²，然后使其冷却，使用时再对封边条加热使胶黏剂活化，并通过辊压方式将其胶贴到基材侧面。

(2) 包覆法

包覆法是将基材表面与边缘通过一次成型进行包覆，根据包覆工艺不同，包覆法可分为边缘包覆、面缘包覆和面缘模压包覆三种形式。

边缘包覆是覆面材料仅包覆在基材的边部，包覆操作时先在基材边部涂布胶黏剂，通过加热使边部包覆材料软化，然后经辊压或模压方式将包覆材料胶贴到人造板基材的边部。

面缘包覆是将基材表面与边缘同时进行包覆，面缘包覆又可分为转折包覆和后成型包边两种方式。转折包覆需要先在基材上加工"V"型槽，在"V"型槽内涂胶转折 90°，使"V"型槽的两个表面接触并胶合，胶黏剂可选用脲醛树脂胶与白乳胶、热熔胶等。后成型包边的包边材料是后成型装饰板，操作时先将后成型装饰板胶贴于基材表面，再对包覆边部的装饰板进行加热，然后将基材边部包覆成具有一定圆弧的形状。

面缘模压包覆是将基材表面与边缘一起包覆的一种包覆方法，如异型气垫模压包覆工艺等。操作时将工件喷胶后连同覆面材料(薄膜、薄木等)一起送入压机，然后通入加热的压缩空气，对覆面材料进行加热、加压，将覆面材料胶贴在异型工件上，覆面材料便包覆在工件的表面与周边。

(3) 镶边法

镶边法是在基材表面或侧边进行边缘镶嵌的一种方法。操作时先在基材边部加工出型槽，型槽形式有"V"型或"U"型等，型槽内侧涂布胶黏剂，然后将对应的异型镶边条嵌入槽内，使镶边条与型槽表面紧密接触，胶黏剂固化后镶边条便牢固地镶嵌于基材的边部。胶黏剂可选用脲醛树脂胶、白乳胶、热熔胶,也可根据封边材料特性选择胶种。

11.5.2 封边材料与胶黏剂

人造板基材的封边材料有金属、塑料、木材、纸张等,见表11-1。封边常用的胶黏剂有聚醋酸乙烯酯乳液胶(白乳胶)、乙烯-醋酸乙烯共聚型胶、脲醛树脂胶、压敏型胶等,表11-2所示是几种常用的封边胶黏剂。

表 11-1 封边材料种类

	侧边材料名称	适用范围
木质材料	薄单板	家具制造、建筑部件、缝纫机台板
	木片(5mm 以上)	建筑部件、家具制造
	组合薄木	建筑部件、家具制造
金属类	铝合金薄片	厨房用具、餐具、电子计算机房
	铜箔	高档家具、门柜、建筑内装饰
塑料类	聚氯乙烯薄膜(PVC)	家具、建筑部件、包装材料、盒、箱、壳
	聚氯乙烯硬片(PVC)	家具、建筑部件、包装材料、盒、箱、壳
	邻苯二甲酸二丙烯酯片(DAP)	家具、电器用盒、箱、包装材料
	ABS 片材	电器仪表盒箱、电视机机壳
	环氧片材	电器仪表盒箱及特殊包装材料
	聚酯薄膜(PET)	家具、建筑内装修
纸基类	高压三聚氰胺装饰片(MF)	家具、厨房用具、餐具、电子计算机房用品
	低压三聚氰胺装饰纸(MF)	家具、室内装饰
	丙烯酸树脂涂塑纸	家具、电视机壳、包装材料

表 11-2 封边用胶黏剂

胶黏剂种类	封边材料对象	胶合条件	使用特点
蛋白质胶黏剂:皮胶、骨胶、动物胶	木材,木单板组合薄木	温度:常温 压力:极低压力 时间:固化时间短	初强度高,涂胶后不需陈化,甲醛类液体可促使固化,易修补
聚醋酸乙烯酯,乳液胶黏剂	木质板材,装饰单板,组合薄木	温度:常温 压力:辊压、指压 时间:比合成橡胶稍长	初黏性佳,系水溶性,无公害,在其中添加固化剂,可提高其耐水性
水性接触型胶黏剂(包括氯丁乳),丙烯酸乳	MF、DAP、单板、PVC、组合薄木及其他塑料型材	温度:常温 压力:指压、辊压 时间:胶合时间长	初期强度高,涂胶后可水洗,无公害
合成橡胶类胶黏剂,主要指氯丁胶黏剂	木片、组合薄木、MF片、DAP、PVC片、金属条及PVC成型条等	温度:常温固化 压力:指压、辊压 时间:快干	胶合对象广泛,胶合时间短,常在家具及建筑装修中应用
α-烯烃胶黏剂	MF、DAP、单板、木片组合薄木	温度:常温 压力:辊压、指压 时间:与氯丁胶相仿	可掺入填料,或与其他胶(PVAC、丁苯橡胶乳)混用。有一定耐热性,耐蠕变性

(续)

胶黏剂种类	封边材料对象	胶合条件	使用特点
热熔胶：主要指EVA类，其他聚酯型聚酰胺类较少用	牌号不同黏度不同胶合对象也不同	温度：常温，需先熔融 压力：指压、辊压 时间：冷却即固化	可加填料，胶合时间非常短需有专用设备
其他接触胶，如SBS，SIS等	MF装饰板，木单板组合薄木，DAP及其他塑料成型物	温度：常温 压力：接触压 时间：溶剂释放固化	为最近发展的胶黏剂，价格与氯丁胶相仿

对封边材料的基本要求如下：
① 外观、图案、色调、光泽应与基材素板或已进行表面装饰的基材相近。
② 应有足够的强度和防皱缩性，可进行砂光、切割、修整等机械加工。
③ 封边后能与基材贴合严密，胶合牢固美观，具有良好的装饰性。
④ 能满足使用环境和用途的要求，受环境温度、湿度的影响小。
⑤ 异形部件的封边材料应具有良好的韧性和弹性。
⑥ 具有一定的耐热、耐化学药品、耐腐蚀特性和较好的力学性能。

木质封边材料是一种应用十分普遍的封边材料，它包括以下种类：

普通木单板 普通木单板是指单张或指接成卷的单板带，使用时正面需进行砂光处理。

增强处理薄木 增强处理薄木是将薄木与不同增强材料进行复合后得到的一种封边材料，表面通过砂光处理，封边时用胶黏剂胶贴。

预油漆木单板 预油漆木单板是将具有不同颜色和光泽度，可由紫外光固化的油漆涂于木单板表面，经烘干、抛光后得到的一种封边材料。

包覆和软成型木单板 是将微薄木与增强材料复合，正面经精密砂光处理而成的一种极薄的包覆材料，这种材料可对形状复杂的部件进行包覆和进行异型封边。

厚单板 厚单板是将成卷的多层单板胶压成厚度4.5mm左右的卷材，卷材再切割成一定规格的封边条。厚单板的厚度最大可达15mm，其两面可采用不同方式处理，背面可涂布专用白乳胶。

11.5.3 封边工艺

封边方法有手工封边和机械封边，手工封边是通过人工把胶黏剂涂刷在基材侧面，然后放上封边条并用夹具夹紧，胶黏剂固化后松开夹具进行修整即可完成。机械封边是一种连续化生产方式，封边机在封边过程中可以完成涂胶、胶贴、截断、切边、倒棱、刮胶、磨光等各道工序。

11.5.3.1 机械封边

机械封边是将7~8个工序的设备组成一个机组，形成连续化、自动化生产。封边材料有木条、木单板、塑料带、纸基封边带等，封边时大多是采用热熔性胶黏剂，封边厚度在0.3~30mm。

封边机有多种型号，按一次封边数量可分为单边封边机和双边封边机；按封边形状可分为直线封边机、曲线封边机、异型边封边机等。有的封边设备既可进行异形边封边，也可进行直形边封边。封边所用的胶黏剂有用热熔胶、PVC胶、两液胶等。生产中常用的几种封边机及其性能如下：

(1) 热压滚盘式封边机

对于处理有限封边作业，可以选择置于工作台上的热压滚盘式封边机，如图11-18所示。这种封边机操作简单、维护方便，封边时需要使用预先涂有聚酯、三聚氰胺等材料的耐热木质封条。使用特殊封边材料时，可以将基材的四个边一次性完成封边。这种封边机也可以对有轮廓线的面板进行封边，并且生产成本较低。

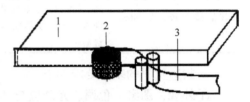

图 11-18　热压滚盘式封边机工作示意图
1. 基材　2. 热滚盘　3. 封边材料

但由于这种封边机热压滚盘的温度一般会超过 PVC 塑料薄膜和其他一些耐热性较低的热塑性材料的耐热能力，因此不能使用耐热性较差的材料做封边材料。

(2) 热气式封边机

热气式封边机是一种供小批量生产的封边设备，有台式也有落地式，封边时需要使用预涂胶料的封边材料，通过热气式喷射机熔化胶黏剂，该设备如图 11-19 所示。热气式封边机对封边材料的加热与热压滚盘式封边机不同，它可以配合预涂胶的 PVC 封条以及聚酯、三聚氰胺和木质材料使用。热气式封边机有多种机型，有的

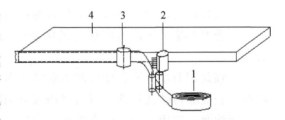

图 11-19　热气式封边机工作示意图
1. 封边条　2. 热气喷射器　3. 胶贴压辊　4. 工作台

机型不仅可以对直边进行处理，也可以对有轮廓的曲边进行处理。有的热气式封边机自动化程度较高，具有自动送料、涂胶机构，可实现顶边、底边以及平边的修整功能，可满足一定规模生产的要求，其缺点是填料速度较慢。

(3) 手动曲直线封边机

封边机有曲直线封边机和直线封边机的区别，曲直线封边机为手动式，直线封边机一般为自动式。手动曲直线封边机可以使用涂胶封边条，也可以使用无胶封边条，其后段有 4~5 个导向滚轮，拆下可进行曲线边的封边，安装可进行直线边封边，其工艺过程如图 11-20 所示。

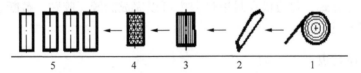

图 11-20　手动曲直线封边机工艺过程示意图
1. 封边条　2. 边条切断　3. 涂胶辊　4. 胶贴压辊　5. 导向辊

按其工作原理，手动曲直线封边机可分为上胶槽式和下胶槽式两类，前者胶槽在上，胶的传动由上向下；后者胶槽在下，胶的传动由下向上。所用胶黏剂是颗粒状固体，储胶槽在封边前被加热使胶粒熔化。封边时熔融状的胶黏剂被送至辊轮，基材通过辊轮时胶黏剂被涂到基材的边线上，涂胶基材通过压辊时，封边条便被胶贴到基材上。上胶速度根据不同基材而定，刨花板基材的上胶速度较慢，可涂布较厚的胶层，中密度纤维板上胶速度较快，涂布的胶层较薄。

曲直封边机若配套一台曲直修边机，便具有了与自动直线封边机相同的功能。曲直封边机体积小，价格便宜，适合小批量曲线与直线工件的封边，其主要性能见表 11-3。

表 11-3　手动曲直线封边机主要性能

工艺参数	技术性能
人造板厚度	12~40mm
封边材料	厚 0.3~3mm，可用 PVC 薄膜、木单板、木条等，宽度 15~50mm
最小边缘半径	20mm
进料速度	0~15m/min

以上几种封边机一般没有修整边部和端部的功能，因此在封边之后需设置一道修整边部和端部的工序。端部修整可以使用自动端部修整机，边部修整一般使用便携式修整机，修整后还需经过抛光处理，使基材边缘平整光滑。

(4) 单、双边自动直线封边机

单、双边自动直线封边机是一种自动化程度较高的封边机械，一般由两个工人操作，生产效率高，最高速度可达到 60m/min。该机适用于中密度纤维板、细木工板、刨花板的直向封边自动生产线，可一次性完成输送、切断、齐边、铣边、刮边、抛光等工序。封边工艺流程如图 11-18 所示。

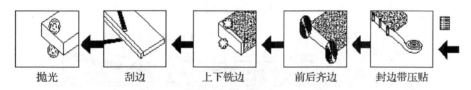

图 11-21　单、双边自动直线封边机封边工艺流程

全自动直线封边机可封贴 0.4~30mm 厚度的封边材料。封边机由封边条储存架、胶料涂布装置（辊涂或喷涂）、辊压贴合装置、封边条切断装置、封边条水平与垂直加工装置、砂光装置及封边条裁边装置等组成。各种装置都固定在机架上，其固定位置可根据需要进行调整。

(5) 单边异形封边机

单边异型封边机的结构与直线封边机相似，主要由型面铣削装置、涂胶加压装置、端部齐边装置、上下边铣削装置、精铣和倒角装置、砂光装置等机构组成。单边异型封边机与直线封边机的主要区别在于涂胶加压装置，该机有两套涂胶加压装置，一套是白乳胶涂胶型面加压装置，由型面橡胶涂胶辊、网纹涂胶器与红外线发射器、型面压轨

（型面压轨主要用于异形边的封边）等机构组成；另一套是热熔胶涂胶器，由单滑轮型储料盒、条状敏感设备、一个主力辊和两个附加压辊组成，它主要用于直边封边，如图 11-22 所示。

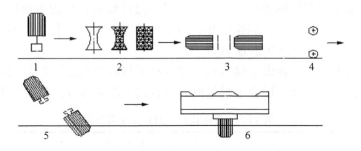

图 11-22　单边异型封边机封边工艺流程示意图
1. 型边铣削　2. 涂胶加压　3. 齐边　4. 上下铣削　5. 精铣和倒角　6. 砂光

（6）高频封边机

高频封边机是将被胶合部件放在电场的正负极之间，通过高频电场使胶层与木材很快受热，频率越高，胶层固化越快，封边效率越高，可实现连续化自动化生产。

国产 GPS—J5 型高频封边机包括高频设备与封边装置两大部分，如图 11-23 所示，其结构由五个主要部分组成，即涂胶装置、单板进料装置、高频设备、倒棱装置和砂光装置，该设备结构简单、造价较低，适用于普通胶黏剂和封边材料对家具的封边，便于连续化生产。

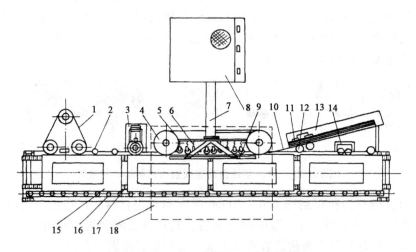

图 11-23　高频封边机结构及工作原理
1. 砂光机　2. 橡胶轮　3. 倒棱机构　4. 皮带轮　5. 三角皮带　6. 弹簧压轮
7. 同轴电缆　8. 高频振荡机　9. 电容器　10. 单板条　11. 压紧装置　12. 进料棘轮
13. 单板架　14. 涂胶槽　15. 工件　16. 定位靠轮　17. 传送带　18. 屏蔽罩

11.5.3.2 包覆封边

对聚氯乙烯薄膜之类比较柔软的材料可以采用包覆法进行工件封边。包覆法封边主要有两种形式：一种是覆面材料仅包覆基材的边部；另一种是连同基材一起进行折转包覆。覆面材料仅包覆基材边部时，一般是在基材边部涂胶，通过红外线干燥器或空气喷射加热器对封边条加热软化，然后经辊压或膜压方式将覆面材料包覆胶贴在基材的边部，其工件原理如图 11-24 所示。

覆面材料连同基材一起折转包覆的形式如图 11-25 所示。采用这种形式包覆封边时，基材上要开 V 形槽，V 形槽的加工一般用圆锯或铣刀（图 11-26），在 V 型槽内涂胶后即可折转胶合。胶合所用胶黏剂一般为热熔性胶、脲醛树脂胶、脲醛树脂胶与聚醋酸乙烯酯乳液的混合胶等，胶黏剂的种类随覆面材料不同而不同。采用这种包覆方式进行封边的人造板边角处无拼缝，外表美观，具有良好的实用价值，包覆封边的人造板常用来做电视机壳等箱体类产品或桌面等。

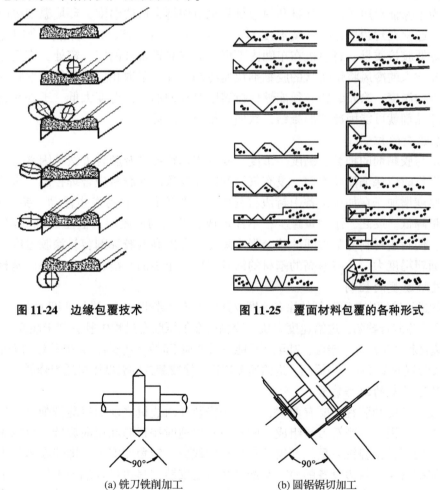

图 11-24　边缘包覆技术　　　图 11-25　覆面材料包覆的各种形式

(a) 铣刀铣削加工　　　(b) 圆锯锯切加工

图 11-26　V 形槽的加工

11.5.4 封边技术要求

(1) 基材处理

封边时基材温度应不低于15℃，含水率应比使用条件下的平衡含水率低1%~2%，一般为8%~9%。基材侧面需经砂光处理使之平整光洁，砂光后亦应保持砂光面清洁，避免污染，基材侧面砂光后的粗糙度根据贴面材料的种类与厚度确定，封边表面最大允许粗糙度不得超过饰面材料厚度的1/3~1/2。对刨花板类表面粗糙率大的基材进行封边时，采用薄型材料封边应在封边表面涂布泥子或增加底层材料厚度，遮盖基材封边表面的粗糙不平，如果待封边的基材侧面凹凸不平，封边时压力滚轮只作用在基材侧面的突出部分，造成胶层厚度增加，胶合强度下降。

(2) 温度调节与控制

温度对于热熔性胶黏剂的使用有非常重要的影响，为了保证封边操作时能及时有效地掌握和控制胶黏剂的温度，在一些封边设备的储胶槽和涂胶滚轮上设有温度控制调节器。同时为了保证封边质量，基材和封边材料也应保持合适的温度，环境温度也应适合封边操作。通常在封边操作时环境温度不得低于18℃，否则涂布的胶黏剂会因冷却速度太快而降低胶接质量。封边机在车间内不可安放在靠近敞开的门、窗处，应避免冬天和寒冷天气吹入的冷风将熔融状的胶黏剂快速冷却，并应采取相应措施使熔融状的胶黏剂保持适当的温度。涂胶装置必须能够保持熔胶要求的温度，温度太低，工件在进入加压设备前胶黏剂就可能因冷却而凝结，致使胶接质量降低。

(3) 涂胶量的控制

涂胶量与胶黏剂的种类、黏度、浓度、胶合表面粗糙度及胶合方法等因素有直接关系，封边操作时应保证涂胶均匀，没有气泡和缺胶现象。涂胶量应合理控制，涂胶量过大，胶层厚度增加，在加压设备中封边材料的初黏强度低，容易发生浮动、错位现象，使封边质量降低。反之，涂胶量过少，不能形成连续均匀的胶层，甚至出现局部少胶、缺胶现象，使封边材料与基材间的胶合强度降低。黏度高的胶黏剂容易涂胶过度。一般而言，表面粗糙度大、孔隙率高的基材的涂胶量应大于表面平滑、孔隙率小的基材。

(4) 进给速度的控制

基材的进给速度应与胶黏剂的涂布速度及其他工艺参数相适应，进给速度太慢，胶黏剂过早冷却会产生胶合缺陷，进给速度太快，胶黏剂在加压胶合过程中胶黏剂未能充分固化，会导致封边材料产生浮动、错位，甚至有可能在后续加工时发生脱落。如果基材的进给速度较慢，涂胶装置的温度应适当提高，进给速度较快，涂胶装置的温度则可适当降低。

(5) 封边设备的配套装置

封边设备的配套装置主要有两类，一类是安装在封边机之前的接缝铣削机，接缝铣削机的铣刀组由两把金刚石刀具组成，两把刀具可适时按正向和逆向旋转，可以避免基材端部发生崩裂，接缝铣刀呈局部齿啮合且与轴线成一定角度安装，即使在基材表面也不致发生崩裂现象。封边设备的另一类配套装置是安装在封边机末端的平拉刀，平拉刀的作用是将封边后产生的胶丝和多余的胶黏剂清除干净，以取消该工序的手工操作。

11.6 后成型材料封边

后成型封边技术是目前人造板表面装饰、板式家具及多种装饰部件生产中采用的一项新技术，该项技术根据基材的边缘形状，把多种适于成型的装饰材料包覆压贴在基材边缘表面，能适应较复杂的异型边缘封边并可进行批量作业。用经后成型处理的基材制成的木制品装饰效果好，基材的表面与边缘为同一装饰材料，无接缝、色调一致、平滑流畅、不易渗水脱胶。后成型封边技术改变了传统的封边方式，它赋予了家具和表面装饰造型设计更广阔的空间，进一步满足了消费者的使用和审美需求。

11.6.1 后成型硬质材料封边

根据饰面封边材料，后成型封边技术可分为硬质后成型装饰板封边和软质薄木（装饰纸）封边。后成型装饰板是一种用改性三聚氰胺树脂胶黏剂生产的装饰板，具有加热可软化的特点。这种装饰板韧性好，弯曲半径小，适用于家具、室内装饰（包括船舶、车厢装饰）以及弧型封边。后成型装饰板可以从覆面到边缘包覆一次完成，从基材的平面过渡到曲面，贴面材料平整光滑、无接头、无裂纹，可获得较高的家具制造及室内装饰质量。后成型装饰板饰面封边设备是后成型封边机，其饰面封边工艺如下：

材料准备 对人造板基材进行表面砂光和边部铣型，后成型装饰板背面进行砂毛处理。

涂胶 胶黏剂为脲醛树脂与聚醋酸乙烯酯乳液的混合胶，基材表面和装饰板背面的涂胶采用手工或喷涂方式，涂胶量为 $200\sim300\text{g/m}^2$，涂胶后陈放 $10\sim20\text{min}$。

平面贴合 将后成型装饰板与基材置于冷压机中加压 12h，使胶黏剂固化。

边缘弯曲成型 将平面贴合的基材移至后成型机，通过红外线辐射或电加热，在温度 $160\sim180\text{℃}$ 条件下，用后成型装饰材料对基材边缘进行弯曲包覆并固化定型，工艺流程如图 11-27 所示。

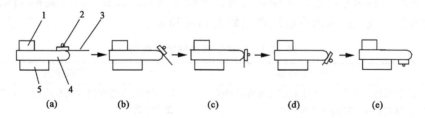

图 11-27 后成型装饰板封边过程示意图
1. 压紧装置 2. 热压板 3. 后成型装饰材料 4. 基材 5. 工作台

当后成型封边机的压紧装置压紧工件时，热压板伸出并贴紧工件边缘的表面，如图 11-27(a) 所示，在转臂回转的同时，热压板沿板的边缘滑动进行加热、加压。热压板可在预先设定的任何位置停顿，如图 11-27(b)、(c) 所示，并可将压力切换到较高值，以保证装饰材料和基材的胶合强度，如图 11-27(d) 所示。封边完成后，热压板退回原来状态，转臂也退回原始位置。

11.6.2 后成型软质材料封边

由于薄木、预油漆纸之类的薄型软质材料具有良好的柔软、可卷曲特殊性,用这类软质材料对基材型边进行饰面和包边处理时,可采用手工操作或后成型机加工,其工艺流程如图 11-28 所示。

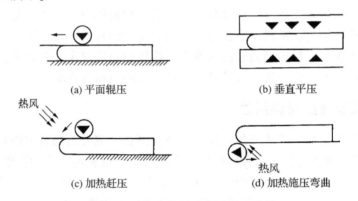

(a) 平面辊压 (b) 垂直平压

(c) 加热赶压 (d) 加热施压弯曲

图 11-28 软质材料后成型加工过程

(1) 手工饰面、包边工艺

第一步:平面胶贴,胶黏剂可选用白乳胶或万能胶,粘贴时从一头开始往另外一头赶压,在赶压过程中要用力均匀,不留缝隙,防止贴面起泡,胶贴后加压 3~4h。

第二步:曲面胶贴,采用快干且胶合强度高的万能胶,涂胶后用电吹风或电热棒来回均匀加热至 100℃,使贴面材料变软,同时顺弯曲位置用金属棒(金属辊筒)加压,直至定型。

(2) 封边机覆面封边

后成型封边机在对薄木、装饰纸、软质装饰板等软质材料进行贴面和包覆时,可一次完成对基材的倒棱、铣边、涂胶、加热、平面胶贴、曲面包覆等工作,覆面封边产品平整、流畅、无缝隙、不脱胶,产品可广泛用于厨房、办公家具及柜门等。

用后成型材料对基材进行覆面封边时,比较可能出现的缺陷是开裂和鼓泡,后成型材料产生开裂、鼓泡的原因及解决措施如表 11-4 所示。

表 11-4 后成型封边缺陷及处理

缺陷	产生的原因	解决措施
开裂	1. 基材边缘曲率半径小于后成型板弯曲半径 2. 基材边缘有棱角或凸起 3. 后成型材料与基材平面贴合时热压温度过高或时间过长 4. 后成型材料存放时间过长 5. 后成型材料弯曲速度过快	1. 根据后成型板的弯曲性能确定基材边缘最小曲率半径 2. 提高铣削质量,铣削后再用砂纸打磨砂光 3. 改进热压工艺或使用冷压方式 4. 在规定的时间内使用后成型板 5. 通过变频器调节后成型封边速度
鼓泡	1. 后成型封边时,热压板温度过高 2. 封边时热压板在某一点停留时间过长 3. 后成型板本身质量不高	1. 通过温控器调节热压板温度 2. 控制热压板在该点的停留时间 3. 选用质量稳定的后成型防火板

11.7 涂饰封边

对于结构比较细腻、板边比较光洁的人造板边部，可以直接进行涂饰或印刷加工，或是用实木条、无色塑料封边条等封边后再进行涂饰或印刷加工。

11.7.1 涂饰封边

对各种复杂几何形状板的部件涂饰封边，主要采用手工操作，手工操作可以消除接口处的缝隙和缺陷，但其涂饰效率低。涂饰封边主要有涂料封边和ABS塑料涂剂封边，具体方法见表11-5。

表11-5 涂饰操作方法

名 称	方 法	备 注
油漆封边	石膏粉和清油配成泥子，刮边、干燥、磨光、用腻子填平（对塌渗后的空隙需二次用泥子填平）干燥，再次磨光、找平、涂刷油漆、室温干燥12h即可	若需颜色时可在配泥子时掺入颜料
ABS塑料涂剂封边	ABS是一种改性塑料，是由丙烯腈、丁二烯、苯乙烯等三种单体组成的三元共聚物。ABS塑料30%，溶剂70%，放置密闭容器中经10多天即溶解成糊状，稀释至适合涂刷为准。当需颜色时，可掺和涂料色但含量不得大于10%，否则表面易产生龟裂	在30~90℃情况下无异常变化，具有良好的耐化学腐蚀性，易染色，可溶解平面粘接，也可用苯乙烯、丙酮、乙酯、硝基烯料等溶剂溶解

11.7.2 成型烫印封边

成型烫印封边技术是在同一设备上完成对基材的侧面铣削成型、磨轮砂光、转移烫印等工序的一项技术，该项技术可一次性对基材或部件的各个边角进行烫印封边。

(1) 工艺流程

被加工部件通过连续传送带输送，传送带上方设有多个用高聚物制成的特殊结构压轮，当被加工部件通过该工位时，传送带上方的压轮将工件压紧，对工件进行成型铣削、磨光，并通过烫印辊对烫印箔加压、加热，将木纹转印到工件的成型边缘上。烫木箔设计成多种木纹，可以满足不同形状人造板基材的封边要求，无论宽边、直边或是有一定角度、弧度的边缘，都能一次性完成封边装饰，获得良好的装饰效果，成型烫印封边工艺流程如图11-29所示。

(2) 烫印封边技术的特点

①通过加热、加压轮，将烫印箔上的木纹或大理石纹理转印到基材边部，具有很强的附着力和良好的耐磨性，可抗褪色，表面平整光滑。

②烫印的木材纹理或大理石纹理具有较强的真实感、触摸感和美感。

③铣边、成型、砂光、烫印一次性完成，具有较高的生产效率。

④操作简便，可重复烫印，无需涂胶，无需除边、修剪。

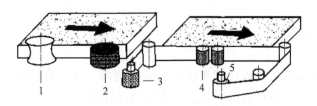

图 11-29 成型烫印封边工艺流程示意图
1. 边部铣削成型　2. 边部砂光　3. 烫印箔带进给
4. 烫印加热轮加热加压　5. 烫印箔收取装置

思考题

1. 试述人造板表面进行沟槽加工的方法及沟槽装饰工艺。
2. 试述人造板表面进行浮雕加工的方法及模压法工艺。
3. 人造板边部处理的方法有哪些？封边常用材料与胶黏剂种类。
4. 封边工艺及常用封边设备。
5. 试述后成型饰面封边材料及工艺。
6. 涂饰封边的方法及其特点。

参考文献

曹平祥. 2007. 板式家具部件的封边工艺及刀具配置[J]. 木材工业, 21(1): 30-32.
崔成法, 高代卫, 等. 2001. 竹材刨切工艺的初步研究[J]. 林产工业, 28(1): 23-24.
大津隆行[日]. 1982. 高分子合成化学[M]. 哈尔滨: 黑龙江科学技术出版社.
杜春贵, 李延军, 等. 2005. 刨切薄竹贴面中密度纤维板工艺研究[J]. 木材工业, 19(3): 16-18.
冯瑞乾. 1984. 印刷工艺概论[M]. 北京: 印刷工业出版社.
顾继友. 1999. 胶黏剂与涂料[M]. 北京: 中国林业出版社.
顾民, 吕静兰. 2009. 涂料·油墨[M]. 北京: 中国石化出版社出版.
顾萍. 2002. 印刷概论[M]. 北京: 科学出版社.
韩健, 郭泽球. 1999. 竹胶合板生产工艺[M]. 北京: 中国林业出版社.
韩健. 2002. 人造板表面装饰工艺[M]. 北京: 中国林业出版社.
何德芳, 等. 2001. 竹单板旋切工艺的初步探析[J]. 木材工业, 15(6): 29-30.
何建远. 1994. 中密度纤维板的浮雕工艺及设备[J]. 家具(4): 80.
华毓坤. 2002. 人造板工艺学[M]. 北京: 中国林业出版社.
黄发荣, 焦杨声. 2003. 酚醛树脂胶黏剂[M]. 北京: 化学工业出版社.
江泽慧, 彭镇华. 2001. 世界主要树种木材科学特性[M]. 北京: 科学出版社.
雷隆和. 1991. 人造板表面装饰[M]. 北京: 中国林业出版社.
李德清. 2001. 刨切薄竹单板工艺探讨[J]. 林业机械与木工设备, 28(12): 22-23.
李东光. 2002. 脲醛树脂胶黏剂[M]. 北京: 化学工业出版社.
李军伟. 2009. 家具聚氨酯漆透明涂饰工艺、常见缺陷及防治措施[J]. 木材加工机械(4): 37-40.
李兰亭. 1992. 胶黏剂与涂料[M]. 北京: 中国林业出版社.
李庆章. 1987. 人造板表面装饰[M]. 哈尔滨: 东北林业大学出版社.
李延军, 杜春贵, 等. 2006. 大幅面刨切薄竹的生产工艺[J]. 木材工业, 20(4): 38-40.
李延军, 孙会, 等. 2007. 刨切微薄竹贴面胶合板加工工艺研究[J]. 浙江林业科技, 27(4): 54-56.
李延军. 2003. 刨切薄竹的发展前景与生产技术[J]. 林产工业, 30(3): 36-38.
陆全济, 雷亚芳, 等. 2011. 软木地板生产工艺研究[J]. 西北林学院学报, 26(6): 145-148.
祁忆青, 许柏鸣. 2000. 封边设备的选择与使用[J]. 建筑人造板(4): 28-30.
宋驰. 2002. 国外封边新技术[J]. 国际木业(9): 10-11.
唐新华. 2002. 木材用胶黏剂[M]. 北京: 化学工业出版社.
王传耀. 2006. 木质材料表面装饰[M]. 北京: 中国林业出版社.
王恺, 等. 1996. 木材工业实用大全[M]. 北京: 中国林业出版社.
向明, 蔡撩原. 2002. 胶黏剂基础与配方设计[M]. 北京: 化学工业出版社.
向仕龙, 等. 2003. 室内装饰材料[M]. 北京: 中国林业出版社.
肖道钧. 1986. 印刷机械基础知识[M]. 北京: 印刷工业出版社.
谢拥群, 高金贵. 2005. 木材加工装备·人造板机械[M]. 北京: 中国林业出版社.
殷苏州, 李北冈, 等. 1997. 竹材覆面定向刨花板性能的研究[J]. 木材工业, 11(4): 8-11.
于夺福, 雷隆和. 2002. 木材工业实用大全·人造板表面装饰卷[M]. 北京: 中国林业出版社.

于夺福.1983.装饰板制造与应用[M].北京：中国林业出版社.
曾新德.1994.别具一格的软木装饰材料[J].室内设计与装修(5)：38-40.
张彬渊,许柏鸣.1997.涂料与涂饰工艺[J].林产工业,24(5)：32-35.
张齐生.1995.中国竹材工业化利用[M].北京：中国林业出版社.
张勤丽.1986.人造板表面装饰[M].北京：中国林业出版社.
赵立.1982.人造板装饰[M].北京：中国林业出版社.
庄启程,黄永南,等.2003.刨切薄竹用竹方软化新技术[J].林产工业,30(5)：38-41.
庄启程.2004.重组装饰材[M].北京：中国林业出版社.